디스플레이 개론

display introduction

신경철 · 박양수 · 문태정
임준우 · 김태훈 · 허영헌 공저

光文閣
www.kwangmoonkag.co.kr

PREFACE

현재의 산업 동향을 보면 디스플레이 산업은 이미 우리나라의 주력 산업으로 자리 잡고 있는 상황이다. 이는 과거로부터 디스플레이 산업에 대한 지속적인 관심과 투자의 결과로 나타났으며, 이러한 디스플레이 산업은 휴대폰, PC, TV 등 모든 산업 분야에서 중추적인 역할을 담당해왔다. 이러한 디스플레이는 기존의 CRT TV로부터 시작하여 LCD, PDP, OLED 등으로 발전하였으며, LCD TV에서 백라이트 유닛에 LED를 이용한 LED TV는 현재 새로운 시장 형성에 성공하여 우리나라 제품이 세계 시장에서 독보적인 위치에 놓여 있다. 또한, AMOLED(Active Matrix Organic Light-Emitting Diode)는 선명하고 아름다운 색상을 가진 진보적인 디스플레이로서 현재 각광을 받고 있다.

이러한 기술의 기초가 되는 다양한 디스플레이의 기본적인 동작 원리와 구조, 응용을 알기 쉽게 이해할 수 있도록 풀이하려고 노력하였으며, 이 책을 통하여 디스플레이에 대한 기초적인 지식 습득과 이해에 도움에 될 수 있기를 바란다.

이 책의 구성은 제1장 개론을 통하여 전체적인 디스플레이 종류에 대하여 간략하게 살펴보고, 제2장에서 액정 디스플레이의 역사와 구조, 동작 원리에 대하여 설명하며, 제3장에서는 PDP의 특징, 원리 및 제작 공정에 대하여 이야기한다. 또한 제4장에서는 OLED에 관한 특징과 원리, 제작 과정에 대한 내용을 담고 있으며, 제5장에는 그 외의 기타 디스플레이 소자에 대하여 간략하게 다룬다. 마지막으로 제6장에서는 디스플레이 공정 기술에 대한 내용을 볼 수 있다.

이 책을 통하여 디스플레이 이해를 이해하는 데 많은 도움이 될 수 있기를 바란다. 이 책을 발간하기까지 애써 주신 광문각출판사 박정태 사장님과 편집을 맡아 주신 여러분의 노고에 깊은 감사를 드린다.

저자 일동

제1장 디스플레이 개론

1-1 디스플레이 발전

정보화 시대에 인간은 더 크고, 더 얇고, 더 가벼우며 휴대성이 편리한 디스플레이를 추구한다. 이러한 디스플레이는 유비쿼터스(Ubiquitous) 시대에 맞추어 누구나, 언제 어디서나 정보 교류를 할 수 있는 기반이 된다. 디스플레이 발전은 음극선관(CRT : Cathode Ray Tube)으로부터 시작하여 오늘날의 PDP(Plasma Display Panel), LCD(Liquid Crystal Display) 등 평판디스플레이(Flat Panel Display)에 이르렀고 향후 전자종이(E-paper), AM-OLED (Active Matrix Organic Light Emitting Diode) 등 가볍고 휴대가 간편한 휘어질 수 있는 디스플레이 (Flexible Display)로 발전할 것이다.

디스플레이는 인간과 기계가 교류할 수 있는 창(window)으로 자리를 잡으면서 그 중요성이 부각되었으며 특히 2000년대에 들어와서는 노트북 컴퓨터와 휴대용 소형 전자기기에서 모니터, 벽걸이 TV, 화상 정보 단말기, 전자종이 등 전자 정보 매체로서 그 범위는 급속히 확산되고 있다. 또한, 최근에는 두루마리 디스플레이나 입체 TV로까지 그 영역을 더 확장해 나가고 있다. 이는 정보화 시대에 있어서 누구나 언제 어디서나 정보 교류를 빠르고도 간편하게 하려고 하는 의욕이 있기 때문에 이를 만족하기 위하여 디스플레이 기술도 급속한 발전을 하고 있다고 할 수 있다.

총천연색 컬러를 구현하는 기기의 존재에 만족했던 사람들은 시간이 지나면서 더 크고, 가볍고, 얇은 디스플레이를 원하게 되었다. 최근 본격적으로 전개되고 있는 디지털 방송에 필요한 가정용 TV는 기본적으로 대면적, 고화질 및 저전력 와이드 스크린의 디스플레이가 요구되고 있으며, 궁극적으로는 100인치 급의 디스플레이가 될 것으로 예상하고 있다.

1-2 디스플레이 분류

디스플레이 시대를 연 음극선관은 가격이 저렴하고 해상도가 높아 지금까지 디스플레이의 독보적인 위치를 차지하여 왔으나 30인치 이상의 대형 화면으로 넘어가면서 부피, 무게, 소비전력이 급격히 커지면서 새로운 방식의 디스플레이인 액정 디스플레이(Liquid Crystal Display, LCD), 플라즈마 디스플레이(Plasma Display Panel, PDP), 유기 EL 등에 그 자리를 내주면서 수요가 점차 감소하고 있다.

음극선관이 전자총으로 전자를 화면에 쏘아주는 원리로 영상을 구현함으로 인해 약간의 곡면을 가지고 있는데 반해, 최근 개발되고 있는 디스플레이는 모두 평면으로 만들어지고 있어 평판면 디스플레이(Flat Panel Display, FPD)라고 지칭하여, 디스플레이를 크게 음극선관과 평판 디스플레이(Flat Panel Display, FPD)로 구분하기도 한다. [그림 1-1]에 디스플레이의 분류를, [표 1-1]에 각종 평판 디스플레이의 특성을 요약하였다.

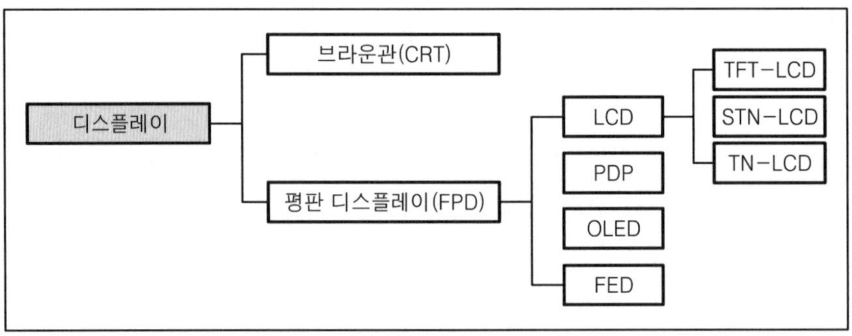

【그림 1-1】 디스플레이 분류

평판 디스플레이 장치는 또한, 스스로 발광하는 방식의 Emissive 디스플레이와 스스로 발광하지 못하는 방식인 Non-Emissive 디스플레이 방식으로 구분되기도 한다. Emissive 디스플레이에는 FED(Field Emission Display), VFD(Vacuum Fluorescent Display), EL(Electro-Luminescence), PDP(Plasma Display Panel)등이 있고, Non-Emissive 디스플레이에는 LCD (Liquid Crystal Display), ECD (Electro-Chromic Display)등이 있다.

평판 디스플레이는 음극선관에 비해 두께가 얇고 가벼워 이동성의 확보에 용이하고 소비전력도 낮아 현재 급속한 성장세를 보이며 시장을 확대해 나가고 있다. 평판 디스플레이 시장을 이끌어 가고 있는 대표적인 방식은 세계 시장의 80% 가량을 점유하고 있는

TFT-LCD(초박막트랜지스터-액정디스플레이)와 대형 디스플레이에 적합한 PDP, 그리고 최근 차세대 디스플레이로 급부상하고 있는 유기EL(OLED)과 FED(Field Emission Display) 등이 있다. 유기 EL은 TFT-LCD에 비교하여 더 얇고 가벼우며 저소비전력으로 구동이 가능하므로 소형 디스플레이 장치에 사용되고 있으며, TFT-LCD는 중형 디스플레이 장치, PDP는 중대형 디스플레이 장치에 주로 이용되고 있다. FED 기술은 이론적으로 PDP나 LCD 패널보다 전력 소비가 적고 화질도 좋으며 생산 비용 또한 저렴한 수준이어서, 본격적으로 상용화되기 시작한다면 비교적 큰 변화가 없었던 TV 시장에 큰 파급효과를 유발시킬 것으로 기대되고 있다.

【표 1-1】 주요 디스플레이별 특징 비교

구분	CRT (브라운관)	FPD[평판 디스플레이]		
		TFT-LCD	PDP	유기EL
장점	고화질 저가격	경량 · 박형 저 소비전력 고해상도	박형 대형 크기	경량 · 박형 저 소비전력 고선명, 고속
단점	넓은 공간 차지 전자파 많음	고가격	고가격 고 소비전력 저 효율	소형 저 수명
크기	10~40 인치	40 인치 이하	42~100 인치	20 인치 이하
개발단계	성숙	양산 / 성장	양산 / 성장	시장 진입 연구 개발
적용분야	모니터, TV 등	노트북 PC, 모니터, TV 등 대형 휴대폰, PDA 등 소형	벽걸이 TV 등 대형	휴대폰, PDA, 소형 TV 등 소형
연구기술	평면화, 박형	화면의 대형화 저 가격화	저 가격화 고 효율	양산화 화면의 대형화

【표 1-2】 디스플레이 기술별 특성 비교

	표시 용량	대형화	해상도	휘도	콘트 라스트	응답성	시야각	두께	질량	소비 전력	수명	가격
PDP	◎	◎	○	○	○	◎	◎	◎	○	△	○	○
TFT-LCD	◎	△	◎	△	○	△	△	◎	◎	◎	○	△
유기 EL	○	△	◎	◎	○	◎	◎	◎	○	△	△	△
FED	○	△	○	△	○	◎	◎	◎	○	△	△	△

◎ : 극히 우수　　　○ : 우수　　　△ : 열악

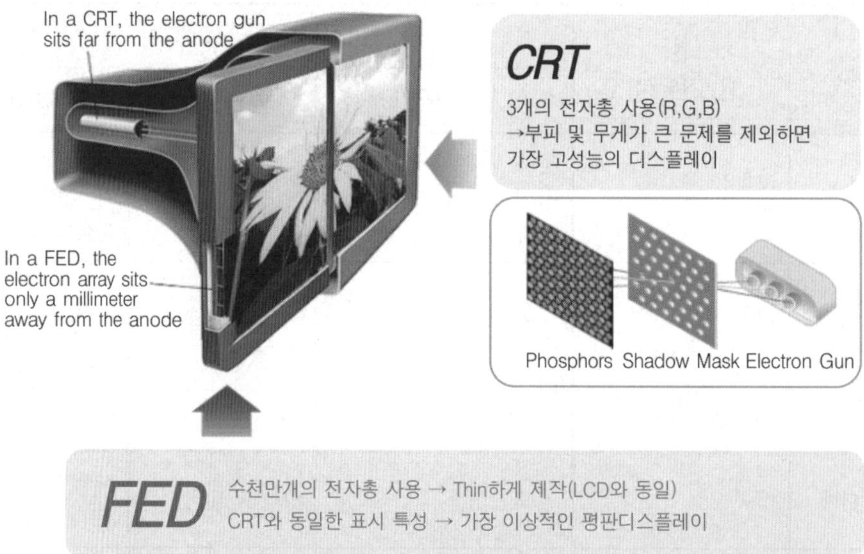

【그림 1-2】 CRT와 FED

기술 개발을 통해 각 장치들이 대형화가 가능해지면서 앞으로는 단순히 크기보다는 밝기, 반응속도, 전력소모량, 전자파 발생량, 색 재현성, 가격 등의 요소를 기준으로 서로 경쟁 관계를 형성할 것으로 예측된다. 따라서 각 장치의 특성과 디스플레이 장치가 필요한 곳의 적합성을 잘 판단하여 제공할 수 있는 서비스의 종류와 한계 등을 파악하는 것이 중요하다.

음극선관을 비롯한 대표적인 평판 디스플레이의 원리, 활용 분야, 장단점, 시장 현황, 제조 방법 등에 대해 구체적으로 서술하기 전에, 디스플레이에 대한 이해를 돕기 위해 각각의 디스플레이에 대한 명칭이 붙게 된 이유와 작동 원리, 그리고 현재의 상황에 대한 간단한 소개를 하고자 한다.

1.2.1 음극선관 (브라운관, Cathode Ray Tube, CRT)

브라운관으로 우리에게 너무나 익숙한 이름인 음극선관(Cathode Ray Tube, CRT)은 1878년 K.F. 브라운이 진공이 유지되어 있는 상태에서 음극선에서 나오는 전자가 화면에 발라진 형광체를 때릴 때 빛이 나오는 것을 발견하고, 전자를 통해 시각적인 정보를 표현하는 디스플레이를 발명하면서 붙여진 이름이다.

이 후 1929년에 영상과 소리 정보를 전자에 실어보내고 읽어내는 방식으로 먼 곳에서 일어나고 있는 일을 집에서 볼 수 있는 텔레비전(Tele-Vision, TV)이 만들어졌고, 1937년에 영국의 BBC 방송국이 세계 최초로 흑백 텔레비전 방송을 시작하면서 먼 곳에서 일어나는 일을 자기집의 안방에서 볼 수 있는 정보화 시대의 막이 오르게 되었다. 1902년 독일의 O. von 브롱크가 발견한 삼원색 신호 전달방법을 이용하여 음극관에서 총천연색 컬러를 구현할 수 있게 되었으며, 1954년 미국에서 컬러 방송을 시작하면서 실제 보는 것과 똑 같은 색으로 이루어진 영상정보를 텔레비전을 통해 접할 수 있게 되었다.

컬러를 표시하는 음극선관은 전자총으로 전자를 가속시키고 자기장으로 전자를 원하는 곳으로 휘게 한 후, 빛의 삼원색인 적색(Red), 녹색(Green), 청색(Blue) 을 구현하는 필터인 RGB 필터를 거치면서 전면유리(패널)에 칠해져 있는 형광체(phosphor)에서 나오는 빛의 세기를 조절하면서 칼라의 영상이나 도형, 문자 등을 표시하고 있다. 세가지 빛이 다 켜지면 백색이, 다 꺼지면 흑색이 나오게 된다.

음극선관은 하나의 전자총이 화면의 상단부에서 하단부로 순차적으로 전자를 방출하면서 영상을 모두 보여주어야 하는 방식이어서 전자총과 화면사이에 일정 공간이 필요하고 그 표면이 구의 모양을 하게 되었다. 종종 TV속에 나타난 TV나 컴퓨터 화면에 수평으로 만들어진 줄이 차례로 위로 올라가는 것을 볼 수 있는데, 이것은 전자총에서 음극선관 표면에 순차적으로 전자를 쏴 주기 때문에 일어나는 현상이다.

음극선관은 화면 전체적으로 화질이 고르게 유지되는 장점이 있지만, 화면이 커지면 화면 주변부가 일그러지는 화상 왜곡 현상을 막기위해 전자총이 그만큼 뒤쪽에 위치해야 하기 때문에 앞뒤의 폭이 증가하게 된다. 또한 화면의 면적에 비례해서 커지는 외부압력을 이겨내기 위해 진공상태를 유지하고 있는 음극선관 유리 자체의 두께가 늘어나야 하기 때문에 대형 화면으로 가면서 그 무게가 급격하게 늘어나게 된다.

음극선관은 가격이 저렴하고 해상도가 높아 그 동안 디스플레이의 독보적인 위치를 차지하여 왔으나, 제품의 이동성이 강조되고 환경 및 에너지 문제가 중요해지면서 부피가 크고 소비전력이 높다는 단점으로 인해 그 수요가 점점 감소하고 있다.

1.2.2 액정 디스플레이(Liquid Crystal Display, LCD)

액정 디스플레이(Liquid Crystal Display, LCD)는 뒷면에서 백라이트라고 불리는 백색광을 비추고, 두 장의 유리판 사이에 들어있는 고체와 액체의 중간 특성을 가진 유기 분자인 액정과 편광판이 LCD에 가해지는 전압에 따라 셔터 역할을 하면서 빛을 통과시키거나 차단시키고, 액정셔터를 통과 한 빛이 컬러 필터에 의해 붉은색, 초록색, 청색의 R(Red), G(Green), B(Blue)로 바뀌는 과정에서 천연색을 구현하면서 도형, 문자, 영상 등을 표시하는 장치이다.

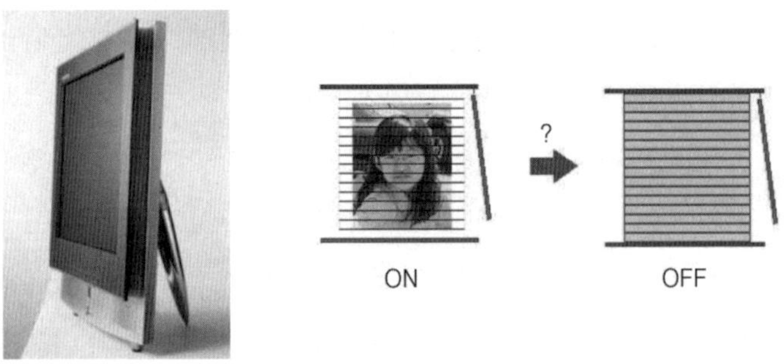

【그림 1-3】 액정 디스플레이

액정디스플레이 LCD(Liquid Crystal Display)는 오래 전인 1888년에 개발됐지만, 음극선관에 비교 우위를 갖지 못해 1980년대 중반에 와서야 실용화되기 시작했다. LCD는 얇고 가벼우며, 최대 10 V 미만의 저전압으로도 동작이 가능해 소비 전력이 작다는 특징을 내세우며 손목시계 같은 작은 디스플레이와 노트북, LCD TV, LCD 프로젝터와 같은 영상표시 장치에 광범위하게 사용되었으며, 최근 음극선관의 자리를 급격하게 대체하면서 가장 널리 사용되는 디스플레이로 성장하고 있다.

LCD 작동 방식 중 가장 많이 활용되고 있는 TFT-LCD(Thin Film Transistor - Liquid Crystal Display)는 얇은 박막 속에 있는 트랜지스터가 액정 표시 장치(LCD)의 화소를 제어하게 되어 붙여진 이름인데, 색상표현력이 1,670만 트루컬러까지 가능한 장점을 지니고 있어

컴퓨터는 물론 텔레비전, 비디오 카메라, 자동차, 항공기 등의 자동 항법 장치, 게임기기 등의 다양한 제품에 응용되면서 가장 폭넓게 이용되는 디스플레이 장치로 각광 받고 있다.

LCD는 직접 빛을 내지 않고 백라이트를 사용하는 방식이어서 시야각이 제한되고 휘도와 색순도가 떨어지고, 응답속도가 느려 자연스러운 동영상 구동에 어려움이 있으며, 해상도가 낮아 화면 크기가 20 인치 이상 되면 LCD 고유의 장점이 대부분 사라지면서 대형화면으로 만들기가 어려운 단점을 가지고 있다고 인식되어 왔다. 그러나 최근 기술의 발전으로 인해 LCD가 가지고 있는 많은 단점들이 보완되면서 음극선과 PDP가 가진 성능보다 오히려 좋아지는 사례도 생겨나고 있으며, 2004년 삼성전자에서 LCD방식으로는 세계 최대 크기인 82인치 TFT-LCD(박막액정 표시장치) 패널을 개발하는데 성공함으로써 PDP, 프로젝션에 비해 대형화에 기술적 한계가 있다는 고정관념이 깨지게 되었다.

1.2.3 PDP(Plasma Display Panel)

플라즈마 디스플레이(Plasma Display Panel, PDP)는 두 개의 유리판사이에 헬륨-네온-제논 등의 혼합기체를 주입하고 전압을 가할 때 발생하는 플라즈마를 이용하여 화상을 표시하는 디스플레이이다. PDP의 작동원리는 형광등의 작동 원리와 유사하며, 적색, 녹색, 청색으로 빛나는 미세한 크기의 형광등을 무수히 배치하여 각각의 형광등을 빠른 속도로 점등 시키거나 소등 시킴으로써 영상을 나타낸다고 할 수 있다. 지구상에서는 자연상태의 플라즈마가 그리 많이 관측 되지는 않지만 우주의 99%가 플라즈마로 구성되어 있어 태양과 밤하늘에 보이는 무수한 별들은 대부분 플라즈마 상태에 있다고 볼 수 있으며, 지구에서 전파 통신을 가능하게 해 주는 밴앨런대와 같은 전리층들도 플라즈마가 만드는 흥미로운 자연 현상이다.

PDP는 1929년에 개발된 음극선관 TV보다 2년 정도 앞선 1927년 미국의 벨시스템사에 의해 단색 PDP TV로 개발되었으나 음극선관에 비해 많은 문제점을 가지고 있어 한동안 사용되지 않았다. 1980년대 초 단색 PDP가 노트북 컴퓨터의 효시라 할 수 있는 랩탑(Lap-top)에 채용되어 일시적인 호황을 맞이하였으나, 1980년대 말 LCD가 노트북 시장에 진출하면서 일시적으로 연구개발이 중단되었다. 그러나 LCD가 20인치 이하에서는 표시성능과 기능 면에서 뛰어나지만, 20 인치 이상을 구현하는데 많은 어려움이 있어, 대형이면서도 컬러화가 가능한 것은 본질적으로 PDP밖에는 없다는 결론 하에 PDP에 대한 연구가 본격화되었다.

【그림 1-4】 102인치 PDP

PDP는 스스로 빛을 내는 방식이어서 시야각이 LCD에 비해 2배 정도 넓고, 자연색 재현이 가능하며, 응답속도가 빠르고, 구조가 간단한 장점이 있다. 또한, 방전을 각각의 셀(cell)에서 따로 하기 때문에 디스플레이의 폭을 셀 폭의 수배의 크기로 만들 수 있어 매우 얇게 만드는 것이 가능하고, 화면이 클수록 상대적인 가격이 낮아지고 전력 소모가 작아지는 장점으로 40인치 이상의 대형화면을 10cm 이하의 얇은 두께로 구현할수 있어, 벽걸이 TV, 대형 정보표시화면, 옥외 광고판 등 대형 스크린 제작에 적합한 디스플레이를 실현할 수 있는 차세대 디스플레이로 떠오르고 있다. 2005년 삼성전자에서 102인치 PDP 개발에 성공하면서 대형 디스플레이 시장을 선도하는 방식으로 평가 받고 있다.

최근 PDP TV는 두께가 10센티 이내로 줄어들고 160도 이상의 광 시야각을 가지면서도 가격이 인치당 5만원 이하로 떨어지면서 40인치 TV시장에서 판매점유율의 30%를 차지할 정도로 급성장하고 있다.

1.2.4 유기 EL(Organic Electro- Luminescence, OLED)

유기 물질이 스스로 빛을 내는 유기발광 현상은 1950년 프랑스 베르나노즈 연구팀이 처음으로 발견하였으며, 이를 디스플레이로 구현한 유기 EL(Organic Electro-Luminescent)은 1987년 미국 이스트먼코닥사에 의해 개발되었다.

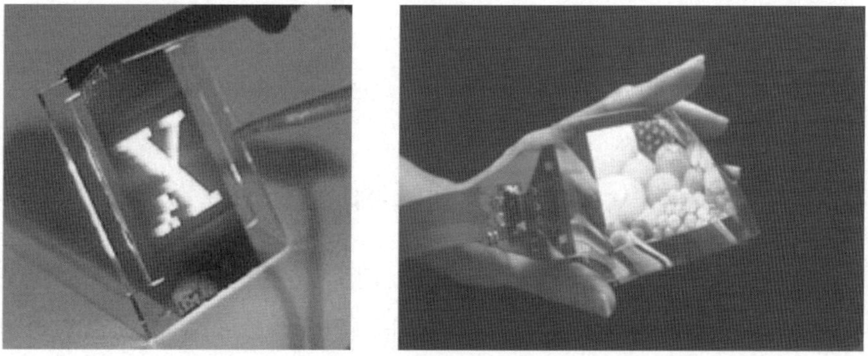

【그림 1-5】 유기 EL과 Flexible 표시 장치

음극선관이 형광체를 발광시키는 방식이고 LCD가 외부 광원인 백라이트를 이용하는 방식인데 반해, 유기 EL은 전압을 가할 때 스스로 발광하는 두께 1백~2백nm(나노미터, 1 nm=10^{-9} m) 정도의 유기 박막층이 형광체 역할을 하면서 정보를 나타내는 디스플레이이다. 발광층을 구성하는 유기물질이 어떤 것이냐에 따라 빛의 색깔이 달라지게 되며, R, G, B의 빛의 삼원색을 내는 유기물질을 이용하여 천연색을 구현하게 된다. 유기 EL은 유기물질인 발광층에 전류를 흘릴 때 음극에는 전자(-), 양극에는 전자가 빠져나간 상태인 Hole(+)이 발광층으로 이동하는 상태로 내부가 활성화됐다가 낮은 에너지 상태로 떨어질 때 전자와 홀이 결합하면서 자체발광을 하게 된다.

언제 어디서나 영상 정보를 얻어야 하는 휴대전화는 오래 쓰기 위해 소비전력이 낮고 얇을 뿐 아니라 가볍고 응답속도도 빠른 디스플레이를 필요로 한다. 유기 EL은 자체 발광 효율이 백열전구보다 2~3배 높고, 유기 박막층이 직접 빛을 내므로 두께를 1㎜ 이하로 줄일 수 있으며, 유연한 특성을 가지고 있어 주머니에 말아서 가지고 다닐 수 있다. 또한 사진보다 선명한 화질에 사각이 거의 없고, 두께도 LCD에 비해 3분의 1로 줄일 수 있으며, 소비전력이 낮고 응답속도가 마이크로 세컨드초(㎛, 100만분의 1)로 LCD에 비해 1천배 이상 빨라 완벽한 동영상을 구현할 수 있으므로 디스플레이의 결정판으로 불린다. 그러나 유기

EL은 산소와 화학적인 반응을 일으키기 쉬운 유기 물질을 수분이나 산소와 확실하게 차단할 수 있는 기술이 부족해 수명이 비교적 짧다는 단점이 있다.

유기 EL은 현재 휴대전화, 카스테레오 액정화면 등 휴대용 기기 등의 소형 디스플레이에만 응용되고 있지만, 대형화를 위한 연구개발이 활발히 진행되고 있어 향 후 PDP나 LCD의 자리를 충분히 위협하면서 영상 혁명을 주도할 디스플레이로 기대되고 있다. 특히 TFT-LCD나 PDP가 첨단기술과 대규모 투자를 동반하는 것과 달리 유기 EL은 상대적으로 제조 공정이 단순하기 때문에 투자비가 적고 공정기술이 간단해 머지않아 중소형 LCD 시장을 대체하는 평판 display로 성장할 것으로 전망된다.

1.2.5 전계효과 디스플레이 (Field Emission Display, FED)

전계효과 디스플레이(Field Emission Display, FED)는 음극관에서 나온 전자가 양극판의 형광체에 부딪히는 과정에서 영상을 나타낸다는 점에서 브라운관으로 알려진 음극선관과 그 원리가 같다. 그러나 음극선관이 하나의 전자총에서 방출된 전자들이 편향시스템을 이용하여 화면의 상단에서 하단으로 순차적으로 형광체와 충돌하면서 영상을 표시하는 방식이라면, FED는 직경 10nm 정도의 수많은 전자총으로부터 화면의 픽셀 당 수백 개 이상의 방출된 전자가 형광체와 충돌하면서 영상을 만드는 방식이 다른 점이다. 이와 같이 FED는 화소 하나 당 여러 개의 전자총을 사용하므로 음극선관에 비해서 색의 왜곡이나 번짐이 거의 없으면서 박형의 대형 화면을 구현할 수 있는 장점을 가지고 있다. 또한 LCD를 비롯한 평판 디스플레이는 화소의 결함 개수가 수율(yield)에 미치는 영향이 큰 반면에, FED는 하나의 화소당 많은 팁이 존재하므로 몇 개의 팁에 결함이 있어도 화소로서의 역할을 수행하는데 문제가 되지 않는 장점이 있다.

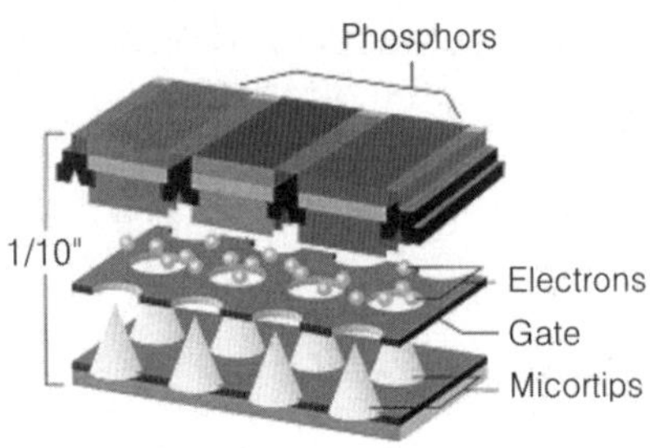

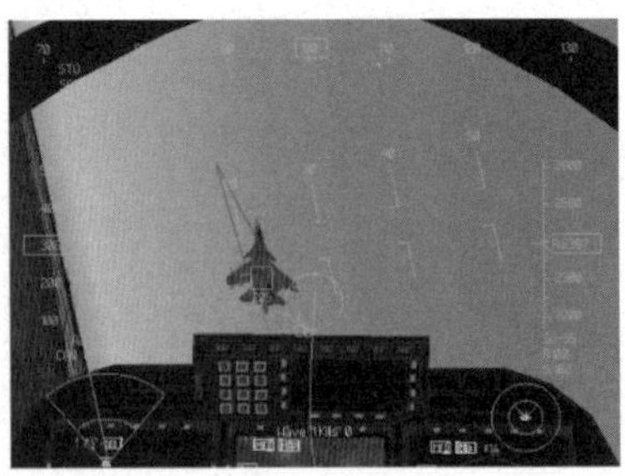

【그림 1-6】 FED의 구조

FED는 1958년 미국의 스핀트 박사가 미세한 금속팁을 사용할 경우 전계방출이 크게 향상된다는 스핀트 캐소드 이론으로 가능성을 제시한 이후 1986년 프랑스의 '레티'라는 회사가 최초로 상품화에 성공하면서 세상에 등장했다. 전자총 재료로는 미세한 금속 물체를 사용해 왔지만 최근 탄소나노튜브(Carbon Nano Tube, CNT)가 FED의 팁이 갖추어야 할 좋은 성질을 갖추고 있는 것으로 알려지면서 CNT를 많이 사용하고 있다. 음극선관에서는 필라멘트에 많은 전류를 흘려 열전자를 방출하지만 CNT는 약한 게이트의 전기장에 의해서 양자역학적인 터널링으로 음극의 전자가 방출되므로 전력 소모를 크게 줄일 수 있다.

FED는 기존의 음극선관에서 개발된 고효율, 저가격의 형광체를 사용할 수 있으며, 응답속도가 수 msec로 매우 빠르고, 에너지효율이 높은 것이 특징이다. 또한, 백라이트가 필요없기 때문에 소비 전력이 적고, 상하좌우 어느 방향에서도 180°의 넓은 시야각을 확보할 수 있으며, 사용온도의 범위도 -20~85℃로 넓은 특성을 가지고 있다. 따라서 FED는 크기에 따라 부피, 무게가 엄청나게 불어나는 음극선관의 단점과, 가격, 대형화, 시야각의 단점이 있는 LCD의 문제를 모두 해결하면서, 유기 EL 보다 대형화가 용이한 잠재력이 매우 높은 차세대 디스플레이로 주목을 받고 있다. FED는 현재 비행기 조종사들이 착용하는 군용 Head Mount Display와 계측기, 항공기, 혹은 자동차의 각종 Meter와 자동항법 장치용 Display에서 실용화되고 있으며, 노트북 PC와 모니터, 가장 큰 수요처인 TV 등에서 광범위하게 활용되고 있다.

1.2.6 3차원 디스플레이

인간이 물체에 대해 3차원의 입체감을 느끼도록 하는 원리 중 대표적인 것이, 하나의 물체에 대해 서로 다르게 양 쪽 눈의 망막에 맺히는 영상을 통합하여 입체 영상을 만들어 내는 양안 시차 효과이다. 양안 시차 효과를 발생시키려면 좌, 우의 눈에 서로 다른 정보가 와야 하는데, 이를 위해 정지 화상의 경우 두 장의 사진을 촬영하면 되지만, 동영상의 경우 두 대의 카메라로 동시에 영상을 얻어야 한다.

【그림 1-7】 3차원 디스플레이

입체영상을 얻기 위해 안경을 끼는 편광 방식은 극장 등에서 일반적으로 활용되는 방식인데, 컬러의 재현이 가능하고, 거의 완전한 입체감을 느끼도록 할 수 있어서 영화에서 많이 활용되는 방식이다. 이는 좌측 카메라 영상은 p-편광되도록 하고, 우측 카메라 영상은 이와는 수직한 s-편광 되도록 편광 필터를 거쳐 영상을 스크린에 비추면, 좌우측에 각각 p-편광자와 s-편광자로 구성된 안경을 끼고 있는 관객의 좌우측 눈이 서로 다른 영상을 보게 되므로 결과적으로 입체 영상을 느끼게 되는 방식이다.

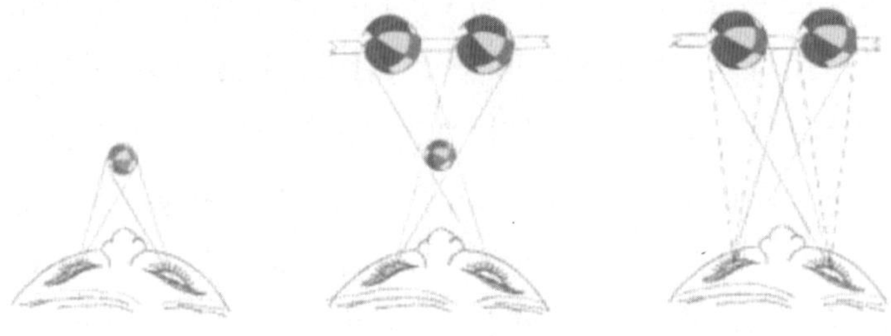

【그림 1-8】 양안시차

반면, 비디오나 TV 처럼 자체 발광하는 디스플레이에서는 편광을 조절할 수 없기 때문에 편광 방식을 적용하는 것이 어려워 시분할(time-multiplexing) 방식을 사용한다. 시분할 방식은 화면에 좌우 카메라의 영상이 빠른 속도로 번갈아 나타나도록 하고, 안경에는 광밸브가 장착되어 있어서 좌우 광밸브를 교차로 열어 주어 서로 다른 영상을 보게 함으로써 입체 영상을 구현하는 방식이다. 이때 깜박이 효과(flickering)가 나타나지 않기 위해서는 좌우 영상의 전환이 1/60 초 이내에 신속하게 이루어져야 한다.

안경을 끼지 않고도 3차원 영상을 볼 수 있도록 하는 방식에 볼록렌즈(lenticular) 스크린 방식이 있다. 이는 일반 디스플레이의 각각의 픽셀을 좌우 둘로 나뉘어 제작하는데, 좌측 픽셀은 우측 영상을 나타내고, 우측 픽셀은 좌측 영상을 나타내도록 한 후, 관객이 스크린 앞에 설치된 반구형의 볼록렌즈(lenticular)를 통하여 스크린을 보게 되면 우측 눈은 우측 카메라 영상을 보게 되고, 좌측 눈은 좌측 카메라 영상을 보게 되어 양안 효과가 나타나 입체감 있는 영상을 느끼게 된다. 이 방식은 고도의 전자적 기술이 최소화되어 실용화 전망이 높다.

3차원 디스플레이 기술은 이외에 매우 다양한 기술들에 대한 연구가 진행되고 있으며, 사람이 실제현상을 눈으로 보는 것과 똑같이 볼 수 있도록 해주는 기술이니만큼 디스플레이 기술의 최종 목표로서 조만간 기술자들에 의해 완벽하게 정복될 것으로 기대되고 있다.

1.2.7 발광 다이오드 (Light Emitting Diode, LED)

새로운 빛의 혁명을 여는 LED는 실리콘 반도체와는 달리 성질이 다른 두 가지의 물질을 합쳐 만든 화합물 반도체로 갈륨비소(GaAs)나 갈륨질소(GaN) 재질에 인, 알루미늄 등을 첨가해 만든다. 반도체의 p-n 접합에 전압을 가하여 전류가 흐를 때 전자와 정공이 접합 부분에서 재결합하면서 빛이 발생하는 현상을 이용하는데, 기본 소재에 첨가하는 불순물의 함량에 따라 발광 파장이 달라지게 된다. 이렇게 구현되는 파장은 인간의 가시광선 영역인 4백 나노 미터에서 7백 나노 미터 사이로서, 적색 660나노 미터 대, 녹색 555나노 미터 대, 그리고 청색 480나노 미터 대의 파장을 형성하고 있다.

【그림 1-9】 LED

발광 다이오드(Light Emitting Diode, LED)는 1960년대 후반에 적색 발광 다이오드(LED)가 처음으로 상용화된 이후, 1990년대 후반 들어 청색 및 녹색의 고휘도 LED, 더 나아가 백색 발광 다이오드까지 만들어졌고, 이제는 발광 효율이 백열전구는 물론 형광등의 수준을 넘는 단계까지 발전하였다. 이에 따라 LED는 소형 기기의 광원 및 전구를 대체하는 차기 조명 시장의 주역으로 떠오르고 있으며, 총천연색을 구현할 수 있는 디스플레이 장치 산업 분야에서도 주목받기 시작하고 있다.

LED는 처리 속도가 빠르고 전력소모가 적으며, 기존 전구램프처럼 눈이 부시지 않은 장점을 가지고 있으며, 형광등과 같이 수은이나 방전용 가스를 사용하지 않고 필라멘트가 없기 때문에 충격에 강해 약 1백만 시간의 반영구적 수명을 가지고 있어 환경에 영향을 미치는 폐기물 문제를 발생시키지도 않는다. LED는 주로 태양전지, 레이저 다이오드, LED, 그리고 각종 전자제품의 전자표시 부품으로 많이 사용되었으나 최근에는 칩화, 다각화, 고효율화, 다색화, 저가격화, 고기능화를 통해 평판 디스플레이에 응용되고 있다. LED는 새로운 고체 소자 조명 광원으로서 21세기에는 그 활용 범위가 더욱 증가하게 될 것이다.

【그림 1-10】 LED를 활용한 전광판

제2장 액정디스플레이(LCD)

2-1 서론

LCD(Liquid Crystal Display)

- 정의 : 두 개의 얇은 유리기판 사이에 액정을 채우고 상하기판에 전압을 인가하여 액정 분자의 배열을 변화시킴으로써 외부에서 입사한 빛의 투과도를 조절하는 방식의 디스플레이
- 특징 : 얇고 가벼우며 소비전력이 낮음
- 단점 : 응답속도 느리고, 시야각 좁고, 가격이 높음
- 응용분야 : 소형 휴대용 전자기기 디스플레이, 모니터, ~ 100″급 HDTV

액정(Liquid Crystal, LC)물질은 1888년에 최초로 발견되었고 1968년부터 디스플레이에 응용하기 시작하였다. LCD는 전기장, 자기장, 온도, 응력 등의 외부 영향에 따라 쉽게 재배열하는 액정의 특성을 이용한 표시소자이다. 40년 정도의 역사를 가지고 있는 액정디스플레이는 그동안 비약적인 발전을 가져왔으며 종래 CRT와 비교해서 얇고 가벼우며 소비전력이 낮은 등 특성 때문에 오늘날 휴대폰, 디지털 카메라 등의 작은 크기에서 PC, 100인치급 액정 TV에 이르기까지 폭넓게 사용되고 있으며 오늘날 디스플레이 시장의 80% 이상을 차지하고 있다.

【그림 2-1】 100인치 TFT LCD

2-2 LCD 역사

액정의 LCD 장치 응용은 1960년대에 실온에서 유전 이방성을 갖는 네마틱 액정을 합성하여 DSM(Dynamic Scattering Mode)-LCD를 실현하면서 시작되었다. DSM-LCD는 전자 계산기, 시계 등에 사용되었으나, 소비전력이 비교적 크고 화질이 좋지 않은 단점을 가지고 있었다. LCD는 이후 정보 표시량의 증대, 표시면적의 증대, 선명성의 향상, 그리고 자연색을 구현하는 데에 중점을 두고 연구되어 왔다. LCD는 흑백 표시의 TN-LCD에서 라인 수가 64 이상으로 늘어나면, 크로스 토크(cross talk)에 의해 화면이 선명하지 않은 문제가 나타났고, 당시에는 이것이 액정산업의 한계로 인식되었다.

이러한 문제를 해결할 수 있는 대응책으로 제시된 것이 1972년 P. Brody가 제안했던 능동행렬 LCD(Active Matrix LCD, AMLCD)이다. AMLCD는 단순 매트릭스 LCD에 비해 응답시간과 계조를 포함하는 화질 특성이 우수하여, 큰 화면크기와 많은 화소수가 필요한 TV 수신기, 포터블 컴퓨터에 이용되는 모니터, 프로젝션 TV와 비디오 카메라의 모니터용에 이용되는 작은 LCD 모듈에 적용되면서 발전하여 디스플레이 산업에서의 현재 위치를 점하게 되었다.

그동안 개발된 여러 가지 능동행렬 기술 중 오늘날 가장 많이 사용되고 있는 디스플레이는 비정질 실리콘(a-Si : H) TFT와 저온 다결정 실리콘 TFT를 이용한 LCD이다. TFT에 관해서는 1935년에 영국의 O. Heil이 구조 특허를 취득하고, 1961년에 기본 개념이 나온 이래, 1971년에 Lechner가 행렬 디스플레이의 각 화소를 독립적으로 스위칭하면 100 : 1 혹은 그 이상의 고 대비비(high contrast ratio)를 얻을 수 있을 것이라는 기본 개념을 발표하였다.

1976년에 AMLCD 평면 TV가 제안되었고 1978년 Lipton 등에 의한 MOSFET 1.75형, 30,625화소 LCD와 Brody와 Luo에 의한 CdSe TFT LCD가 개발되었다. 1979년에 LeComber 등이 비정질 실리콘 TFT의 LCD에의 응용에 대해 연구하기 시작한 후, 1982년에 다결정 실리콘 박막 트랜지스터를 이용한 poket TV가 최초로 상업화되면서 TFT-LCD는 급속히 발전하여 현재의 위치에 이르게 되었다. 그 후 많은 학자들에 의해 다결정 실리콘 박막 트랜지스터를 쉽게 얻을 수 있는 방법이 연구되었고, 1980년대 후반에 다결정 실리콘 박막 트랜지스터의 누설전류를 줄이려는 시도가 진행되었다.

1990년대 들어와서 TFT-LCD가 노트북, 모니터, TV, 핸드폰 등에 사용되는 대표적인 평판 디스플레이로 자리잡게 되었는데, 현재는 비정질 실리콘 TFT가 주종을 이루고 있으나, 다결정실리콘 TFT도 차세대 기술로 자리매김하면서 꾸준히 성장하고 있는 추세이다.

TFT LCD는 CRT보다 소비 전력이 적고 방사선 방출이나 화면의 떨림이 없으며, 가볍고 얇기 때문에 휴대하기 편리하다. 또한, 비발광체이기 때문에 눈에 부담이 적은 장점을 가지고 있다. 초기의 LCD TV는 빠른 동작을 표현하는데 한계를 가지고 있었고, 시야각이 좋지 않으며, 백라이트가 필요하다는 단점을 가지고 있었으나 최근 이러한 문제점들이 상당부분 해결되면서 시장이 급격하게 확대되고 있다. 오랫동안 LCD는 오직 작은 크기만 가능하여 PDP와는 경쟁할 수 없다고 믿어져 왔으나 최근 삼성, LG필립스, 샤프 등의 회사에서 2004년에 40인치, 45인치 등의 LCD를 상용화하고, 최근에는 100인치 HDTV TFT LCD 개발에 성공하면서 많은 회사에서 LCD 생산에 많은 투자를 다시 하기 시작했다. 이러한 LCD의 급속 발전은 기존의 CRT 모니터 시장을 잠식하고 대형 TV시장에서 PDP와 치열한 경쟁을 하고 있는 상황이다.

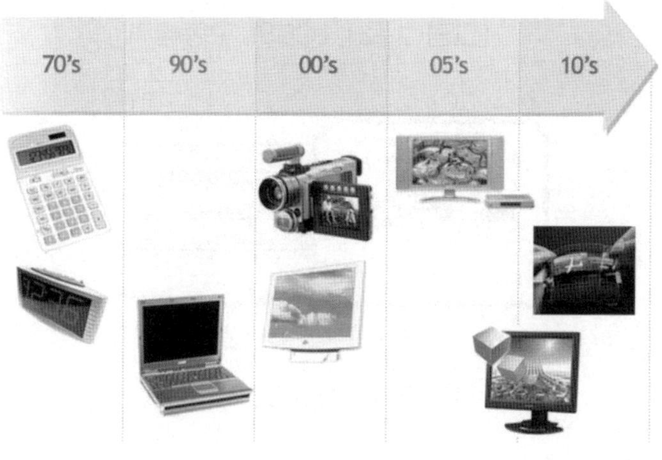

【그림 2-2】 TFT LCD의 활용

2-3 LCD 구조

2.3.1 LCD 기본원리

LCD는 일반TV와 같이 화상 데이터를 전기신호로 변환해서 입력한다. 이 전기구동 신호에 따라 액정층의 적은 하나하나의 화소에 트랜지스터(Transistor : switch 소자)에 의해 광투과 상태와 광차단 상태를 만들어 낸다. 이와 같이 수십만~수백만 화소를 제어하여 color화된 화상이 액정 디스플레이 화면이다.

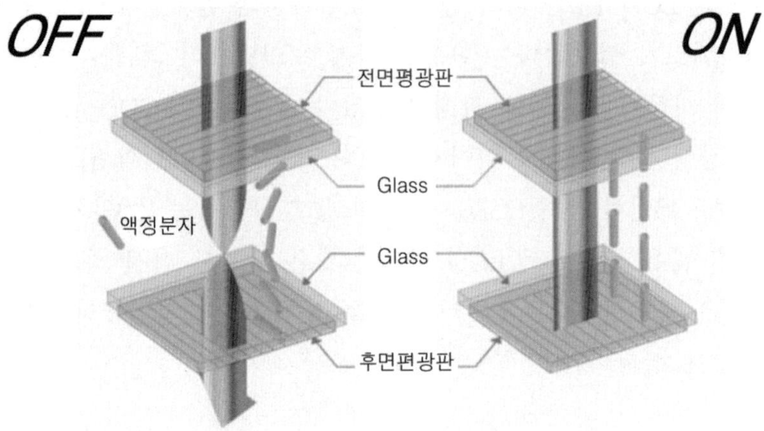

【그림 2-3】 LCD의 구동원리

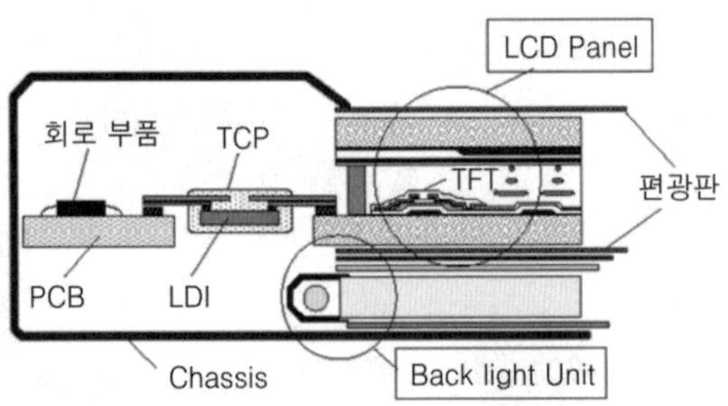

【그림 2-4】 LCD의 구성

2.3.2 LCD 기본 구조

LCD는 다음과 같은 구성으로 되어 있다.

1) LCD 주요 구성체는 상판측(대향전극측) 기판 module과 하판측(TFT측) 기판module 및 Back Light로 나눌수 있다. 상판 module은 배향막이 형성되어 있는 ITO(투명도전막), Color Filter, 상판 유리기판, 편광판으로 구성되며 하판 module은 ITO(화소전극과 구동 Transistor(TFT) 및 배향막이 형성되어 있음)와 하판 유리기판, 편광판으로 구성되어 있다. 액정을 상판측 module과 하판측 module 사이에 봉입하여 액정 패널(기능상으로는 액정 shutter)가 형성된다. 그리고 이 액정 패널의 제일 뒷면에 액정광원으로 되는 Back Light가 배치되어 LCD가 된다.

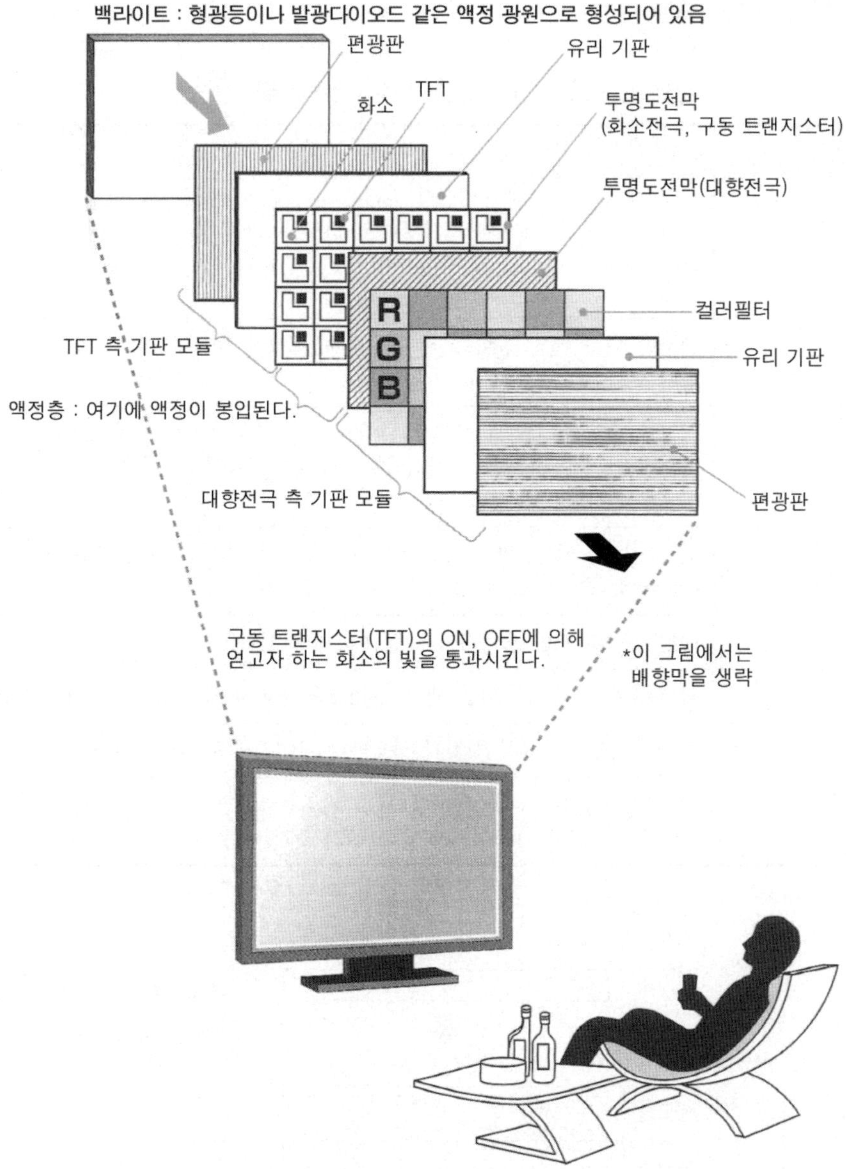

【그림 2-5】 LCD의 세부 구조

2) 중요한 요점은 구동 트랜지스터의 ON/OFF에 따라 각 화소에 광이 통과하든지 않든지 결정되게 되는 점이다. Back Light는 형광등이나 발광 diode 등을 이용해 액정광원으로 되는 부분이다.

2.3.3 LCD 주요 구성 부품

【표 2-1】 LCD 주요 수어 부품 및 기능

부품명	기능
액정 shutter 기능	액정 패널을 구성하는 2장의 유리기판 module에 형성되어 있는 2장의 ITO에 전압을 가하면 액정이 배열방향을 바꾸게 되며 배향막과 편광판의 상호작용으로 Back Light 광을 통과시키거나 차단시켜 액정 shutter로서 기능을 하게 된다.
액정	액정은 외부 전압 등이 가해지면 분자 배열이 규칙적으로 바뀌어 배열하는 방향이 변화한다.
ITO (투명전극)	상판 ITO(화소전극)과 하판 ITO(대향전극) 전극사이에 화상 data인 전기신호를 가하여 액정 shutter를 동작시키게 한다. 이 전극은 전기 빛 광을 잘 통과시킬 수 있는 투명전극막이다.
배향막	액정분자를 일정 방향으로 배열시키기 위한 막이다. ITO(투명도전막) 위에 polyimide 수지 등으로 만들어진다.
편광판	특정 방향의 광만 통과시키는 성질을 갖고 있다.
TFT(구동Tr.)	각 화소에 1~2개씩 있는 액정 shutter를 동작시키는 박막 트랜지스터이다.
Color Filter	화상을 color로 하기 위해 각 화소마다 광 3원색(R,G,B)이 배열된 Filter이다.
Back Light	액정은 발광하지 않고 광을 On/Off 시키는 역할만 하므로 광원이 필요하게 된다. 맨 끝에 있는 광원을 Back Light라 한다.

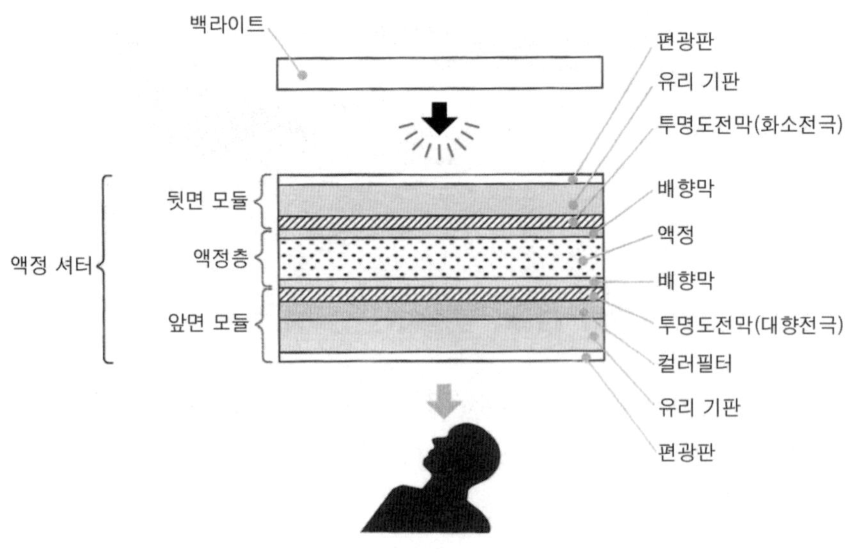

【그림 2-5】 LCD Cell의 구성 계략도

2-4 디스플레이 분류

2.4.1 액정이란?

액정(Liquid Crystal)이란 고체와 액체 중간상태의 물질을 말하며 겉보기에는 투명하면서 어느 정도점성이 있는 액체이다. 액정을 처음 발견한 사람은 오스트리아의 라인니쳐(F. Reinitzer)라는 생물학자이다. 1888년 그는 콜레스테롤과 관련된 유기 물질이 녹는 과정을 관찰하던 중 두 단계로 변화하는 것을 발견했다. 고체 상태인 물질에 열을 가했더니 145.5℃가 되었을 때 탁한 액체 상태로 변화하고, 178.5℃가 되었을 때 맑은 액체 상태로 변화했는데, 이것이 바로 액정의 발견이다. 레인니쳐는 이 사실을 독일의 물리학자인 레만(O. Lehmann)에게 알렸으며, 레만은 많은 실험과 연구 끝에 이 혼탁한 액체가 다른 액체와는 달리 고체와 같이 다소 규칙적인 분자 배열(결정)을 갖는다는 것을 알게 되었다. 레만은 액체처럼 흐르는 성질을 가지면서 고체와 같은 결정 구조를 갖는다는 의미로 이 물질을 '액정(Liquid Crystal)'이라 이름을 짓게 되었다.

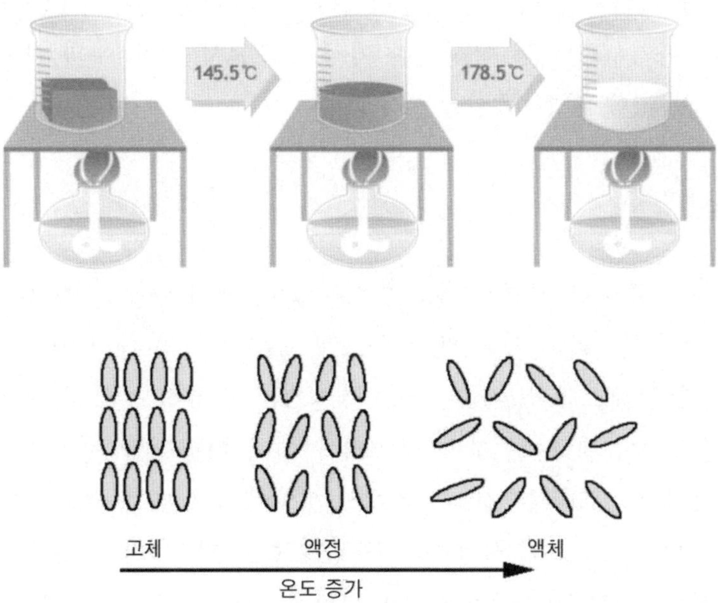

【그림 2-6】 액정의 성질

LCD는 이러한 액체와 고체의 중간 특성을 가진 액정이 외부 전압 등에 의해 그 분자의 배열방법이 변화하는 성질을 이용해 정보를 표시하는 장치로서 외부의 전기에 의해 발생하는 전기장의 변화에 따라 배열 상태가 바뀌는 특성을 이용한 것이다. 액정 아래에 숫자나 글자 모양으로 전극을 만들고 전기를 흘리면 전극 위에 있는 액정의 분자 배열 상태가 변하면서 그 부분만 색이 바뀌어 숫자나 글자가 표시된다.

모든 물질이 고체와 액체의 중간상태인 액정으로 되는 것은 아니다. 액정 상태로 되기 위해서는 그 물질을 형성하고 있는 분자가 봉상이나 원판상의 형상으로 분자의 축(長軸)이 동일방향으로 향하고 있을 필요가 있다. 결정상태에서는 이들 봉상의 분자가 무게중심이나 방향까지도 정해진 규칙에 따라 배열한다. 이 결정상태가 온도 상승 등에 의해 녹아 무게중심의 위치나 방향이 임의로 배열되게 된다.

즉, 액정상태란 분자의 무게중심의 규칙성은 없으나 어느 정도의 방향규칙성은 가지고 있는 반쯤 녹아있는 상태의 것을 말한다. 이 액정상태에서 더욱 온도를 올려가면 무게중심의 방향도 규칙성도 없어져 임의 배열한 액체상태로 된다. 이 액체상태의 분자배열은 어느 방향에서 보아도 임의 배열된 상태로 보인다.

그러나 액정상태로 되면 어느 정도 방향규칙성이 있기 때문에 정면이나 아래 면에서 보면 분명히 분자배열이 다르게 보인다. 이와 같이 방향에 따라 광학적으로 다르게 보이거나 물리 특성이 다르게 나타나는 성질을 이방성이라 한다. 이들 특징이 LCD의 광학적 특성의 기초가 되고 있다. 여기서 광학적 특성이란 액정 재료에서 산란, 투과, 반사, 흡수, 굴절, 회절, 선광(旋光) 등의 광에 관한 특성을 말한다.

2.4.2 액정 종류

액정상에서 분자는 특수한 배열을 하고 있다. 자연상태의 액정은 약 3,000여종 이상이 있으나 디스플레이로서 실용화된 것은 배열 구조적 특징에 따라 네마틱(Nematic) 액정, 스메틱(Smetic) 액정 및 콜레스테릭(cholesteric) 액정으로 분류하고 있다. 액정이 나타내는 광학적 성질은 액정의 종류에 따른 분자 구조의 차이에 따라 달라지게 된다.

액정재료는 저온에서는 고체(결정), 고온에서는 액체의 상태로 되고, 그 중간온도 범위에서만 액정상태로 된다. LCD에 사용하는 액정재료는 거의 이 종류에 속하며, 이 형을 Thermo-tropic 액정(가열이나 냉각 등 온도변화에 따라 액정상태로 되는 것)이라 부르고 있다. 당연히, LCD에 사용되는 액정재료는 상온에서 액정상태로 되는 것이 필수조건이다.

Thermo-tropic 액정은 분자 배열구조에 따라 다음과 같이 분류하고 있다.

1) Nematic 액정

막대기모양(봉상)의 결정분자(막대기길이는 2~3nm, 1nm=0.001um)가 거의 일정 방향으로 향하고 있으며, 층상구조를 갖지 않은 형태의 액정을 말한다. 장축방향으로 자유로 이동할 수 있으므로 유동성이 크고 점도는 작다. 액정표시가 되기 위해서는 액정분자가 일정방향으로 배열(배향) 될 필요가 있다. 현재 LCD로서 실용화되고 있는 액정재료의 대부분이 이 형태이다.

2) Smetic 액정

스메틱 액정은 막대 모양의 분자가 층 모양의 구조를 형성하며 구성분자는 서로 평행으로 배열하여 각층의 면 위에 거의 수직으로 있는 구조이다. 분자층 사이의 결합은 비교적 약하여 비누처럼 서로 미끄러지기 쉬운 특성을 가지며, 이 때문에 스멕틱 액정은 2차원적 유체의 성질을 나타낸다. 그러나 보통의 액체에 비교하면 점도는 매우 크다.

3) Cholesteric 액정

층상구조를 하고 있으며, 한 층내에서는 분자가 거의 일정 방향을 향하고 있고, 층과 층 사이의 분자배열은 나선(spring처럼 꼬임)상으로 되어 있는 형태의 액정이다. 온도에 따라 색(간섭색 : 비누거품이나 기름을 물에 풀었을 때 보이며, 백색광들이 서로 간섭해서 무지개와 같이 보이는 색)이 변하는 특성을 가진 것으로 온도계 등에 이용되고 있다.

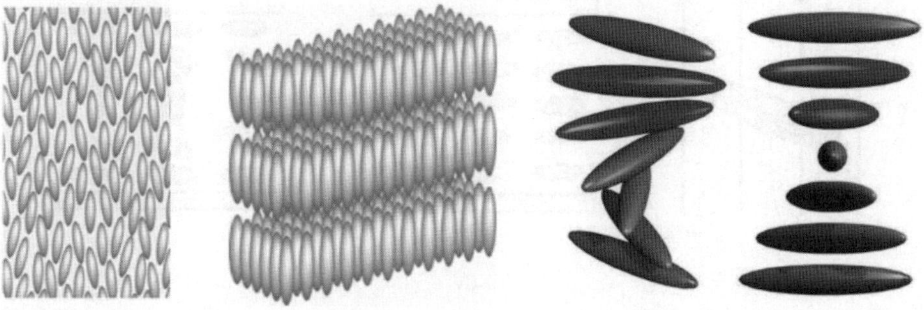

Nematic 액정 Smetic 액정 Cholesteric 액정

【그림 2-7】 액정의 종류 및 형태

2.4.3 액정의 특성

대부분의 액정은 수 나노 미터 크기의 가늘고 긴 막대 모양이나 편평한 모양의 분자 장축이 서로 평행하게 배열하고 있는데, 고체에서와같이 견고하게 결합되어 있지 않아 자기장, 온도, 응력 조건 등의 외부 환경 변화에 따라 분자의 장축 방향이 쉽게 바뀌게 된다. 이때 액정의 굴절율, 유전율, 점성율, 전도율 등의 물성값은 액정내의 분자의 방향에 따라 크게 달라지는 이방성을 보이며, 이러한 성질을 이용하여 다양한 분야에서 액정을 응용하고 있다.

외부에서 액정에 전압을 가하면 액정의 유전율 이방성에 따라 분자의 장축이 전압 방향으로 배열하였다가, 전압이 꺼지면 배열이 원래의 위치로 돌아오는 현상이 나타나는데, 전압에 의한 이러한 액정 분자의 배열 변화가 빛을 통과시키는 통로의 셔터 역할을 하면서 액정을 통과하는 빛의 양이 달라지게 된다. 또한 빛이 액정을 통과할 때 두 방향으로 나누어 굴절되는 복굴절 현상이 일어나므로 액정을 통과한 빛은 서로 간섭작용을 하고, 굴절율에 의한 속도의 차이로 인해 광이 분자의 축 방향으로 꺾이는 성질을 갖게 되는데, 이는 디스플레이의 동적 산란 방식에 이용되고 있다. LCD는 이와 같이 외부 전압에 의해 달라지는 액정의 분자배열의 변화에 의한 광학적 특성 변화를 이용하여 만든 디스플레이이다.

또한 액정은 연속체로서의 특성이 있어 유리와 맞닿는 부분의 배열을 고정시키면 그 위치가 이웃분자에게 영향을 미치므로 전체적으로 Twist 시키는 것이 가능하다. 이러한 액정의 특성을 이용하여 전압이 가해지기 전의 액정의 배열을 인위적으로 조정할 수 있어 LCD를 구현하는 것이 가능해진다.

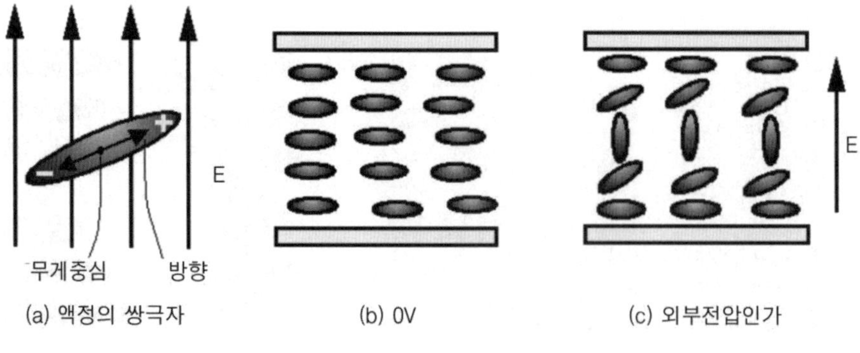

【그림 2-8】 전계내에서 약정의 배열

외부 전계와 전기 쌍극자의 결합에 의해 액정분자는 배열방향이 변화된다.

실제 사용하는 액정은 Ester계, Biphenyle계, 염기계 등의 액정모제에 복수개의 액정재료를 섞어서 만든다. 이것은 아래의 시각특성 등의 성능을 개선하기 위한 것이다.

- 전압 : 구동전압을 낮추어 소비전력을 감소시킨다.
- 온도특성 : 저온에서 고온까지 안정한 온도영역을 얻는다.
- 점도 : 구동 response 등 응답특성을 개선한다.
- 굴절율 : 색을 조정해서 선명한 Full white를 얻는다.
- 탄성 : 전압을 걸었을 때 rise time 특성을 개선하고 높은 contrast ratio를 얻는다.

2-5 액정패널

액정패널의 실제 크기 및 구조 예를 그림에 나타내었다. 실제 크기로 말하면, 후면모듈(편광판+유리기판)과 전면모듈(유리기판+편광판)의 합두께 크기와 거의 동일하다.

왜냐하면 액정층의 두께(약 5um)와 5um 이하의 투명도전막(ITO 등), 배향막 등은 2장의 module 두께에 비교하면 거의 무시될 수 있을 정도이기 때문이다. 액정재료의 사용량은 12inch에서 약 230mg이며, 눈물 한 방울이 약 50ml(50mg)으로 보면 다섯 방울의 눈물 정도의 양이 된다.

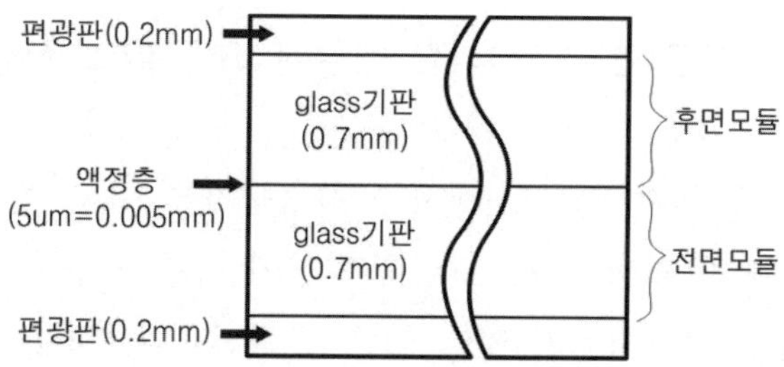

【그림 2-9】 액정 패널의 실제크기 및 구조

액정패널은 2장의 유리기판 사이에 액정을 봉입한 것이다. 이 유리기판에는 편광판, 투명전극, 배향막이 형성되어 있다. 전압의 ON, OFF 상태에 따라 액정패널(액정 shutter)이 광을 통과하거나 차단하는 작용을 한다. 전압 OFF 상태에서 액정분자는 90° 회전하면서 나선상으로 배열해 있다.

1) 전압 OFF 상태에서 액정분자는 90° 회전하면서 공간적으로 배치돼 있다.

상판에 입사한 광(Backlight)은 편광판을 통과한 후 진동방향은 액정분자 배열방향에 따라 변하게 된다. 즉, 90° 회전하면서 형성된 액정배열방향과 광진행방향은 일치한다. 따라서, 배향방향이 90° 차이가 나는 하판의 편광판을 무사히 통과할 수 있다. 이 상태가 액정패널(액정 shutter)이 광을 통과시키는 '액정 shutter ON 상태'이다.

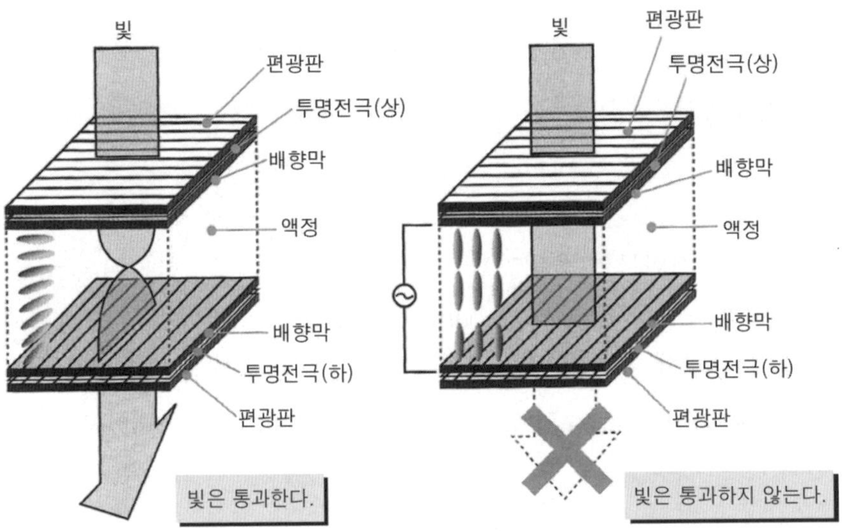

【그림 2-10】 액정 배열에 따른 빛의 진행

2) 역으로 전압을 가한 상태(ON상태)에서는 결정분자는 위 그림과 같이 유리기판에 수직으로 배열된다. 수직인 결정분자는 광진동방향에 영향을 주지 못하게 되어 상판을 투과한 광은 진동방향을 변화시키지 않고 그대로 직진한다. 그러나 광진동방향은 90° 회전된 하판편광판의 배향과 달라지므로 광은 편광판을 통과하지 못하게 된다. 이 상태가 액정패널(액정 shutter)이 광을 차단시키는 '액정 shutter OFF 상태'이다.

투명전극, 배향판, 편광판을 상하 접착하고, 그 사이에 액정재료를 봉입하여 액정패널의 기본구조(액정 shutter에 의한 광 ON/OFF)는 완성된 것이다. 위의 그림은 상하편광판이 90° 차이를 두고 배치하고 전압 OFF 경우 광을 투과시키도록 하는 것이 일반적 형태이며, 이 상태의 액정패널을 Normal White Mode라 부르고 있다. 이 방식을 채택하면 Black contrast가 좋게 된다.

이와는 달리 전압 ON 경우 투과상태로 하는 경우를 Normal Black Mode라 부르고 있다.(이 경우, 상하판의 편광판은 동일방향이 되게 배치하면 된다.) 이 Normal Black Mode에서는 전압 OFF 상태에서 액정분자는 옆으로 누워버리게 되어 Black Color를 나타낸다. 이 경우 실제로는 액정분자배열의 흐트러짐이 다소 있어서 광의 leak(새어나옴)을 발생시키므로 Real Black 실현이 어렵게 된다.

2.5.1 편광판

LCD는 액정 shutter에 의해 광을 통과시키든지 차단하든지 하는 것이 기본원리이다. 액정 shutter는 특정의 진동방향 광만을 통과시키는 편광판과 액정의 배열방향을 정해주는 배향막과 액정배열을 변화시키는데 필요한 전압을 가하기 위한 투명전극 등을 겹쳐 만든 2장의 기판 module 사이에 액정재료를 봉입해서 만들게 된다.

우선 광의 성질을 이해해둘 필요가 있다. 엄밀히 말하면, 광은 진행방향과 직각으로 진동하고 있는 전자파이다. 그래서 실제에는 모든 진동방향의 광이 뒤엉켜 있다. 편광판은 여러 진동방향으로 섞여 있는 광중에서 특정방향 광만을 통과시킬 수 있다. 따라서 광을 이 편광판에 통과시키면 편광판의 편광방향과 동일 방향의 광만을 취해낼 수 있게 된다.

결국, 광진동방향과 편광판 방향이 일치하면 광은 통과하게 된다. 반대로 광진동방향과 편광판방향이 다르게 되면 광은 통과할 수 없다. 편광판과 광의진동방향이 90°(직각)으로 차이가 나면 광은 완전히 차단된다. 따라서 편광판을 2장 겹쳐 볼 경우 2장이 동일 방향이면 광이 통과해 밝게 보이지만, 직각으로 되면 광은 차단되어 검게 보이게 된다.

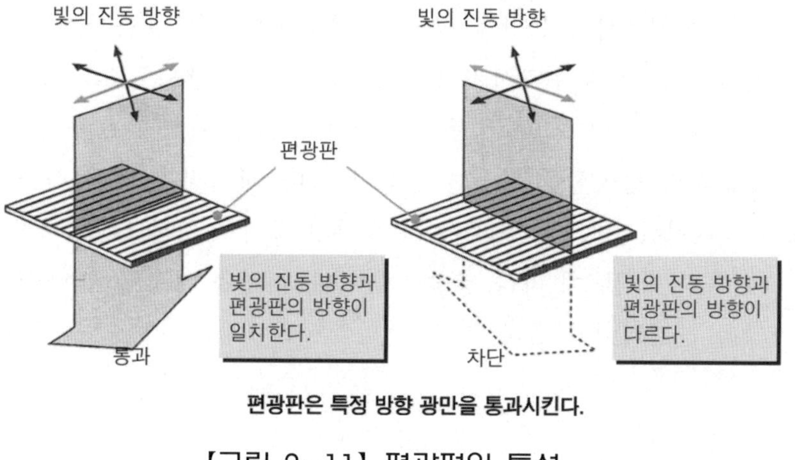

【그림 2-11】 평광편의 특성

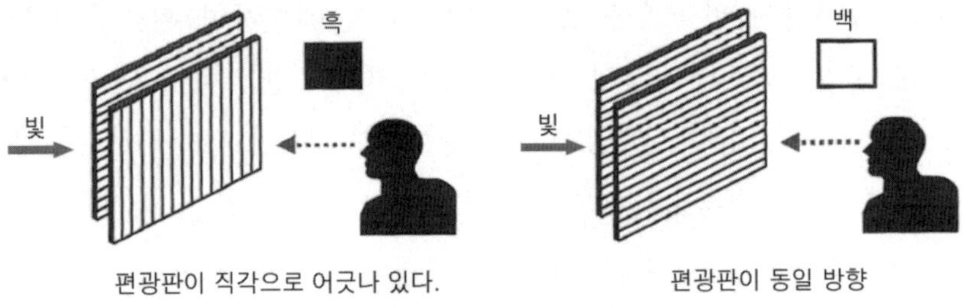

【그림 2-12】 2장의 평관판의 배열에 따른 빛의 투과

편광판은 편광막을 중앙으로 하고 양면에 보호 film을 밀착시킨 구조로 되어 있다. 편광막은 PVA(Poly Vinyle Alcohol) 막 등에 요소를 흡착시켜 그것을 길게 잡아당겨만든다. 이렇게 하면 요소분자는 잡아당긴 방향으로 줄을 서게 되고, PVA 막은 요소에 수직방향의 진동광만을 투과할 수 있게 된다. 따라서 편광판을 통과한 광은 편광막방향만의 광으로 된다.

2.5.2 배향막

유리기판상에 도포하여 형성된 배향막(박막)은 polyimide라 부르는 고분자 수지로 되어있다. 이 polyimide 막을 헝겊 등으로 일정 방향으로 문지르면 배향막으로 되는 일종의 홈을 형성한다. 이 작업을 러빙(Rubbing)이라 부르고 있다. 배향막은 다음과 같은 작용을 한다.

1) 배향막의 홈을 따라 액정분자가 줄을 선다.

액정분자는 자연상태에서는 분자의 장축(긴축)방향이 아주 낮은 규칙성을 갖고 배열돼 있다. 액정의 광을 효율 좋게 투과시키기 위해서는 일정 방향으로 보다 규칙적으로 액정분자를 줄을 세울 필요가 있다. 그래서, 우선 전극에 전압을 가하지 않은 상태에서 액정패널에 봉입한 액정분자의 방향성을 정해둘 필요가 있다. 배향막은 이 목적을 달성하기 위해 도입한 것으로 유리기판상에 박막으로 일정 방향의 홈이 새겨져 있다. 액정분자는 이 홈에 접촉하면 유리기판의 박막홈에 따라 정렬하게 된다. 이것을 액정의 배향이라 부르며, 이 홈이 새겨진 박막을 배향막이라 한다.

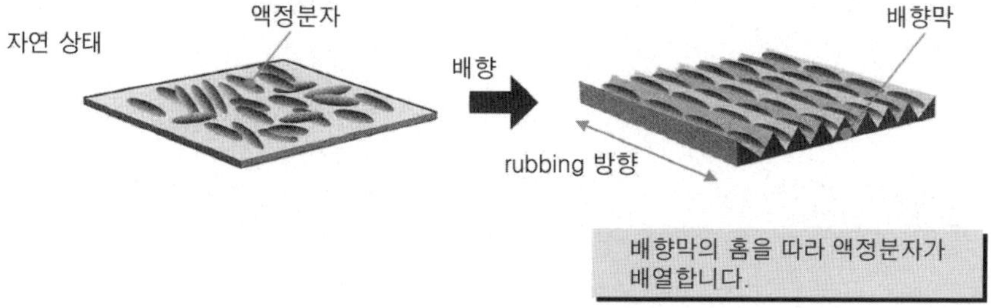

【그림 2-13】 러빙에 의한 액정의 배향 상태

2) 액정분자가 90°(spring 모양처럼) 회전하면서 배치된다.

상하판의 홈방향을 서로 90° 되게 한뒤, 배향막사이에 액정을 넣으면 상층은 상층홈방향에 따라 배치되고 하층은 하층홈방향으로 배치되며, 상하판사이에서는 나선을 그리는 것과 같이 조금씩 방향을 바꾸면서 회전배열하게 된다.

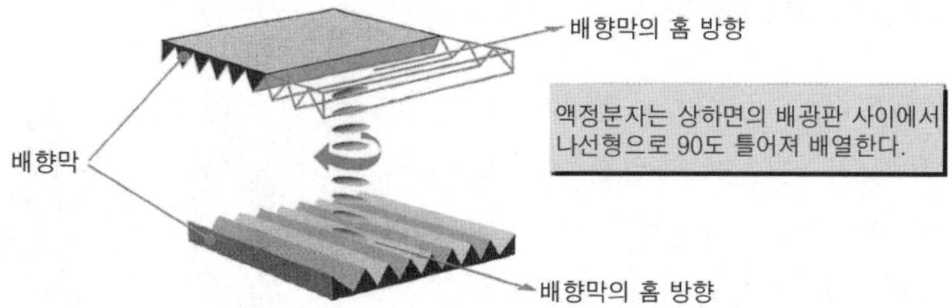

【그림 2-14】 배향막 직교 배치에 의한 액정의 회전 배열

3) 광은 액정분자의 배열방향에 따라 90° 회전하면서 전진한다.

상하 2장의 90° 뒤틀린 액정층을 통과하는 광의 진동방향도 분자배열에 따라 90° 회전하면서 진행하게 된다.

2.5.3 투명전극

액정에 전계를 가하기 위해서는 상하전극에 전압을 가해야 한다. 한편, 빛이 상하전극으로 투과하게 되므로 상하전극은 전기도 가할수 있고 빛도 통과시킬 수 있는 투명전극이라야 한다. 이 투명전극은 유리기판상에 박막형태로 형성되며 일반적으로 ITO(Indium Tin

Oxide)라 부르는 재료로, 유리기판위에 주로 sputter에 의한 방법으로 성막하여 사용하고 있다.

2-6 LCD 구분

LCD는 화면의 그리드의 구동방식에 따라 수동형 매트릭스 방식과 능동형 매트릭스 방식으로 나눌 수 있다. 수동형 매트릭스 방식은 주사 전극과 신호 전극을 XY 형태로 배치하고 특정 픽셀의 빛을 조절하기 위하여 전류는 두 개의 전도체를 가로질러 교차 부분의 픽셀들에 보내지는데, 소자 구성이 단순한 대신에 고화질의 화면을 얻을 수 없다. TN, STN LCD가 여기에 속하며, 시계, 계산기 등 표시량이 간단한 용도에 TN이, 표시량이 많은 용도에 STN이 사용된다. 각각의 수동형 매트릭스 LCD 방식에 대해서 설명하면 다음과 같다.

2.6.1 TN-LCD(Twisted Nematic - Liquid Crystal Display)

액정분자가 정렬하는 유리판의 홈의 방향이 서로 직각으로 교차하도록 유리판을 배치시키고, 그 사이에 네마틱 액정을 넣으면 액정분자의 배열이 90° 뒤틀리면서 배열하게 된다. 두 장의 유리의 바깥면에 편향판이 서로 직각을 이루게 부착하고 빛을 통과시키면, 90° 도로 뒤틀린 액정을 따라 빛이 움직이면서 반대편 편향판을 통과하게 되므로 궁극적으로 빛이 통과하게 된다. 그러나 유리판에 전압을 가하면 액정분자가 전계 방향으로 일정하게 배열을 유지하게 되므로, 서로 수직을 이루는 편향판을 통과하지 못하게 되어 어둡게 보이는 결과를 나타낸다. 이와 같이 액정분자가 초기에 비틀려서 배향되어 있는 원리를 이용하여 빛을 제어하게 되므로, 이를 Twisted Nematic LCD, 즉 TN-LCD라고 부르게 되었다.

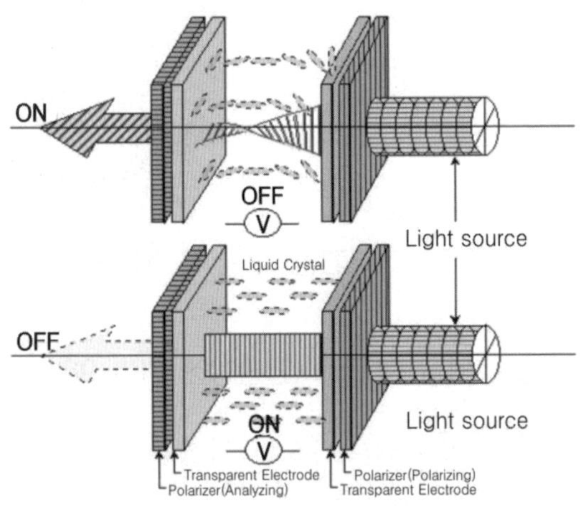

【그림 2-15】 Cell의 구동원리

2.6.2 STN-LCD (Super Twisted Nematic - Liquid Crystal Display)

1980년대 초에 기판 사이의 액정 비틀림 각이 90° 이상이 되었을 때 나타나는 ST(Super Twisted) 효과가 보고되었고, 또한 super twisted nematic 효과와 birefringence를 이용한 컬러 STN 디스플레이의 특성이 발표되었다. STN-LCD의 동작원리는 TN과 같지만 비틀림각을 TN의 90°보다 더 큰 240° 정도 주었다는 의미로 Super Twisted Nematic LCD, 즉 STN-LCD로 부르게 되었다. TN은 정보 표시량의 한계에 의해 대화면에의 응용이 불가능하기 때문에 비틀림 각을 크게 하여 전기광학적 특성의 경사도를 향상시킨 것인데, 위상차판을 이용하여 바탕색을 보상함으로써 흑백이 가능하며, 컬러필터를 사용하여 컬러화도 가능하게 된다. STN-LCD는 빛의 간섭에 의한 색번짐이 없고, 그레이스케일 방식을 취하고 있어 이를 통한 명암의 단계로 색상을 표현하는데, 전체적으로 선명도가 낮고 어두우며 측면 사각에서는 잘 보이지 않는다. 또한, 그 원리면에서 액정의 복굴정성에 의한 타원편광을 이용한 것을 특징으로 하고 있다.

이후로 STN-LCD에는 대비비(contrast ratio)와 시야각에 있어서 큰 문제가 없었으나, 500 스캐닝 라인 이상에서 광학적 간섭효과에 의해 생기는 형상 착색화 문제가 나타나, 이 문제를 해결하기 위해 STN-LCD의 위에 reverse twisted 액정을 겹치는 double-layer STN(DSTN)-LCD가 개발되었다. 하지만 DSTN-LCD는 대비비면에서 많은 문제점을 가지고 있어서 단순 매트릭스 LCD의 한계를 극복하기 위해 1970년대 제안된 AMLCD에 대한 연구가 활발히 진행되었다.

2.6.3 DSTN, TSTN LCD

DSTN(Double-STN) 방식은 STN셀을 두 장 중첩한 구조이다. 대형 흑백 액정을 실현하기 위해 액정의 착색을 보장하는 방법으로 하나의 STN 액정과 다른 하나의 STN 액정을 색보정용으로 포개어 놓은 것이다. 요즘 출시되고 있는 DSTN LCD는 보통 640×480의 해상도에 256색을 표현할 수 있다. DSTN은 가격이나 전력소비면에서 TFT에 비해 유리하고, 사용자가 명암이나 밝기 조절을 할 수 있어 자신이 원하는 대로 환경 설정이 가능한 장점을 가지고 있으나, 각도에 따라서 화면이 잘 보이지 않고, 잔상이 남으며, 선명함이 떨어지는 단점이 있다. 대부분이 저가형 노트북에 장착되고 있다.

STN형에는 결점이 있어 ON/OFF에서 표시색이 황녹/진감색(TN형은 ON/OFF시에 백/흑으로 됨)으로 되어버린다. 액정 패널(액정 shutter 부분)의 두께에 따라 특정방향의 광이 반사, 산란되기 때문에 나타나는 현상이다. 이 때문에 RGB의 color filter를 가해도 흑-Green-백으로 청녹이 섞이게 되어 자연색이 되지 않게 된다. 여기서STN형을 개량한 것이 Triple STN형(TSTN형)이나 Film STN(FSTN type)이다.

TSTN형은 액정패널을 광학보상 film 사이에 끼워 넣은 구조로 되며 액정 cell내의 광꼬임(광Twist)을 없애게 해서(보상시켜) ON/OFF시 황녹/진감색의 착색을 없애서 흑/백 표시실현이 가능하게 한것이다.

또 이 광학보상 Film(고분자 film)을 1장으로 한것이 FSTN형 액정이다.

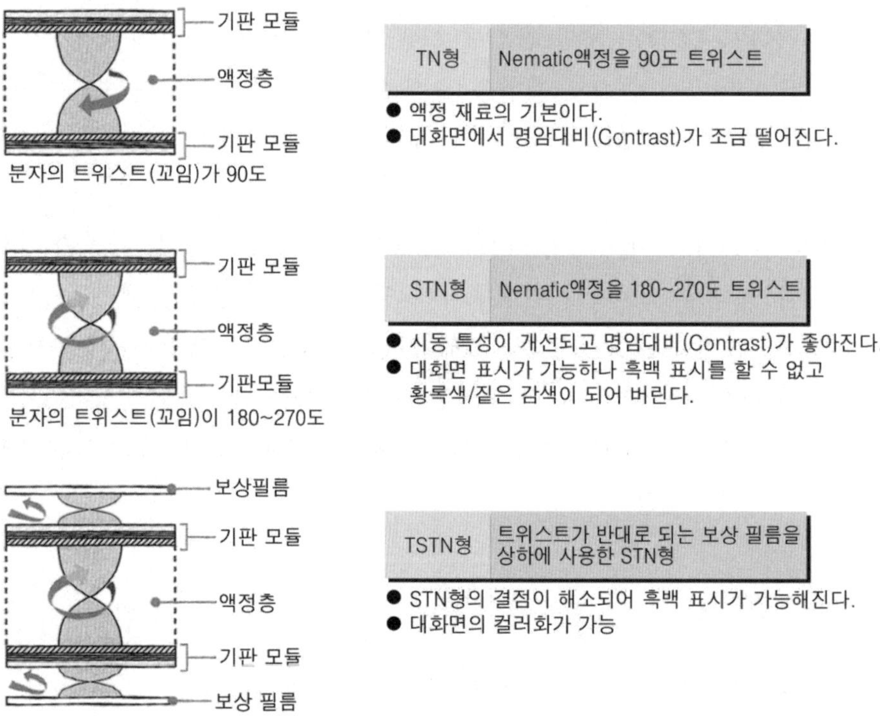

【그림 2-16】 TN, STN, TSTN 비교

2-7 액정 Display에서 문자, 화면표시 및 Color화

LCD에서 문자, 화면의 표시방법에는, 계산기 등의 숫자를 표시하는 Segment 방식과 액정 TV나 모니터에 사용하는 임의 문자나 그래픽을 표시하는 Dot Matrix 방식이 있다.

2.6.1 Segment 방식

LCD에서 문자나 도형을 표시하는데 가장 간단한 방법이 Segment 방식이다. 이것은 표시하려고 하는 개개의 화소를 배열해 두고 전계를 가해 필요한 화소가 표시되도록 하고 있다. 다시 말하면, 표시하려고 하는 화소와 같은 모양과 크기의 투명전극을 배치해 두고 대향전극과의 사이에 전압을 가해 액정 shutter를 ON/OFF해서 표시하는 것이다. 다음 page 제일 윗 그림에서는 '8'의 숫자를 7개의 segment로(상판전극) 분해하여 절연해 두고 있다. 그리고 하판전극은 공통(common)으로 하고 있다. 이 경우 만약 '7'을 나타내고 싶을 경우 상판전극단자 D, E, G와 하판전극과의 사이에 전압을 걸게 된다. 그러면 상판의 D, E, G 전극에 대응하는 화소와 공통인 하판사이에 전계가 가해지고, 그 사이에 있는 액정 shutter는 OFF로 되어 광이 차단되면서 Black 7의 표시가 나타나게 된다.

이 Segment 방식의 표시방법은 표시형상 Segment의 하나하나가 각각의 Segment 단자와 연결되고 있다. LCD는 그 구동방식에서 static 구동방식과 Dynamic 구동방식으로 분류되지만, 위 예는 static 구동방식이 된다. static 구동방식은 하나하나의 Segment에 붙여진 전극에 Segment 표시기간중에는 전압이 연속해 가해져 있으므로 정적(static)방식으로 부르고 있다. static 구동방식은 구동 전자회로가 단순한 점이 장점이다. 같은 Segment 방식 표시를 Dynamic 구동한 예가 제일 아래 그림이다.

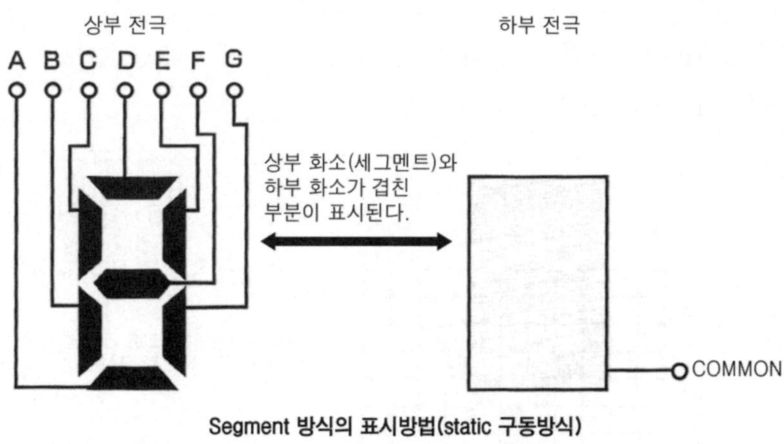

【그림 2-17】 Segment 방식의 Static 구동

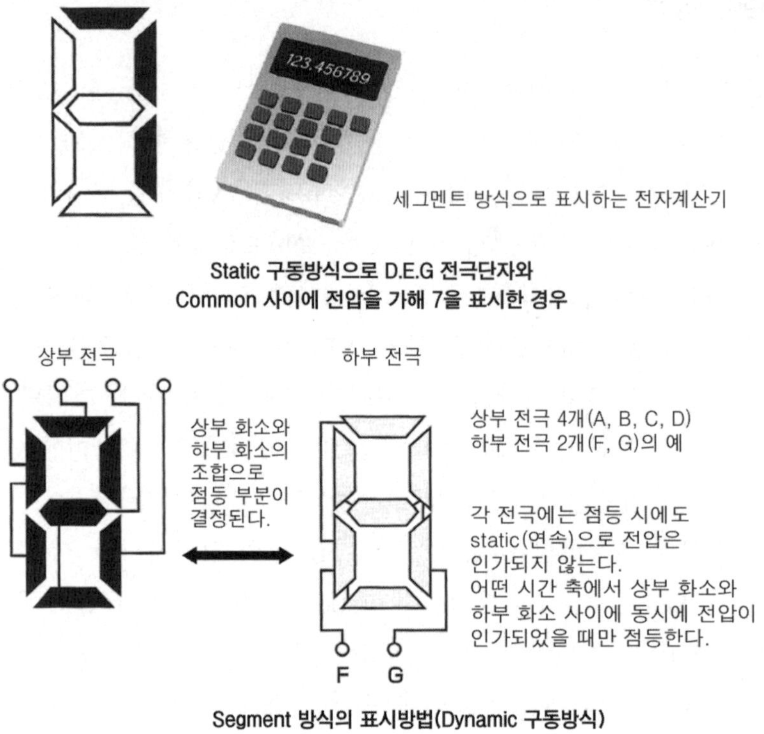

【그림 2-18】 Segment 방식의 Dynamic 구동

2.7.2 Dot Matrix 방식

문자나 도형을 보다 상세하게, 또는 문자나 도형의 크기, 형상들을 마음대로 대응할 수 있게 한 것이 Dot Matrix 방식이다. 이 방식은 표시단위의 화소를 가로(X행) 세로(Y열)의 행렬로 배치하여 각 문자, 도형을 나타내게 된다.

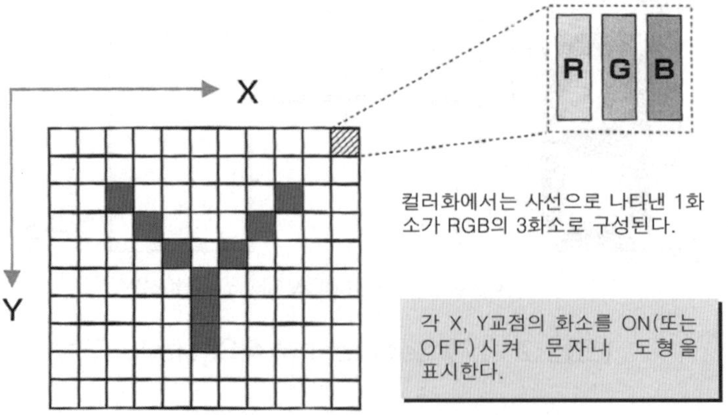

【그림 2-19】 Dot matrix 방식

그림의 예에서는 행렬은 XY=110 dot(화소)로 구성되어 있다. 이 Dot Matrix 방식에서는 화소 size를 작게 하고, 전체 화소수를 크게하여 대화면이면서 정세한 문자나 화상의 표시가 가능하게 된다. Dot Matrix 방식은 단순한 화면이라면 static 구동도 가능하지만, 실제는 Dynamic 구동방식을 이용하는 것이 대부분이다. 현재의 액정제조기술에서는 1인치당 화소수가 200ppi(pixel per inch)에 달하고 있으며 초고정세한 화면표시가 가능하다. 또 LCD의 화소수도 고정세, 대화면화에 대응한 패널(LCD)에 대한 규정이 정해지고 이에 따른 제조가 시행되고 있다. 예를 들면 SXGA(Super Extended Graphics Array) 패널에서는, 화소수는 약 130만 개(1,280×1,024=1,310,720개)에 이르는 엄청난 개수를 확보하게 된다.

2.7.3 LCD 컬러 표시방식

액정 shutter는 단순히 광을 투과, 차단할 뿐이므로 그대로 사용해서는 color화는 불가능하다. 그래서 종래 Brown관에 의한 컬러 TV와 같이, 광의 3원색(RGB)을 혼합해서 컬러화하고 있다. 또 색조나 밝기는 RGB 화소 각각에 가하는 전압 크기나 파형변화에 의한 광투과율 제어에 의존하고 있다. 그러므로 컬러화한 LCD는 한층 더 적은 정세한 화소와 많은 화소수가 필요하게 되었다. 예를 들면 SXGA급 패널에서 화소수는 약 130만개로 된다고 하였으나 1화소당 광 3원색 RGB에 대응하여 3개 cell이 필요하므로 전체 cell 수는 130만개의 3배로서 약 400만개의 cell 수가 필요하게 된다.

초기에 흑백만을 지원했던 LCD에서 색을 표현하기 위해 많은 방법이 시도되어 왔다. 초기에는 Nematic 액정의 복굴절 효과나 Cholesteric 액정의 선택 반사와 같은 액정 자신이 가진 광학적 성질을 이용하는 방법, 재료의 광학적 성질을 액정에 주입하여 이용하는 방법 등이 주로 사용되었으나, 현재는 3원색의 Micro 컬러 필터를 하나하나의 화소 전극상에 형성하고 적(Red, R), 녹(Green, G), 청(Blue, B)의 빛의 3원색에 해당하는 컬러 필터를 투과한 색광을 혼합함으로써 자연색(Full Color) 표시를 실현하는 방식을 주로 쓴다. LCD에서 컬러 필터를 통과하는 빛의 양은 액정을 이용하여 제어하는데, 이때 몇 단계로 액정을 제어할 수 있느냐에 따라 표현 가능한 색의 수가 결정되므로, LCD에서 표현할 수 있는 색의 수는 사용되는 화상 데이터의 bit 수에 의해 결정된다고 할 수 있다.

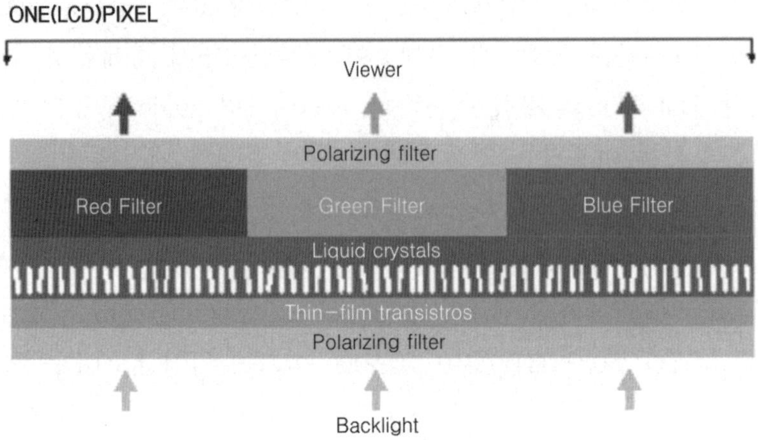

【그림 2-20】 Color fillter에 의한 색표현

만약 액정이 빛을 완전히 차단하거나 또는 완전히 통과시키는 두 가지 기능만 할 수 있다고 가정하면(R, G, B가 각각 1bit인 경우) 표현 가능한 색의 수는 총 2의 3제곱인 8가지 경우의 수가 나온다. 만약 R, G, B 각각이 2bit의 데이터를 가지고 단위 색 을 제어한다면 2의 6제곱인 64가지의 경우가 나온다. 특정 픽셀의 색상을 정의하기 위하여 적, 녹, 청 각각 1바이트씩, 총 3바이트의 데이터가 사용되게 되면, 트루컬러, 즉 24 비트 컬러 시스템이 된다. 그러나 대부분의 컬러 디스플레이 시스템은 오직 8비트만을 사용하며, 이 경우에는 256가지 컬러를 제공할 수 있게 된다.

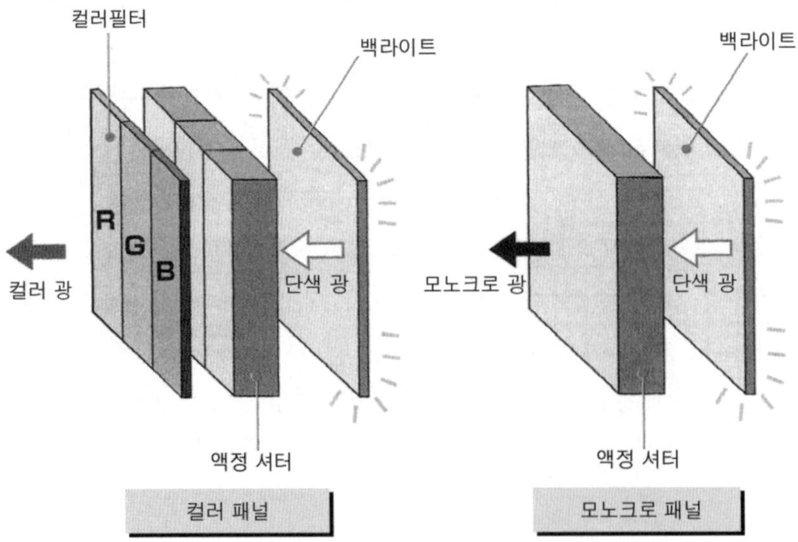

【그림 2-21】 Color filter 유무의 따른 다색과 단색 표현

2-8 LCD 구동방식

LCD 구동방식에는 Static 구동방식과 Dynamic 구동방식 있으며 문자나 도형을 자유자재로 표시할 수 있는 Dot Matrix 방식은 Dynamic 구동방식을 채택하고 있다. 이 Dynamic 구동방식에는 단순 matrix 방식(Passive Matrix방식)과 Active Matrix 방식이 있다.

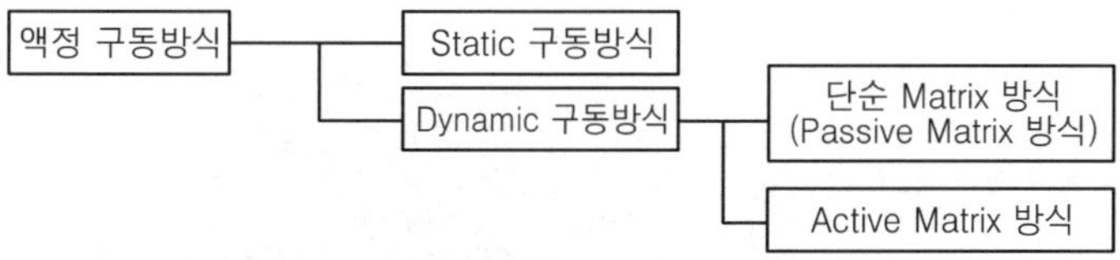

【그림 2-22】 구동방식에 따른 분류

2.8.1 Static 구동방식과 Dynamic 구동방식

액정의 7-Segment 표시방식과 같이 각 Segment에 전선을 연결하여 전압을 인가하는 방식을 static 구동방식이라 부르고 있다. 이 방식은 표시단위(예로써 숫자 자리수)가 많아지면 전극 단자수가 많게 되고 대화면화(화소수가 많아짐)에는 부적당하게 된다. 그래서 보다 적은 전극단자수로써 구동될 수 있게 한 것이 Dynamic 구동방식이다.

문자나 도형의 크기, 형상 등을 자유자재로 대응할 수 있는 Dot Matrix 방식 등에는 Dynamic 구동방식이 사용되고 있다. Dynamic 구동방식에는 단순 Matrix 방식(Passive Matrix 방식)과 Active Matrix 방식이 있다. 현재에는 Static 구동방식은 거의 사용되지 않고 있다. Dynamic 구동방식에서 단순 Matrix 방식은 계산기 등 주로 정지화상 실현에 이용되고 있다. Active Matrix 방식은 고화질과 고속응답이 필요한 동화상 모니터나 대화면 TV 등에 사용되고 있다.

2.8.2 단순 matrix 방식(Passive Matrix방식)

단순 Matrix 방식의 구조는 상판 유리기판에 Y방향(세로)의 전극을 형성하고, 하판유리기판에 X방향(가로)의 전극을 설치하여 Matrix 모양(행렬모양)으로 구성되어 있다. 액정분자는 X, Y 전극사이에 Sandwich 형식으로 봉입되어 있다.

이 방식은 액정화소의 ON/OFF 구조가 단순하기 때문에 단순 Matrix 방식이라 하며,

Active Matrix 방식과 비교하여 Active 소자를 이용하지 않기 때문에 Passive Matrix 방식이라고도 한다.

X, Y 전극간에 시간에 따라 변화하는 signal 전압(sweep전압)을 걸어주면 어떤 시각에 선택된 X와 Y교차점에서 액정분자에 전계가 가해지게 된다. 따라서 이 Address (X, Y 전극 교차부분)된 화소의 결정분자는 배열이 바뀌게 되고, 액정 Shutter는 ON(또는 OFF)하게 된다.

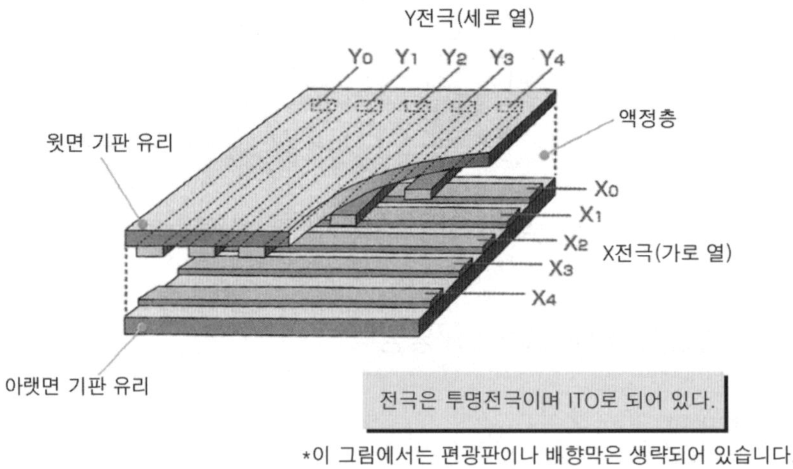

【그림 2-23】 Possive Matrix

다음 그림에서는 Matrix(행렬)의 Address(X2, Y1)가 대상으로 되고 있다. 이와 같이 Dynamic 구동방식에서는 인가전압이 시간에 따라 변화하기(Example : sweep 전압) 때문에 Dynamic(동적) 구동방식이라 부르고 있다.

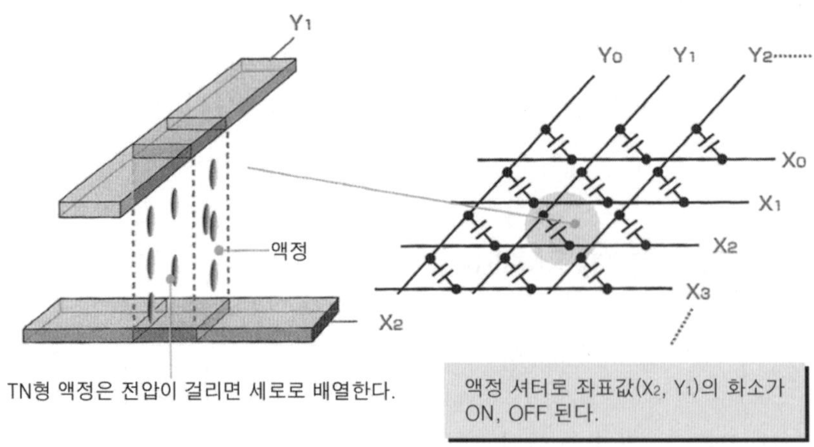

【그림 2-24】 Passive Matrix에 의한 Pixel 구동

Dynamic 구동방식에서는 Y전극과 X전극에 시간에 따라 변화하는 signal을 가하기 때문에 모든 화소(화소수 X×Y개)를 ON/OFF하는 전극 단자수는 (X+Y)개로 간단하게 되며 static 구동방식과 비교해 전극 단자수를 현저히 감소되었음을 알 수 있다.

그러나 단순한 구조이므로 cost를 낮출 수 있는 장점도 있으나 결점도 있다.

전극 그 자체가 배선도 겸하기 때문에 대화면에서 말단전극저항이 크게 되고 그 부분의 switch 속도가 늦게 된다. 이 때문에 화면교체 때 잔상을 발생하므로 동화상 실현에 부적합하게 된다.

또 이것을 보상하는 의미에서 인가전압을 크게 하면, 이번에는 과대 전압이 주위 화소에 영향을 미쳐 윤곽이 흐린 화상으로 되어 버린다. 따라서 단순 Matrix 방식은 동화상이나 고정세가 필요한 대화면 TV 등의 디스플레이로서는 적합하지 않다.

이러한 결점을 해소하기 위해 개발된 것이 Active Matrix 방식이다.

2.8.3 능동형 매트릭스 방식 (Active Matrix)

Active Matrix 방식은 단순 Matrix 방식에서는 Y, X 전극교차점인 화소마다 Switch 소자(Active 소자)를 붙여, 그 Switch 소자를 제어하여 각 화소를 구동하게 된다. 이렇게 함으로써 화소 하나하나를 ON/OFF 할 수 있다. Switch 소자에는 유리기판상에 박막트랜지스터(thin film transistor, TFT)를 형성해 사용하고 있다. 이 TFT를 이용한 LCD를 "TFT-LCD"라고 한다.

상판 유리기판에는 pattern 전체에 공통인 상판전극(대향전극, common전극)이 형성되어 있다. 하판 유리기판에는

① 화소전극(화소 pattern)과 그 화소전극(화소 pattern)을 구동하기 위한 TFT(SW소자)와
② 이 TFT의 gate 입력으로 되는 X전극
③ Source 입력으로 되는 Y전극 pattern이 형성되어 있다.

이 구조에서 화소전극(화소 pattern)과 대향전극(common 전극 pattern)의 전극사이에 끼어 있는 액정부분이 전극 전계에 영향을 받아 배열을 바꾸게 되고 한 개 화소 부분의 액정 shutter로서 기능을 다하게 된다.

화소에 대응하는 TFT의 Y전극과 X전극에 전기신호가 입력될 때는 TFT는 ON으로 되고, 액정분자가 광투과/차단의 스위치 작용을 행하게 된다.

【표 2-1】 단순 Matrix방식과 Active Matrix 방식 비교

	구조	특징	용도
단순 Matrix	X전극, Y전극을 matrix로 형성해 양전극 사이에 있는 액정에 전압인가	구조간단 화소수가 증가하면 화질 저하함 응답속도 나쁨	전자수첩 PDA note 퍼스콤 등의 정지 화상 중심
Active Matrix	화소(X, Y)와 대향전극(common)을 구성하고, 화소를 TFT로 구동해서 화소와 대향전극간의 액정에 전압인가	구조복잡 고화질 응답속도 빠름 cost 높음	대형고정세 TV, Projector 등의 동화상, 고정세 TV용

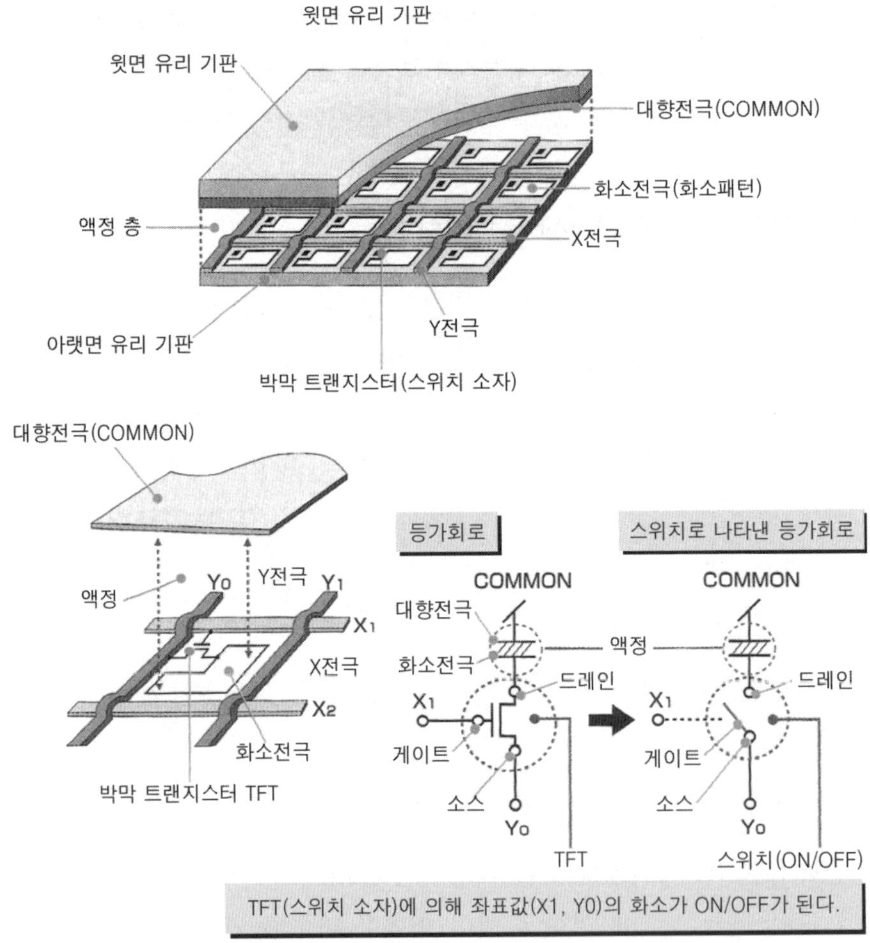

【그림 2-25】 Active Matrix와 Pixel 구동

스위치소자로 되는 TFT는 Tr_0의 증폭작용이 있어, 단순 Matrix방식과 비교하여 스위칭 속도가 디스플레이 화면 전체에 걸쳐 균일하게 되고 더욱이 구동응답속도가 빠르게 된다.

따라서 TFT-LCD(Active Matrix 방식)는 Passive Matrix 방식과 비교하면 대화면이나 동화상 등에도 대응할 수 있는 고성능 표시 디스플레이용이라 할 수 있다. 그러나 보다 고품위 동화상이나 대형 액정 TV에는 한층 더 응답속도를 개선해야 할 필요가 있다.

스위치소자로 되는 TFT 는 Tr의 증폭작용이 있어, 단순 Matrix 방식과 비교하여 스위칭속도가 디스플레이 화면 전체에 걸쳐 균일하게 되고 더욱이 구동응답속도가 빠르게 된다. 따라서 TFT-LCD(Active Matrix 방식)는 Passive Matrix 방식과 비교하면 대화면이나 동화상 등에도 대응할 수 있는 고성능 표시 디스플레이용이라 할 수 있다. 그러나 보다 고품위 동화상이나 대형 액정 TV에는 한층 더 응답속도를 개선해야 할 필요가 있다.

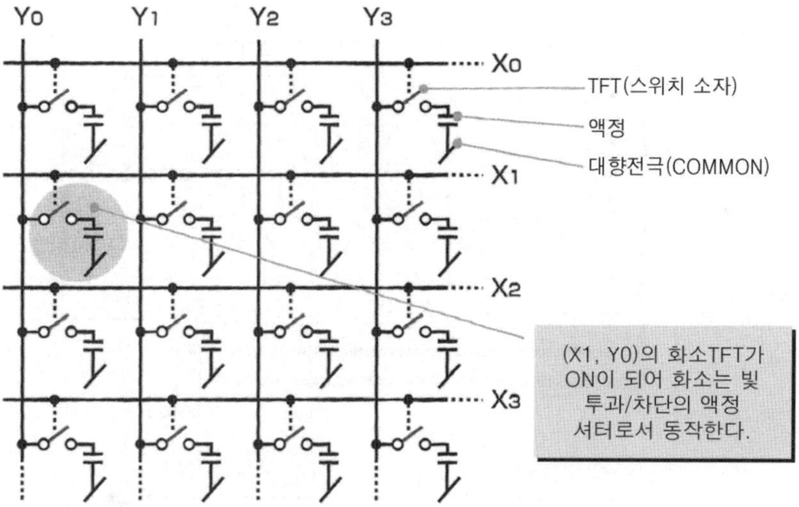

【그림 2-26】 Active Matrix에서의 TFT에 의한 Pixel 구동

2.8.4 구동회로

TFT LCD는 X 방향의 n행(X_0~X_{n-1})과 Y방향의 n열(Y_0~Y_{n-1})의 Matrix로 구성되어 있다. X방향은 Gate선, Y방향은 Data선이라 부르고 원하는 화소를 선택하기 위해 XY를 Matrix로 형성한 화소선택회로라 할 수 있다.

액정화면의 주사(sweep)는 우선 화소 (X_0, Y_0)에서 시작해서 (X_0, Y_{n-1})에서 X_0 line이 종료되고 난 뒤 X_1으로 되돌아 가서 (X_1, Y_0) → (X_1, Y_{n-1})에서 X_1이 종료되며 이와 같이 순차적으로 진행하여 최종 화소는 (X_{n-1}, Y_{n-1})이 되는 방식이다.

이와 같이 각각의 화소(color의 경우는 RGB 3개 cell이 한 단위로 됨)마다 주사하는 방식을 점순차 구동주사방식이라 한다. 한편, 액정의 응답속도가 늦은 것에는 선순차 구동주사방식이 사용되고 있다.

화소 Address (X_1, Y_2)를 점순차 주사방식으로 선택할 경우를 생각해보면 다음과 같다. 우선 X_1행(TFT라면 Gate)을 선택한다. 그 후 data선의 Y_2열(TFT측에서 보면 Source)을 선택한다. 그러면 X_1과 Y_2가 동시에 전압이 가해진 Gate선 X_1행과 data선 Y_2열의 교점화소(X_1, Y_2)가 선택된 것으로 되며 원하는 화소의 TFT만이 ON/OFF하게 된다. 이들 선택 신호는 시간적으로 순차 인가되므로 원하는 시간에만 그 화소가 선택되어 제어될 수 있다.

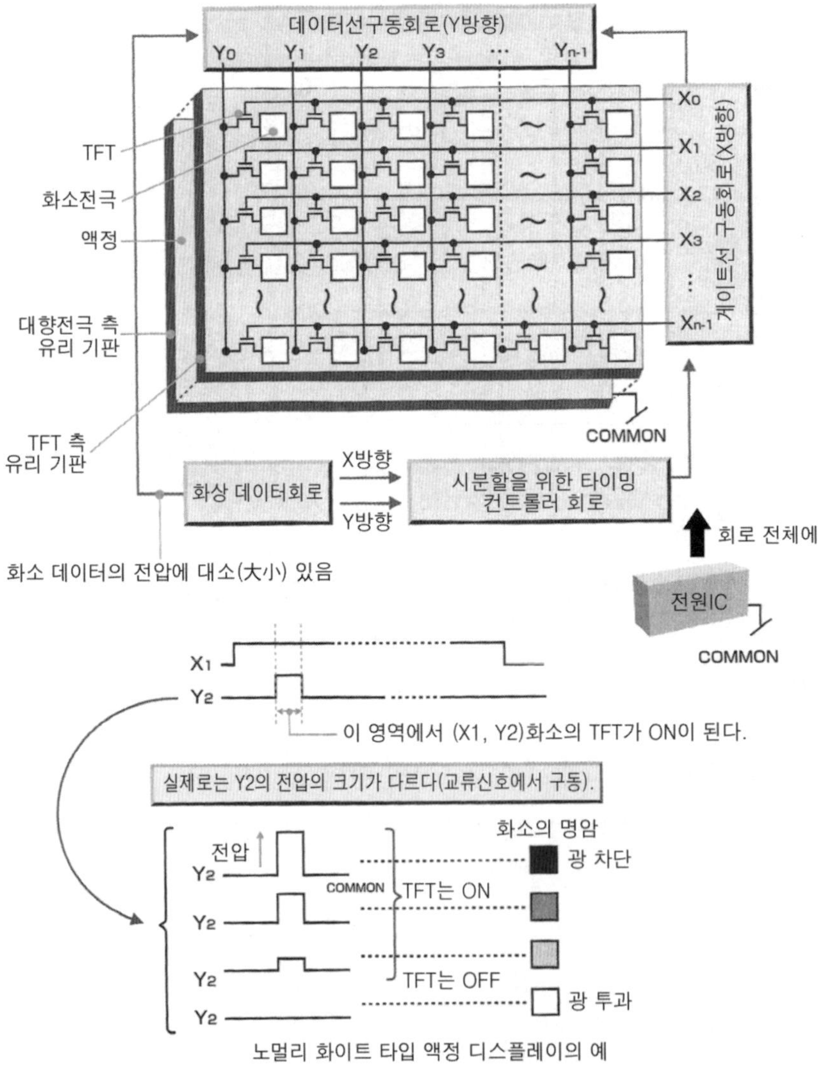

【그림 2-27】 TFT LCD의 구동원리

그러나 TFT의 ON/OFF만으로는 화소의 명암(Grey level)표시가 안되므로 소위 화상 data로는 되지 않는다. 그래서 Data선의 전압크기를 변화시켜 명암을 실현하고 있다. Normal White Type의 액정(전압 OFF때 광투과형)에서는 전압 zero때 화소가 가장 밝고(투과), 전압이 크게 될수록 화소는 어둡게(차단) 된다. 따라서 Data선을 선택하면서 동시에 data선의 전압 level을 변화시킴으로서 화소의 선택과 동시에 명암을 조절한다.

[그림 2-27]에서 Data선 (Y_2)에서 전압값은 대향공통전극(common)에 대해 정방향(+pulse)만 설명하고 있으나, 액정수명을 짧게 하는 원인인 전하 불균일(쏠림) 현상을 방지하기 위해 실제는 common에 대해서 균등한 교류신호 구동이 가능하도록 하고 있다.

2-9 박막트랜지스터(TFT)

2.9.1 TFT 동작원리

Active display 방식의 LCD는 화소 ON/OFF용 스위치 소자로서 박막트랜지스터(TFT)가 사용되고 있다. TFT는 액정봉입용 유리기판 위에 제작된다. 이 기능은 일반반도체인 MOSFET(Metal Oxide Semiconductor Field Effect Transistor)와 같은 기능을 갖고 있다.

TFT의 동작특성은 기본적으로 반도체 집적회로에서 MOSFET와 같다. MOSFET의 기본개념은 Gate(G), Drain(D), Source(S)의 3단자가 있고 Gate 전압을 인가함에 의해 D-S 사이가 ON/OFF 한다.

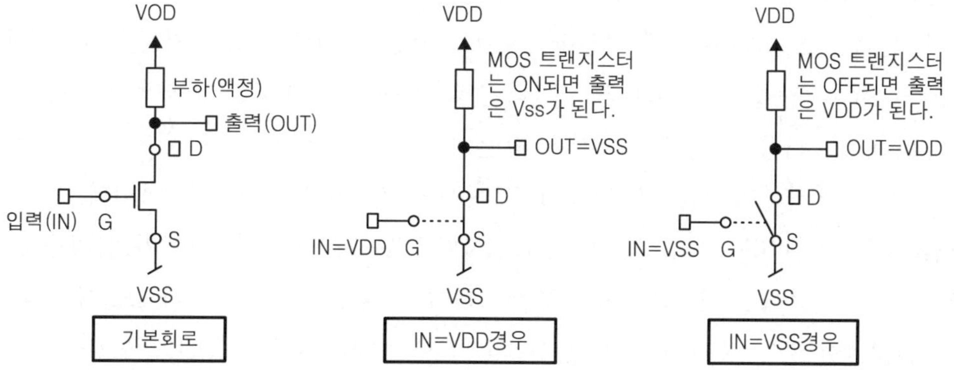

【그림 2-28】 MDSFET의 동작

다음 그림은 일반 Si 재료(Si Wafer)에 제작된 경우의 구조와 동작이다. Gate 신호가 있으면 D-S 간에 전하 channel이 형성되어 D-S 사이는 도통한다.

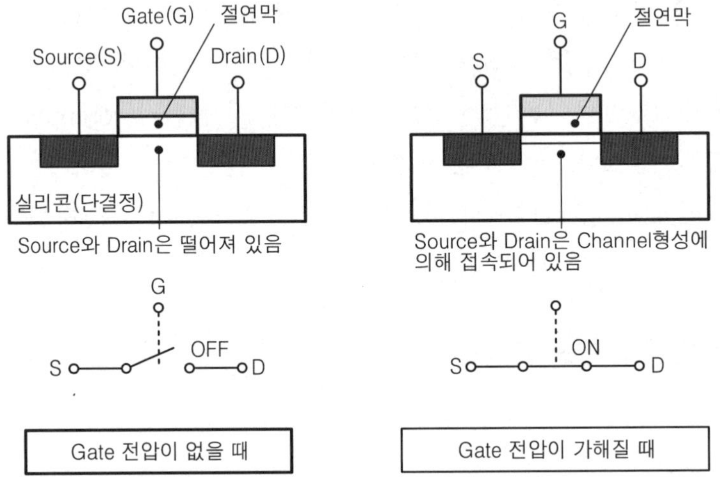

【그림 2-29】 MOSFET의 구조와 동작

2.9.2 TFT 재료

TFT는 LCD에 사용되는 유리기판상에 제작해야 할 필요가 있다. 유리기판상에 Si박막을 만들고, 거기에 반도체 회로를 형성시키는 것이다. 그러나, 유리기판상에는 IC나 LSI(Large Scaled IC) 등 일반 반도체에서 사용하는 단결정 Si을 재료로 사용할 수 없다. 유리기판이 일반 Si을 형성시킬수 있는 고온에 견딜수 없기 때문이다.

그래서 단결정 Si 대신에 저온(일반적으로 400℃ 이하에서 성장가능)에서 제작가능한 Amorphous Si (비정질 Si)이나 Poly Si (다결정 Si)등으로 TFT를 만들어 동작시키고 있다.

Amorphous Si TFT의 전기적 특성은 단결정 Si과 비교하면 좋지 않으나 저온에서 유리기판상에 쉽게 제작되기 때문에 TFT-LCD에서 가장 많이 이용되게 되었다.

Amorphous Si TFT는 전기성능이 낮고 ON/OFF를 확실히 구별하기가 어려우므로 양호한 액정화면을 얻는데는 좀 난점이 있다. 그래서 현재에는 Amorphous Si 대신에 단결정 Si과 Amorphous Si의 중간의 전기적 특성을 가진 Poly Si이 이용되고 있다.

Poly Si TFT는 고성능이므로 화소 스위치용 트랜지스터뿐 아니라 종래 외부에 붙였던 일부의 IC를 액정패널 유리기판상에 동시에 탑재할 수 있는 장점이 있다.

Poly Si TFT의 전자 이동도는 일반적으로 사용되는 IC, LSI에서 적용되는 MOSFET에 가까우며 100~150 cm^2/(V · sec)의 값을 갖고 있다. 이 값은 종래 Amorphous Si TFT와 비교해 보면 100배이상 개선된 것이다.

전자이동도는 TFT의 전기적 성능을 나타내는 기본 정수의 하나로서 전자가 이동하는 속도를 나타내며 이동도가 클수록 고성능인 ON/OFF나 양호한 응답속도(고속회로)가 실현된다. 이 값이 크게 될수록 TFT의 스위칭 특성이 우수하고 깨끗한 액정화면을 얻을 수 있다.

높은 이동도를 가지는 Poly Si TFT는 다음과 같은 장점이 있다.

- Poly Si TFT는 size를 작게 만들 수 있기 때문에 화소의 높은 개구율(유효 표시영역/1화소 전체영역)이 실현되었다. 따라서 하나하나의 화소 size의 소형화가 가능하게 되었고, 고정세 화소구성이 가능하게 되었다.
- 유리기판 외측에 설치했던 구동회로(gate time, data time 구동 IC) 등의 주변회로도액정패널과 동일 유리기판상에 제작할 수 있게 되었다. 따라서 유리기판에 접속선이 크게 감소해 화소구성 제약이 줄어들어 화소와 화소간을 좁게 설계할 수 있게 되었다.
- 유리기판에 접속되는 Pin 수가 감소(약 1/20 : 4000 → 200개)하여 내구성이 향상되었다.
- 구동회로를 유리기판에 탑재함으로써 외부에 설치되는 부품수가 현저히 감소되어 더욱더 얇은 두께, 경량인 LCD가 가능하게 되었다.
- 개구율이 개량됨으로써 Back Light에서 투과광 효율이 상승되고, 그 결과 Back Light의 소비전력이 감소되고 Battery에 대한 장시간 구동이 가능하게 되었다.

따라서, 종합해 보면 한층더 고휘도, 고정세 LCD 제조나 액정 Module로서의 소형화가 가능하게 되었다. 동시에 원가절감이나 신뢰성도 향상되게 되었다.

2-10 LCD 제조공정

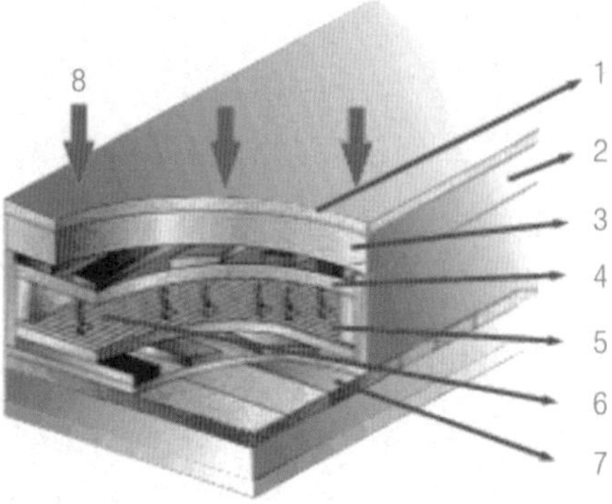

1. Polarizing Filter(편광필터)	들어오고 나가는 빛을 조절함
2. Glass Substrate(유리기판)	전극이 형성됨
3. Transparent Electrodes(투명전극)	LCD를 구동함
4. Alignment Layer(배열층)	액정 분자를 고정된 방향으로 정렬함
5. Liquid Crystals(액정)	
6. Spacer(스페이서)	양 유리판 사이의 공간을 일정하게 유지해 줌
7. Color Filter(색필터)	R,G,B 필터를 이용하여 각각의 색상을 표현함
8. Backlighting(백라이트)	스크린에 빛으로 보내줌

【그림 2-30】 LCD 주요소의 기능

TFT-LCD 패널의 한 개 픽셀(R, G, B 3개의 서브 픽셀로 이루어진다)은 폭이 약 0.3mm 정도로 미세하다. 물론 그 안에 들어가는 TFT(Thin Film Transistor)의 크기는 더 작다. 더군다나 해상도가 1600 × 1200 수준이 되려면 그 픽셀의 수가 무려 192만개가 되며 여기에 각 서브 픽셀까지 고려한다면 3배(R, G, B)를 해야 하므로 576만개의 TFT가 필요하다. 그러므로 전체 공정 자체의 정밀도도 높아야하는 공정으로 반도체 수준의 공정이 요구된다.

TFT-LCD 패널의 제조 공정은 크게 아래와 같이 4개 부분으로 구성된다.

① 최소의 단위인 Pixel에 신호를 주는 스위치 역할을 하는 TFT Array 공정
② 색상을 구현하기 위한 Color RGB Array를 형성하는 컬러 필터공정
③ TFT기판과 컬러 필터기판사이에 액정셀을 형성하는 액정 공정
④ 구동 회로를 부착하여 신호 구동이 가능한 상태로 제조하는 모듈 공정

2.10.1 TFT 어레이 제조공정

TFT-Array를 형성하는 공정은 Silicon 반도체 제조공정과 매우 유사한데, 백라이트에서 나오는 빛이 투과를 해야 하므로 기판으로 유리를 사용한다는 점이 반도체에서 웨이퍼를 사용하는 것과 다른 점이며, 유리를 사용하기 때문에 반도체 공정처럼 고온 공정을 사용할 수 없으므로 저온(500℃ 이하) 공정만이 사용되고 있다.

TFT-LCD는 세정, 박막의 증착, 사진식각 공정을 반복적으로 사용하여 원하는 모양을 유리 기판 위에 만들어 나가는 것이다.

① 게이트 전극 생성
② 절연막 및 반도체막 생성
③ 데이터 전극 생성
④ 보호막 생성
⑤ 화소 전극 생성

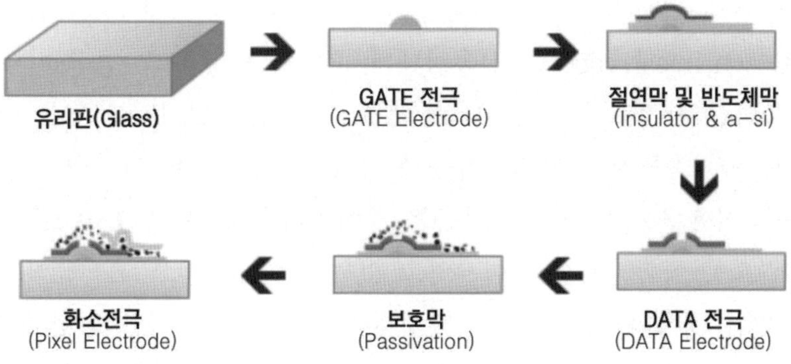

【그림 2-26】 TFT 제조 순서

위의 5단계를 거치지만 각 단계마다 1회 이상의 패턴 공정이 필요하다. 이 패턴 공정이야 말로 TFT-LCD 패널공정의 핵심이라고도 부를 수 있는 공정으로 TFT 공정뿐만 아니라 CF(Color Filter) 공정에도 유사한 패턴 공정이 필요하다.

여기서 패턴형성은 주로 사진석판기술이라고 하는 Photo-lithography 기술을 이용하게 되는데, 이는 마스크에 그려진 패턴대로 박막이 남거나, 또는 그 부분만 제거되도록 하는 과정으로, 감광액 도포(Photo Resist Coating), 정렬 및 노광(Align & Exposure), 현상(Develop)이 주요 공정이다. 패턴 공정은 그 하나만으로도 정밀하고 복잡한 공정이다. 1장의 TFT-LCD 패널을 만들기 위해서 적어도 이 공정을 여러번 거치게 된다. 물론 그때 동일한 증착 재료와 공법을 사용하는 것은 아니지만 개략적인 공정은 비슷하다.

① 세정(cleaning)

LCD는 기판이나 공정 중에 만들어진 막 표면의 오염물을 제거하여 불량이 발생하지 않도록 하기 위해 세정공정을 하게 되는데, 그 결과로 증착될 박막의 접착력 강화와 TFT 특성 향상효과도 나타나게 된다. 오염물로는 트랜지스터의 특성과 신뢰성 등에 나쁜 영향을 미치는 Na^+, K^+, Al 등의 금속, 유기, 무기 물질이 해당된다. 세정 공정은 물로만 하는 물 세정부터, 물리적으로 솔을 이용하여 물리적 압력으로 오염물을 제거하거나, 유기물 제거에 용이한 화학 물질을 이용한 유기 세정, UV/오존 등으로 유기물을 산화시키는 방법 등 여러 가지가 있는데, 세정 대상이 될 물질이나 공정에서 요구되어지는 상황에 따라 알맞는 세정방법을 선택하여 진행하게 된다. 넓은 의미에서는 etching공정 후의 감광막 제거공정도 세정공정에 포함시킬 수 있다.

② 박막형성 공정

PECVD는 chemical vapor를 진공상태의 챔버에 주입하고, 전장을 형성하여 플라즈마를 유도하는 장치로 구성되는데 전장에 의해 높은 에너지를 얻은 전자가 중성상태의 가스분자와 충돌하여 가스분자를 분해하고, 이 분해된 가스원자가 기판에 부착되는 반응을 이용하여 박막을 증착하는 공정이다. 따라서 기존의 CVD가 열에너지를 반응에 필요한 에너지원으로 이용하고 있는 반면에 PECVD는 플라즈마를 이용함으로서 그 만큼 열에너지를 줄일 수 있게 되어 저온에서 박막을 형성할 수 있다. 이러한 장점 때문에 SiO_2, SiN_X, amorphous silicon 등을 낮은 온도에서 증착할 수 있고 compound semiconductor와 폴리머 기판에 대한 증착이 가능하다.

증착은 기본적인 글라스위에 최종 산출물(예를 들어 금속 전극일 경우는 금속을, 반도체일 경우는 반도체, 절연막일 경우는 절연체 등)을 글라스 위에 얇게 도포하는 공정을 말한다. 특히 금속 재료일 경우는 Sputtering 방식을 이용하고, 반도체나 절연막의 경우는 PECVD 방식을 이용한다. (진공속에서 금속, 금속화합물 또는 합금을 가열 증발시켜서 증발금속 또는 증발 금속화합물을 목적 물질의 표면에 붙게 하여 엷은 피막을 형성 시키는 방법으로 필요한 진공도는 10^{-4}~10^{-5}mmHg 정도의 매우 고 진공이며 진공도가 나쁘면 증발금속이 표면에 달할때 입자가 커지든지, 산화를 하든지 하여 좋은 박막을 얻을 수 없다.)

③ 감광물질(Photo Resist, 이하 PR) 코팅

세정이 끝난 글라스 위에 감광물질로 된 막을 형성한다. 이때 형성된 막은 자외선에 민감하게 반응하는 감광물질을 사용한다.

④ 노광

PR 코팅이 끝난 글라스에 원하는 마스크 패턴을 띄워 자외선을 쪼이게 된다.

⑤ 현상

노광한 글라스를 현상하게 되면 마스크 패턴으로 인해 자외선을 받은 부분은 약해지고, 받지 않은 부분은 PR 코팅 상태를 유지하게 되어 자외선에 노출된 부분만 제거가 가능하다.

⑥ 식각(Etching 공정)

PR에 의해 가려진 부분(즉 노광 공정에서 자외선을 받지 않은 부분)을 제외한 증착막을 제거 한다. 금속막의 경우는 용제를 사용하는 습식 식각(Wet Etching), 반도체와 절연체는 플라즈마를 이용하는 건식 식각(Dry Etching)을 이용한다.

⑦ PR 박리(Strip 공정)

남은 PR을 용제를 이용하여 제거한다.

⑧ 검사

TFT-LCD의 제조 공정에서 단위 공정의 완성도를 확인하거나, 제품의 전기적, 광학적 특성을 측정하는 작업은 불량 여부의 원인 규명과 제품 특성의 이해 및 개선에 기여함은 물론, 생산비 절감과 품질 향상을 추구할 수 있는 기회를 제공하므로 각 단위 공정의 진행 후, 검사 및 테스트 기술이 매우 중요하다. 검사 공정은 크게 박막의 증착 두께 및 식각 두께의 평가, 패턴 형성확인, 전기적 특성 평가 등이 있다.

2.10.2 CF(Color Filter) 공정

TFT-LCD의 Color 화면은 백라이트에서 나온 백색광이 액정셀을 통과하면서 투과율이 조절되고 Red, Green, Blue의 컬러 필터를 투과해 나오는 3원색이 혼합되면서 이루어 진다. 컬러 필터 기판은 블랙 매트릭스(BM, Black Matrix), 색상을 구현하는 RGB 패턴, 그리고 액정 셀에 전압을 인가하기 위한 공통 전극(ITO)으로 구성되어 진다. BM은 RGB 패턴 사이에 위치하여 R.G.B 셀 사이의 빛을 구분하고 차단하며, LCD의 콘트라스트를 향상시키는 역할을 한다. 또한, TFT의 직접적인 광 조사를 차단하여 TFT의 누설 전류 증가를 방지하는 역할도 한다.

저반사 특성을 가지는 컬러필터 기판의 제조공정은 일반적으로 Cr/CrO$_x$를 이용한 BM의 형성과 컬러필터의 형성, 공통 전극의 형성으로 이루어 진다. BM의 재질로는 Cr 등의 금속 박막이나 Carbon 계통의 유기 재료가 주로 쓰이며, Cr/CrOx의 이층막 구조의 BM은 LCD Screen의 저 반사화를 목적으로 사용되기도 한다. 유기 재료를 사용하는 경우 BM-on-TFT 어레이 구조가 가능하여 고개구율 화소 설계가 가능하다.

컬러 필터는 RGB 컬러 필터 형성에 사용되는 재료에 따라 안료(pigment) 방식과 염료(dye) 방식이 있으며, 제작 방법에 따라 염색법, 분산법, 전착법, 인쇄법 등으로 분류할 수 있다. 현재 TFT-LCD 의 컬러 필터제조에 가장 많이 사용되는 방법은 안료분산법으로, 여기서는 안료분산법에 의한 컬러필터 제조 공정에 대해서만 설명하도록 한다.

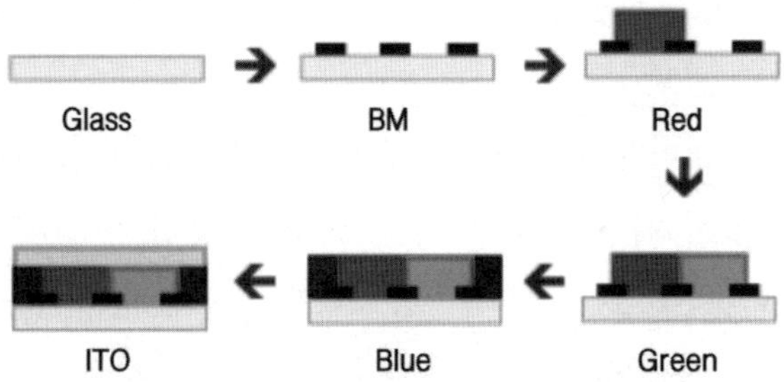

【그림 2-32】 컬러 필터 제조 공정

① BM(Black Matrix) 공정

글라스 위에 블랙 매트릭스 패턴을 형성하는 공정으로 증착 ➡ 세정 ➡ PR 코팅 ➡ 노광 ➡ 현상 ➡ 식각 ➡ 박리 순의 패턴 공정이 필요하다.
유리기판 기판을 세정한 후, BM 재료로 사용되는 Cr/CrO_x를 스퍼터링 방법으로 증착한다. 패턴 형성은 TFT-어레이 공정과 유사하게 진행하는데, PR 대신 감광성 재료인 R, G, B 컬러 필터를 사용하는 것이 다른 점이다.즉 따로 PR을 사용하여 패턴을 형성하는 것이 아니라, 마스크를 이용하여 노광 후 현상만을 하고 열경화 공정을 거쳐 PR 특성이 있는 컬러층을 만들어 내는 것이다. 하부의 TFT 기판에 형성된 픽셀 전극와 함께 액정 셀을 동작시키기 위한 공통 전극의 형성은 RGB 패턴 형성 후에 이루어진다. 투과성과 도전성이 좋으며 화학적, 열적 안정성이 우수한 투명 전극 재료인 ITO를 스퍼터링에 의하여 증착하며, 공통 전극으로서의 ITO는 별도의 패턴 형성을 하지 않는다. 공통 전극 형성 전에 RGB 패턴의 보호와 평탄화를 위하여 Acryl 계나 폴리이미드계 Resin 사용하여 평탄화막(Over coat)을 형성하는 경우도 있다.

② 화소별 RGB 패턴 공정

BM 패턴을 형성한 후 색상을 구현하는 RGB 패턴은 안료(pigment)가 함유된 PR을 사용하여 photo-lithography기술을 이용하여 형성하며, 다른점은 Photo Resist로 Color Resist를 사용하는 점이다. 컬러필터의 형성은 통상적으로 R, G, B 순서이다. 이때 컬러필터의 패턴 정밀도가 상대적으로 높지 않기 때문에 동일 마스크를 사용하여 화소 pitch만큼 이동시키면서 RGB 패턴을 노광하여 형성하는 것이 일반적이다. 안료입자는 일반적으로 빛을 산란시켜 불투명하지만 입자 크기가 빛의 파장보다 작으면 빛을 투과시켜 투명하게 되므로 입자 크기가 작을수록 투명도가 높고 우수한 분산 특성을 나타낸다.

Spin 방식 도포는 인쇄법에 비하여 color PR의 소모량은 많지만 두께 균일성이 우수하기 때문에 가장 많이 사용된다. 노광에 의한 광중합 반응은 일정 수준에 도달하면 정지하므로 열에 의한 중합 반응 지속을 위하여 Post Exposure Bake를 별도로 실시하며, 현상은 dipping, puddle, shower, spray 법등이 사용된다. 일반적으로 컬러 PR은 negative PR을 이용하므로 노광되지 않는 부분이 제거된다.

③ 공통전극 ITO 공정

액정 셀의 동작을 위한 픽셀 전극 형성은 투명 전극 재료인 ITO(Indium Tin Oxide)를 이용한다. 하부의 TFT 기판에 형성된 화소 전극 ITO와 함께 액정 셀을 동작시키기 위한 공통 전극의 형성은 RGB 패턴 형성 후에 ITO를 스퍼터링 방법으로 증착한다. 이때 사용되는 ITO는 대면적 LCD 화면 전체의 공통전극으로 사용되기 때문에 전압이 전 화면에 동일하게 인가될 수 있도록 판저항이 충분히 작고, 투과율, 화학적, 열적 안정성이 극대화가 되도록 해야 한다. 통상적으로 약 150nm 두께의 ITO를 사용하며 공통 전극으로서의 ITO는 별도의 STN-LCD와 달리 패턴 형성을 하지 않는다. 공통 전극 형성전에 RGB 패턴의 보호와 평탄화를 위하여 Acryl 계나 폴리이미드 계 Resin 사용하여 평탄화막(Over coat)을 형성하는 경우도 있다. 현상(develop)은 dipping, puddle, shower spray법 등이 사용되며 현상 후에는 post bake를 형성과 같이 컬러 PR을 바꾸어 동일한 mask를 shift시켜 노광하고 상기와 같은 공정을 진행하여 green과 blue 패턴을 완성한다. 이때 형성된 픽셀 전극(ITO)와 컬러 필터 기판에 설치된 공통 전극(ITO)사이에 신호 전압을 인가하여 두 전극 사이의 액징 분자 배열 방향을 제어함으로써 액정 셀의 동작이 이루어진다.

④ 컬러기판 검사

컬러 필터는 화상의 질, 후공정과의 적합성 그리고 신뢰성이 중요하다. 화상은 투과율, 콘트라스트가 높아야 하며, 균일성과 평탄화를 유지하며 화면 전체에 어떠한 결점도 없어야 하며 패널 전체 규격에 정확히 맞아야 한다. 후 공정시 열적, 화학적 저항성이 좋아야 하고, 빛과 열에 대한 환경에서도 안정적으로 작동해야 한다.

이와 같이 만들어진 컬러 필터기판은 검사 과정을 거쳐 TFT-array 기판과 같이 액정 셀공정으로 투입된다. 컬러 필터는 TFT-array와 동일한 양산 line에서 제작되기도 하지만 전문 제조업체에서 제작되어 TFT-LCD의 하나의 부품 형태로 투입되는 것이 일반적이다.

2.10.3 Cell 공정

화상의 기본 단위인 셀에 투과되는 빛의 양을 조절하기 위해서는 액정셀을 만들어야 하는데, 액정셀은 두개의 유리기관 또는 투명한 플라스틱기판 사이에 액정을 채운 구조로 되어있으며, 액정에 전압을 가할 수 있도록 투명전극이 기판에 들어있다. 액정 셀 공정은 TFT 공정이나 컬러 필터공정에 비해 상대적으로 반복 공정이 거의 없는 것이 특징이라 할 수 있다. 전체 공정은 액정 분자의 배향을 위한 배향막 형성 공정과 셀폴리이미드(cell gap) 형성 공정, 그리고 액정 주입 및 편광 필름 부착 공정으로 크게 나눌 수 있다 각 공정은 공정의 특성상 서로 상이한 공정들로 연결되어 있으며, 광범위한 분야의 지식과 기술을 필요로 한다.

셀(Cell) 공정은 CF 공정과 TFT 공정에서 만들어진 2개의 유리기판을 하나로 합치고 절단하는 공정이다.

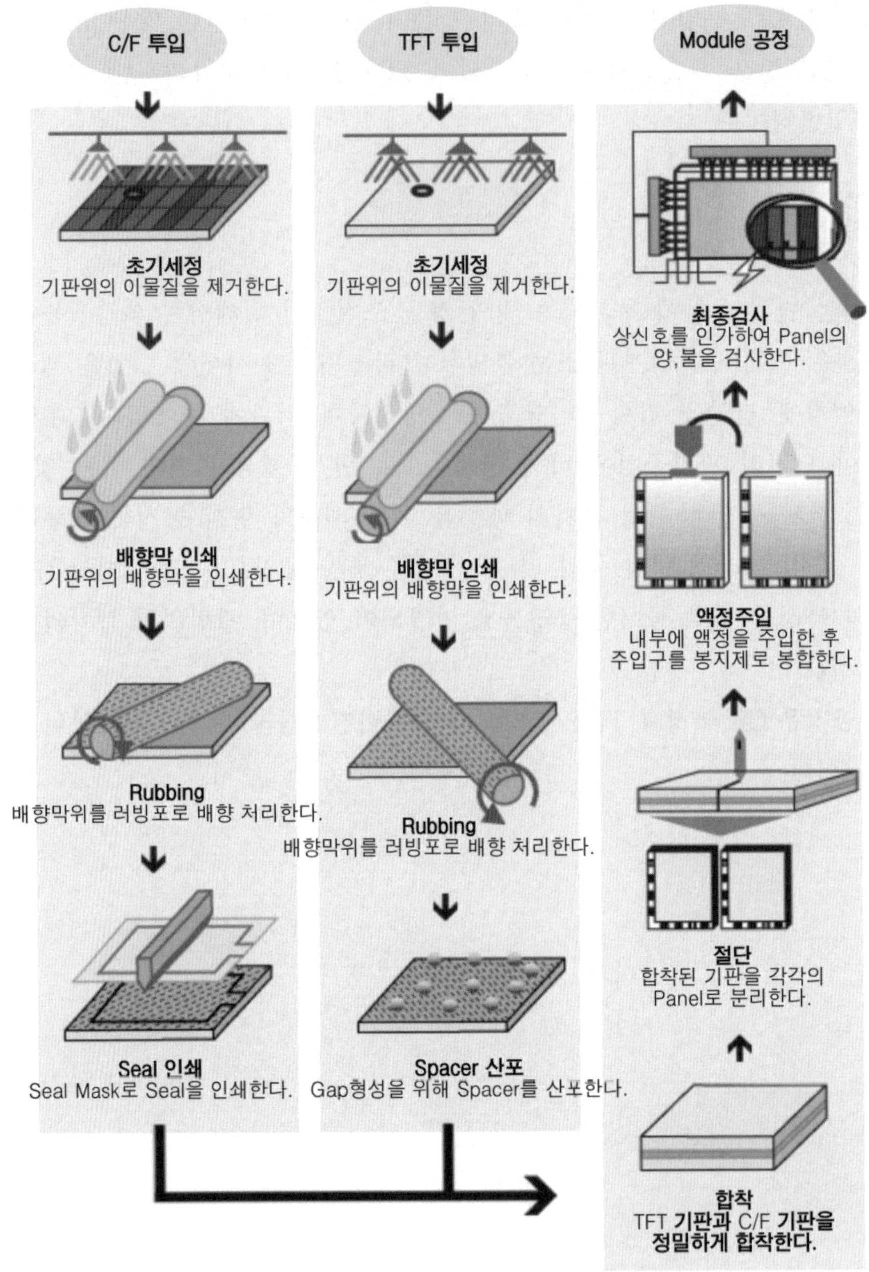

【그림 2-33】 Cell 제조 공정

① CF, TFT 세정

만들어진 CF, TFT 유리기판 위의 이물질을 제거한다.

② 배향막(Polyimide) 인쇄

기판위에 필요한 부분에만 배향막을 도포 한다. 도포하는 방법은 spining, dipping, roller coating 방법 등이 있는데 주로 roller coating 방법을 사용한다.

LCD의 화면을 정확하게 표시하려면 한 점, 한 점의 빛의 밝기를 정확하게 조절하여야 하며, 이를 위해서는 액정 분자의 초기 배열 상태를 정확하게 유지시켜 줌으로써 액정의 움직임을 균일하고 정확하게 조절할 필요가 있다. 액정을 단순히 유리 기판 사이에 채우는 것만으로는 균일한 분자 배열을 얻기 어려워 액정분자가 균일한 방향으로 정렬을 형태를 유지하도록 하기 위해, 상판과 하판의 유리기판 내벽에 얇은 PI(폴리이미드)로 이루어진 배향막을 형성하고 배향막 표면의 홈이 같은 방향을 만들어 주게 된다. 이러한 배향막 공정은 크게 세정 공정, PI 프린트 공정, Curing 공정, 러빙 공정으로 이루어지는데, 일정한 두께의 고분자 박막 형성과 기판 전체에 대한 균일한 러빙 기술이 매우 중요하다. 러빙법은 유리기판을 종이로 일정방향으로 문지르면 그 방향에 액정분자의 장축이 가지런하게 배향되는 현상이 1911년 Mauguin에 의해 관찰된 것으로 시작되었으며, 배향막 재료로는 러빙성, 배향제어능력, 화학적 안정성, 고온 처리에 견디는 특성이 좋은 폴리이미드가 주로 사용된다. 보통 배향막의 두께는 500-1000Å 정도이며, 동일 기판에서는 100Å 정도의 두께 차이에 의해 얼룩과 같은 불량이 발생될 수 있기 때문에 배향막의 두께 관리는 중요한 공정 관리 항목이 된다.

③ Rubbing 공정

ITO 투명 전극 표면에 형성된 폴리이미드 배향막을 러빙천을 이용하여 일정 각도로 마찰시켜 액정이 일정 방향으로 정열하도록 하는 공정을 러빙이라한다. 러빙은 금속으로된 원형통에 러빙천을 감고 고속으로 회전하면서 배향막을 문지를 때, 무질서하게 자리잡고 있던 폴리이미드가 러빙시 전달되는 에너지로 순간적으로 액체 상태로 전이되었다가 고체로 되면서 액정 분자들이 러빙 방향으로 정렬하게 된다.

러빙공정 조건 설정시 가장 기본이 되는 것은 적당한 세기의 러빙조건을 설정하고, 이를 전체 면적에 걸쳐 균일하게 하는 것이다. 러빙이 균일하지 않으면 액정 분자의 정렬도가 공간적으로 일정하지 않아 국소적으로 다른 광학 특성을 나타내는 불량을 일으킨다.

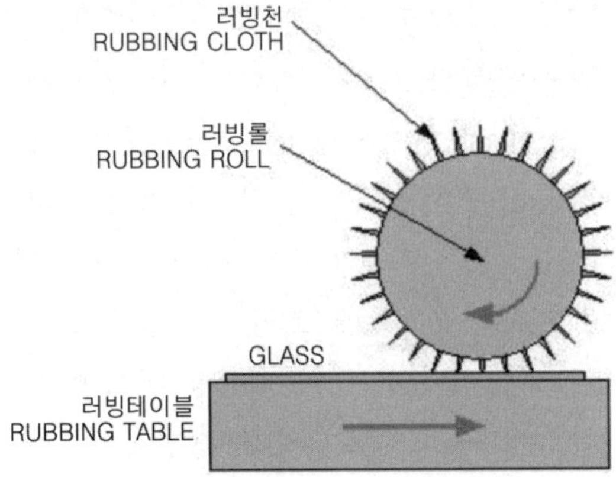

【그림 2-34】 rubbing 공정

④ Spacer 산포

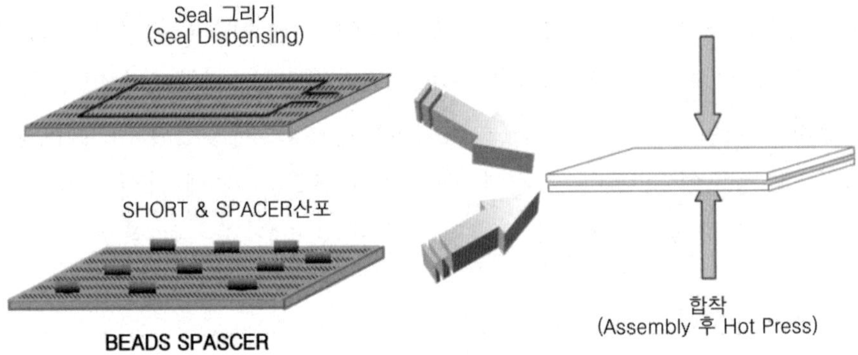

【그림 2-35】 상하판 합착

TFT-LCD는 TFT 기판과 컬러 필터 기판상의 일정한 gap에 주입된 액정 분자에 전압을 인가하여 구동시키는 전기 광학 소자이므로, 두 기판을 일정한 간격으로 유지시키는 것이 대단히 중요하다. 이 간격을 셀 폴리이미드이라고 하는데, 셀폴리이미드가 일정하지 않으면 그 부분을 통과하는 빛의 투과도가 달라져 공간적으로 불균일한 밝기를 나타내는 불량을 나타낸다. 이와 같은 문제는 액정 패널의 크기가 점차 대형화 추세로 나감에 따라 점점 더 중요해 지고 있다.

일반적으로 액정 패널이 대형화됨에 따라 일정한 셀갭을 유지하고, 적당한 액정층의 두께를 확보하기 위하여 스페이서를 사용된다. 최근 LCD의 온도변화에 따른 색조 변화나 스페이서의 이동, 혹은 저온시의 공동(void) 발생 등의 현상을 스페이서로 해결하려고 하는 노력도 계속되고 있으며, side의 seal에 스페이서를 넣는 것으로는 충분치 않으므로 패널 전면에 일정하게 스페이서를 뿌리게 된다.

셀 폴리이미드 형성 공정은 TFT 및 컬러필터 기판을 접착하기 위한 실런트 인쇄 공정, 기판 사이의 일정 간격을 유지하기 위한 스페이서 산포 공정, 두 기판을 실제로 접합하는 조립 공정, 고온 고압으로 기판을 압착하는 공정으로 이루어진다.

실런트란 집 지을 때의 외벽과 같은 역할을 하는 것으로 TFT와 컬러 필터의 간격을 결정하며, TFT 및 컬러 필터 기판을 접착하는 역할을 한다. 실런트를 주사기처럼 생긴 곳에 넣고 압력을 가해 원하는 곳에 원하는 모양으로 그린다. 이 때 액정 주입될 부분을 남겨 놓고 사방으로 벽 모양으로 만든다. 스페이서는 집 지을 때의 기둥과 같은 역할을 하는 것으로 TFT와 컬러 필터 사이의 간격을 일정하게 유지한다. 스페이서 입자는 약 4~5um의 작고 투명한 플라스틱 구슬로 기판 위에 골고루 균일하게 분산한다. 산포 방법은 건식 및 습식방법으로 크게 나누는데 산포도는 습식(Freon + Spacer)이 우수하지만 환경문제로 인하여 건식 방법을 주로 사용한다. 건식은 여러 가지 방법이 있지만 정전 산포 방법이 많이 사용되어지고 있다.

• 플라스틱 스페이서

플라스틱 스페이서는 경질 스페이서에 비해 불안정하지만 하중부가 여하에 따라 크기가 변하므로 미세한 셀두께 제어재료로서 적합하다. 또한 액정층의 온도변화에 의한 광학 특성의 변동이나 층두께의 변동을 고려하면 셀두께가 고정되어 있다는 것이 바람직한 일은 아니다. 액정의 열팽창계수에 가까운 성질을 갖는 플라스틱 스페이서는 고온에서 셀두께 팽창시에 스페이서의 이동을 방지하고 저온에서의 공동발생 방지 등에 그 효과를 발휘한다. 플라스틱 스페이서로서는 내열성, 내약품성에 우수하고, 넓은 온도범위에서도 탄체성으로서 거동하는 좋은 특성을 가지고 있다.

• 유리 스페이서

유리 스페이서는 하중을 주어도 변형이 거의 없고, seal 제의 두께 등을 원하는 수치로 설정하는 용도로는 가장 적당하다. 막대모양(봉상)의 스페이서이기 때문에 분상했을 때 서로 교차하는 것도 있지만, 길이가 적당하게 짧은 경우에는 기판을 압축하면 서로 미끄러져 교차상태가 풀리고, 긴 스페이서가 겹쳐진 경우에는 파괴되어, 특별히 문제가 생기지 않는다. 다만 셀 내에서 사용할 경우에는 배향막 등 기판내면을 손상

할 수 있기 때문에 분산에 세심한 주의가 필요하다. 유리 스페이서는 알카리성분이 서서히 액정 중에 용출되어 액정재료를 노화시키기 때문에, 일반적으로 무알카리 유리로 제조한다. 이는 방사 과정에서는 불순물이 부착되기 쉽고, 이러한 불순물이 액정재료를 나쁘게 하고, 혹은 액정 분자 배열을 흩뜨릴 염려가 있기 때문에, 순수로 완전히 세정한 것을 사용한다. 스페이서로서는 방사속도를 일정하게 유지, 직경이 균일해지도록 관리할 필요가 있다.

⑤ 합착

합착 공정은 TFT와 컬러 필터 기판의 패턴이 정확하게 일치하도록 접착하여 표시되도록 하는 공정이다. TFT 기판과 컬러 필터의 alignment 정도는 각 기판의 설계시 주어지는 margin에 의해 결정되는데 보통 수 마이크로미터 정도의 정밀도가 요구된다. 두 기판의 alignment가 주어지는 Margin을 벗어나면 빛이 새어 나오게 되어 구동시 원하는 특성을 갖지 못하므로 기판에 만들어져 있는 표시(align mark)를 이용하여 정확하게 정렬한 후에 이것이 틀어지지 못하도록 가압착한다. 장비의 정밀도 이외에 공정적으로 고려해야 할 사항은 기판의 미끌림인데, 보통 이를 제거하기 위해 고정시키는 seal제를 사용한다. 또한 이 공정까지는 TFT 기판과 컬러 필터 기판의 배향막이 외부에 노출되어 있으므로 기판의 오염이나 입자의 유입이 일어날 수 있다. 이로 인한 불량 발생이 공정 수율의 큰 부분을 차지한다. 따라서 이 공정까지의 청정도는 이후의 공정에 비해 상당히 높은 청정도가 요구되며, 공정 진행시 오염 장지를 위한 대책이 필요하다.
셀 단위의 절단과 액정 주입을 위해서는, 합착이 완료된 기판의 seal을 일정한 셀갭을 유지하며 경화시키는 공정이 필요하다. 이 공정에서 갭의 정밀도가 결정된다. 공간적으로 불균일하면 액정 주입 후 불균일한 투과 특성이 얼룩 형태로 나타나게 된다. 공정 진행시 테이블의 평탄도, 가압시 상하면의 평행도, 공간적인 압력 및 온도의 균일도가 중요한 인자이다. 액정 주입 공정에서 액정을 진공 주입할 수 있는 견고한 판넬을 만들기 위하여 온도와 압력을 가하여 실런트를 경화시키고, 두 기판 사이를 일정한 간격이 유지되도록 한다.

⑥ 셀 절단

셀 절단공정은 seal 패턴 경화 공정 이후에 기판에서 각각의 셀로 절단하여 분리하는 공정이다. 초기 TN Device 에서는 여러 셀을 동시에 액정 주입한 후에 셀 단위로 절단 하는 공정 진행을 하였으나, 셀의 크기가 증가함에 따라 단위 셀로 절단 한후에 액정 주입을 하는 방법을 사용한다. 셀 절단 공정은 유리기판보다 경도가 높은 다이아몬드 재질의 pen으로 유리기판 표면에 절단 line을 형성하는 scribe 공정과 힘을 가하여 절단하는 break 공정으로 이루어진다.

⑦ 액정 주입

단위 셀은 수 백 cm^2의 면적에 수 마이크로미터의 좁은 간격을 유지한다. 액정 주입 공정은 빈 셀에 액정을 채우는 것으로 셀 내부를 진공으로 만든 후에 셀 외부와의 압력 차이를 이용하는 진공 주입법을 주로 이용한다. 셀 내부를 수 mTorr 정도의 진공으로 만들고 액정을 접촉한 후 불활성 기체를 주입하면 모세관 현상 및 압력 차이에 의하여 액정이 주입된다.
이러한 액정 주입 공정은 액정 셀 공정에서 가장 긴 시간을 요하기 때문에 생산성 측면에서 최적 조건을 설정하는 것이 중요하다. 액정 속의 미세한 공기 방울이 셀에 주입되어 시간이 지남에 따라, 이들끼리 결합하여 기포를 형성하면 불량이 발생할 수 있다. 이를 방지하기 위해, 액정을 장시간 진공에 방치하여 기포를 제거하는 탈포 과정이 필요하다. 이과정은 셀의 진공을 뽑는 과장에서 액정을 동시에 주입하여 해결하기도 한다. 그러나 생산성 등을 고려하여 진공을 뽑는 과정과 액정을 주입하는 과정을 나누어 진행하는 것이 일반적이다.

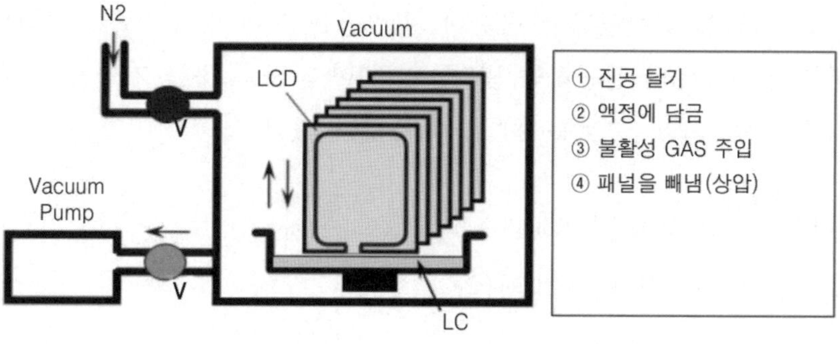

【그림 2-36】 액정 주입 공정

⑧ 봉지 공정

액정 주입이 완료된 셀의 주입구에서 액정이 흘러나오지 않게 막아주고 TFT와 컬러필터 기판 간격을 일정하게 유지하는 공정이 봉지(end sealing) 공정이다. 보통 액정 주입구에 자외선 경화 수지를 도포한 후에 자외선을 조사하여 주입구를 막아준다. 봉지 공정 후 주입구를 중심으로 잔류하고 있는 액정은 깨끗하게 세정한다. 보통 일정한 수의 셀을 적층여 공정을 진행하는데, 셀 gap 형성 마감 공정이므로 결화성 수지의 주입에 가해주는 압력 분포를 균일하게 유지해야 한다. 또한, 액정과 폴리이미드막의 자외선에 의해 변질될 수 있으므로 조사되는 부분 이외에는 자외선이 조사되지 않게 주의해야 한다. 액정이 주입된 상태에서 주입구에 접촉이 일어나면 오염에 의한 불량이 발행할 수 있으므로 셀 이동이나 공정 진행시 외부 접촉이 일어나지 않게 주의가 필요하며, 외부에 오래 방치되지 않도록 해야 한다.

2.10.4 모듈 공정

완제품 패널을 만들기 위한 마지막 공정으로 Cell 공정으로 만들어진 패널에 편광판과 PCB, 백라이트유닛 등을 부착하는 최종 단계이다.

① 세정

세정 공정은 매우 중요한 공정으로 서브 픽셀의 크기가 0.1mm 정도인 것을 감안하면 작은 먼지에 의해서도 불량 화소와 같은 불량을 야기 시키므로 중요한 공정이다.

② 편광판 부착

패널의 상, 하단에 편광판을 부착한다. 편광판은 여러 방향으로 진동하면서 입사되는 빛을 한쪽 방향으로만 진동하는 빛(즉 편광)이 되도록 하는 기능을 가지고 있는 것으로 상, 하단의 편광판은 보통 90°로 교차되어 있다.

③ TAB 부착(Tape Automated Bonding)

PCB 회로를 연결하기 위한 TAB을 부착한다.

④ 탈포(Autoclave)

고온 고압의 탈포공정을 거쳐, 밀착성을 높인다.

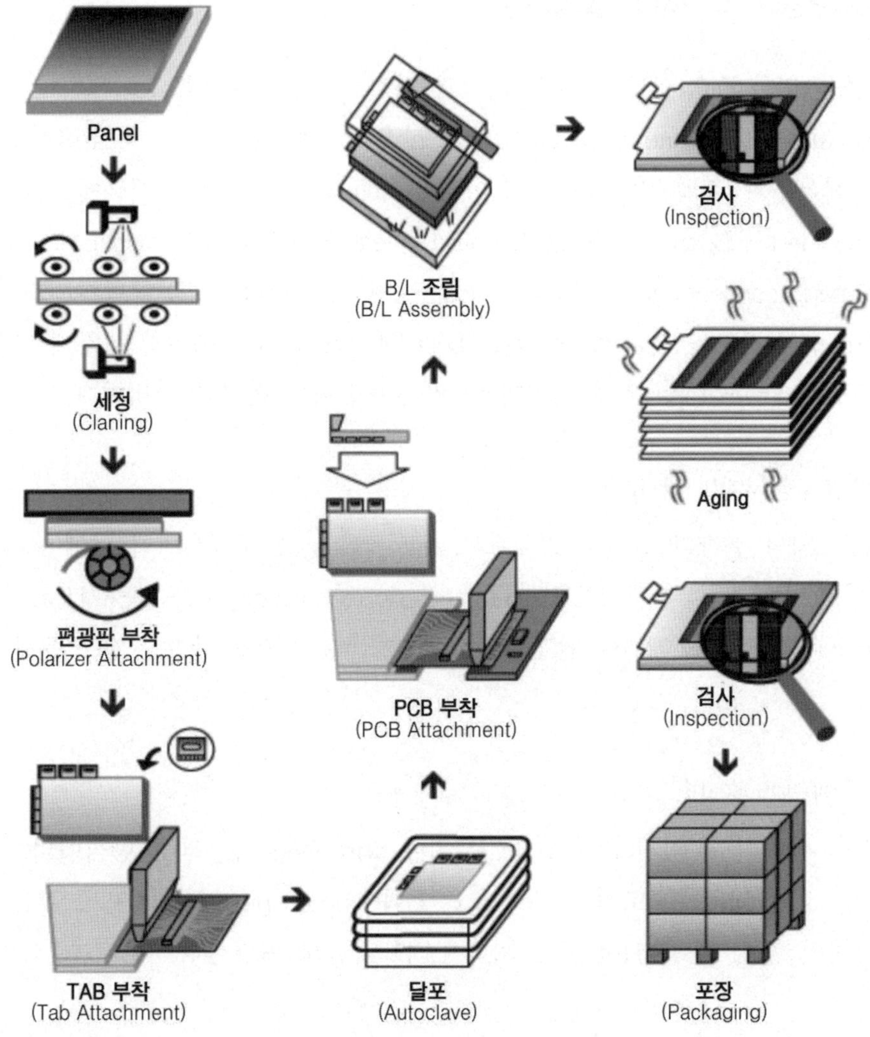

【그림 2-37】 모듈제조 공정

⑤ PCB 부착

만들어진 TAB에 PCB 기판을 연결한다.

⑥ BLU(Back Light Unit) 조립

⑦ 이후 공정

검사후 일정 시간 에이징(aging)을 거친 후 최종 검사 후 포장 출하된다.

2.10.5 LCD구동 드라이버의 실장기술

LCD 구동을 위한 Dirver IC를 LCD 패널과 연결시키는 기술에는, COB(Chip On Board), TAB(Tape Automated Bonding), COG(Chip On 유리기판) 등이 있다. segment 방식의 LCD 또는 낮은 해상도의 패널 의 경우에 있어서는, lead의 수가 적기 때문에 드라이버 IC가 PCB(Printed Circuit Board) 위에 있고, board의 lead를 패널과 HSC(Heat Seal Connector) 또는 elastomeric connector로 연결하는 것이 용이했다. 그러나, LCD 패널 이 고해상도화 되면서, 엄청난 수의 리드를 갖는 driver IC를 board에 장착하기가 용이하지 않게 되었다. TAB는 driver IC를 carrier tape 위에 장착함으로써 이 문제를 해결한 방법이다.

- SMT (Surface Mount Technology)

  Driver LSI의 실장의 고전적 방식으로, flat package를 PCB 위에 납땜(soldering)하는 방식이다. LSI가 장착된 PCB는 elastomeric connector 또는 HSC(Heat Seal Connector)에 의해 LCD 패널에 연결된다. 핀 수가 적은 LSI를 장착할 경우 유리하다(< 100 pins).

- COB (Chip On Board)

  SMT의 일종이나, 직접 LSI 를 PCB 위에 wire-bonding 하는 방식이다. 소형, 박형 실장용 assemble 기술로서 실용화되고 있다 (< 200 pins). 이 방법으로 LSI 를 PCB에 장착한 후, PCB를 HSC등에 의해 LCD 패널에 연결한다.

- COF (Chip On Film) - TAB (Tape Automated Bonding)

  Driver LSI (bare chip)에 Bump (돌기전극)을 형성하고 carrier tape inner lead bonding한 후 carrier tape와 패널을 접속하는 것이다. 보통 LSI의 Al 전극 상에, barrier metal을 매개로 하여 Au bump도금에 의해 형성된다. COF 방식은 tape carrier driver LSI의 패널에의 접속 직전에 검사가 가능하여 불량 device를 제거할 수 있고 또 입력처리가 간단하다는 본래의 특징과 tape 기술의 진보가 어우러져 널리 실용화되고 있다.

- COG (Chip On Glass)

  본 방식의 최대과제는 driver LSI와 패널전극 사이를, 어떠한 방법으로 전기적으로 접속하느냐이다. Driver 탑재용 PCB, carrier tape 등이 필요 없다. 얇고 compact한 실장이 가능한 형태이며, 유리기판 위에 driver IC를 직접 bonding 하는 방식이다. 현재 소형 액정 TV를 비롯해서 대형 디스플레이에 일부 사용되고 있다.

2-11 BLU(Back Light Unit)

BLU는 실제 광원이 되는 형광 램프로부터 밝기가 균일한 평면광을 만드는 것이다. 광원으로 사용되는 형광램프가 면광원이 아니기 때문에 이를 전체가 균일하면서도 밝게 만드는 것이 관건이다. 이는 길가에 있는 간판을 보면 쉽게 이해가 된다. 뒤쪽에 형광등을 넣어 만든 간판은 형광등 부분은 밝고 다른 부분은 어두워 어느 위치에 형광등이 위치한다는 것을 겉에서 보고도 알 수 있다.

LCD가 나날이 고휘도 수요가 늘어나면서 광효율을 향상시키는 것도 중요한 포인트이다. 그리고 슬림화를 위해서는 두께 또한 고려해야 할 부분이다. 참고로 현재 나와 있는 LCD 패널들은 형광 램프의 밝기를 100이라고 볼 때 사용자의 눈으로 오는 빛은 고작 5% 내외에 불과 하다. 쉽게 계산해서 최대 휘도 300cd/㎡ 짜리 모니터 뒤에 6000cd/㎡의 광원이 숨어 있다.

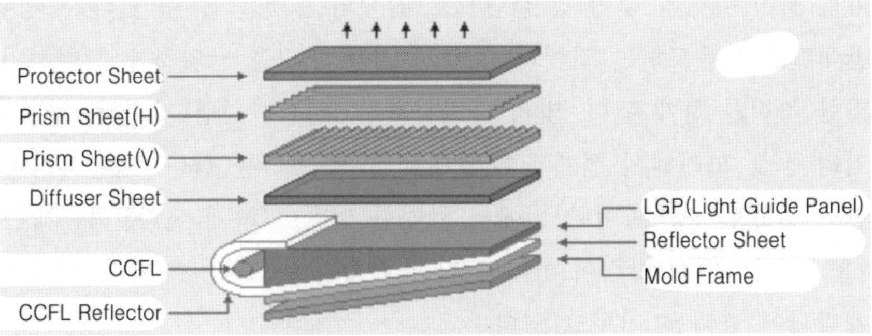

【그림 2-38】 BLU의 단면도

위 그림은 BLU의 단면도를 보여주고 있다. 겉보기에는 간단해 보이는데, 단면도를 살펴보니, 보호시트, 프리즘시트(수평/수직), 확산시트, 도광판, 반사시트, 램프, 램프커버 등 여러 부품이 모여서 하나의 BLU를 구성한다.

① 램프 (Lamp unit)

최초로 빛을 발산하는 부분이다. 광원의 종류에는 백열전구, 백색 형광등, 백색 할로겐램프, EL, LED 등 다양한 램프가 있지만, 일반적으로 LCD 패널에서 사용하는 램프는 CCFL(Cold Cathode Fluorescence Lamp : 냉 음극 형광램프)를 사용한다. 우리가 집에서 사용하는 형광등과 유사하지만 열을 발산하지 않는다는 것이 특징이다. CCFL은 전력소모가 적고, 매우 밝은 백색광을 제공한다는 것이 장점이다. 조명으로 사용하는 형광등을 매우 날씬하게(직경 2mm 정도) 만들었다고 생각하면 된다.

② 도광판 (Light Guide Panel)

위에서 설명한 CCFL은 보통 패널의 가장자리에 위치한다. (단, LCD TV의 경우는 직접 패널 뒤쪽에 위치하기도 한다. 이런 방식을 직하형 방식이라고 한다.) 이로 인해 빛이 전면적에 걸쳐 균일하게 투과하지 않고 가장자리가 더 밝은 경향을 띄게 되는데 이를 전면으로 균일하게 투과시키기 위해 도광판을 사용한다. 도광판의 재질은 보통 투명 아크릴 수지로 강도가 높아 깨지거나 변형이 작으며, 가볍고 가시광선 투과율이 높은 것이 특징이다.

도광판 옆면의 램프가 도광판을 통해 전면에 균일하게 투사시켜주는 역할을 하게 된다. 실제로 BLU를 분해해서 도광판 측면에 램프를 대고 켜보면 도광판 표면이 균일하게 밝은 것이 아니라 빛이 양 끝단으로 집중되는 것을 볼 수 있다. 도광판이 램프의 빛을 반대편으로 유도하는 것이다. 도광판 전체가 빛을 균일하게 표현하기 위해 뒷면에 특별한 처리를 하게 된다. 빛의 난반사를 유도하기 위한 것이다. 물론 CCFL로 부터의 거리 등을 고려해서 설계된 모양대로 패턴 처리를 한다. 패턴처리를 하고 나면 양 끝단만 밝았넌 도광판이 전면에서 균일한 빛을 발하게 된다. 최근에는 이러한 패턴처리를 기존의 인쇄 방식이 아니라 직접 레이저로 스캐닝을 하는 무인쇄 도광판 기술이 개발되어 효과를 거두고 있다.

일반적으로 모니터의 경우는 CCFL을 상하에 배치하여 도광판의 전체 두께가 균일한 flat type을 사용하지만 노트북처럼 전력소모에 민감한 제품에 들어가는 BLU에는 CCFL을 한쪽면에만 배치하기 때문에 한쪽의 두께가 더 두껍고 다른쪽으로 갈수록 얇아지는 taper type의 도광판을 사용한다. CCFL에서 나온 빛은 뒤 반사판에 반사되어 도광판내에서 이동하거나 일부는 표면으로 반사된다. 만일 도광판 뒤쪽에 패턴이 없다면, 이 빛은 반대쪽 가장자리에 가장 많이 도달하여 중앙보다 주변이 어두워지는 현상을 초래하게 된다. 이를 위해 도광판 뒤쪽에 패턴 처리를 하게 되면 빛의 난반사를 유도하여 전면에 걸쳐 고르게 빛을 투과 시킬 수 있다.

③ 반사시트 (Reflector Sheet)

반사시트는 도광판의 뒤쪽에 위치하여 CCFL로 부터 오는 빛을 전면으로 반사시키는 역할을 한다. 반사율을 높이기 위해 SUS, brass, 알루미늄, PET 등의 기본 재질 위에 은(silver)을 입히고, 열이 미세하게 발생한다 해도 장시간 흡열로 인한 변형을 막기 위해 티타늄 코팅을 한다.

④ 확산시트 (Diffuser Sheet)

확산시트는 도광판을 통해서 나온 빛을 균일하게 해주는 역할을 한다. 아무리 패턴처리를 잘했다고 하여도 그것만으론 부족하기 때문이다. 이 확산 시트를 통하게 되면 도광판을 통해 나온 빛을 확산하여 프리즘 시트와 패널 방향으로 전달해 휘도를 균일하게 하고, 시야각을 넓히며 도광판의 패턴을 숨기는 역할을 한다. 확산시트를 사용하지 않으면, 도광판에 인쇄된 패턴 모양이 비치게 되어 LCD 패널 장착 후에도 격자무늬 패턴이 보일 수 있다.

⑤ 프리즘시트 (Prism Sheet)

확산시트를 지나면서 수평, 수직 양방향으로 확산이 일어나 휘도가 급격히 떨어지게 되는 빛을 굴절, 집광시켜 휘도를 높이기 위해서 프리즘 시트를 사용한다. 프리즘 시트의 단면을 살펴보면 산모양의 단면을 갖는 미세한 골을 갖고 있다. 보통 프리즘 시트는 수평, 수직 두 장을 한 세트로 사용하지만, 최근에는 한 장의 프리즘 시트만으로 처리하기도 한다. 이제 프리즘 시트를 통과한 빛은 약 70°의 시야각을 가지면서 휘도 또한 개선된다.

⑥ 보호시트 (Protector Sheet)

보호시트는 프리즘 시트 위에 위치하는 것으로 프리즘 시트의 흠집을 방지하고, 수직, 수평 한 세트의 프리즘 시트 사용 시 발생하는 모아레 현상을 방지하기 위해 사용한다. 또한 프리즘 시트에 의해 좁아진 시야각을 넓혀주는 기능도 한다. 하지만 최근에는 프리즘 시트의 기능이 많이 향상되어 별도의 보호시트를 사용하지 않는 추세이다.

⑦ 프레임 (Mold Frame / Housing)

BLU의 각 부품을 고정하여 일체형 부품인 Back Light Unit으로 만들어주는 케이스의 역할을 한다. 물론 이 위에 액정 패널이 조립되기 때문에 0.2mm 수준으로 오차관리를 한다.

⑧ 커버 (Back Cover / Lamp Cover)

BLU의 고정된 unit을 보호하며 강도유지 및 지지의 역할을 한다.

2.11.1 Back light 방식의 비교

(1) 투과형 LCD

패널 뒷면에 있는 backlight에 의해 광을 비추어, 액정패널이나 Color Filter 등을 통과한 후 보게 된다. backlight 전력이 필요하기 때문에 휴대전화 등의 기기에는 어울리지 않는다. 따라서 상용전원공급이 가능한 액정 TV나 모니터 등의 대형이면서 휘도가 크게 필요한 전자기기에 알맞다.

(2) 반 투과형 LCD

투과형과 반사형 양쪽을 겸한 제품으로서 주간의 외부 광에서는 반사를 이용해서 소비전력을 절약하고, 실내나 야간에서는 필요에 따라 light를 점등해서 사용한다. 모바일 기기에 최적인 방식으로 컬러화된 휴대전화 등은 대부분 이 방식이다.

(3) 반사형 LCD

외부 광인 주간의 태양광이나 방내의 전등광을 LCD의 표면에 쪼여(액정패널내에서 반사시켜) 그 반사광을 액정패널 및 Color Filter를 통해서 보게 된다. 일반적으로 light 점등이 필요 없으므로 전자계산기, 시계 등을 중심으로 이용되고 있다. 또, front light를 병용해서 휴대전화에도 일부 이용되고 있다.

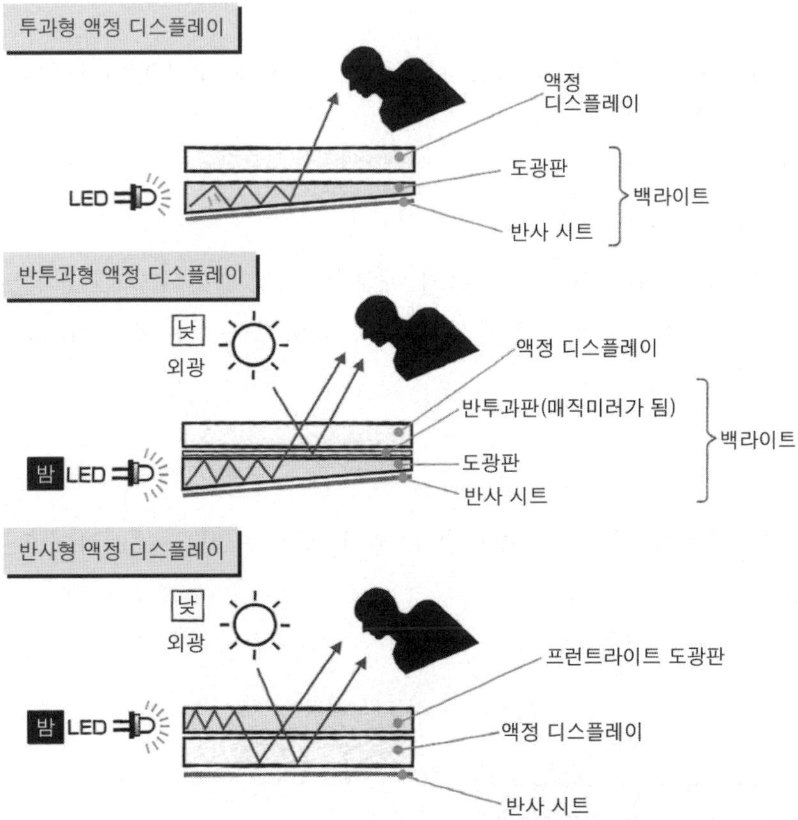

【그림 2-39】 Back Light 방식의 비교

2.11.2 대형 TV back light

일반가정에서 보는 액정 TV에서는 backlight 를 포함하는 backlight 가 휘도나 소비전력 등의 점에서 중요한 역할을 하고 있다. 예로서 노트북 PC 용에서 1개의 형광등으로 되지만 40 inch급에서는 30개 이상의 형광등이 필요하기 때문이다. 대형 액정 TV에서 backlight에 필요한 항목에는 아래와 같은 것이 있다.

(1) 휘도

액정패널의 휘도와 비례하여 Backlight의 고휘도화가 중요

(2) 소비전력

대형 액정 TV에서는 그 90%가 backlight의 소비전력이다. backlight 자신의 저소비전력화와 반사판 등의 개량도 필요하다.

(3) 표시균일성

대형 액정 TV에서는 고휘도화가 필요하기 때문에 액정 패널뒤 속에 많은 수의 직하형 backlight가 배치되고 있다. 따라서 균일성 때문에 배열기술이나 확산 sheet 등의 활용이 중요하다.

(4) 수명

backlight의 수명 자체가 액정 TV 수명으로 된다. 휘도 열화를 고려하면 5~6만 시간의 수명이 요구되고 있다.

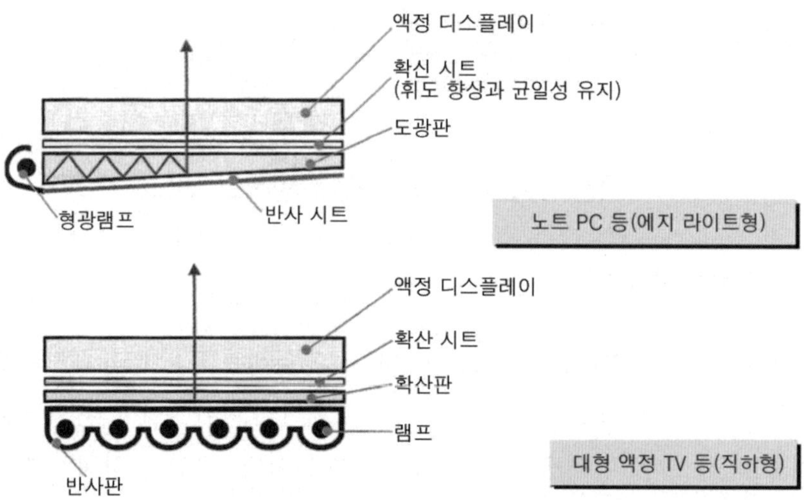

【그림 2-40】 용도에 따른 Back Light의 구조

2-12 고품위 액정 Display의 기본 특성

최근 LCD는 크게, 밝게, 선명하게 그리고 색순도가 좋아지고 있다. 이것은 시야각, 휘도, 응답특성, 표시계조, contrast, 해상도 등의 액정 기본특성의 개선에 의한것이다. 이들 기본특

성의 고품위 화를 목적으로 한 각종 액정재료, 구동방식 개선방법, 액정패널과 구동용 전자회로가 일체로 된 System On Glass(SOG)의 전개, 그리고 신 액정재료, 신기술전개에 대해 논하기로 한다. LCD의 표시 품위를 개선하기 위해서는 아래와 같은 검토사항이 있다.

(1) 시야각

시야각이란 화면이 정상적으로 보이는 범위의 각도를 말한다. LCD에서는 보는 방향(각도)에 따라 색조나 contrast 등의 화질이 저하해서 보인다. LCD는 CRT(시야각 의존성은 없고 180°)에 비교하면 시야각이 적으나, 현재 그 개선이 이루어지고 있어 실용상은 Brown관에 육박하고 있다. 일반 TN형에서는 시야각이 100° 정도이나, 개량 방식에서는 이미 160~180°로 되어 있다.

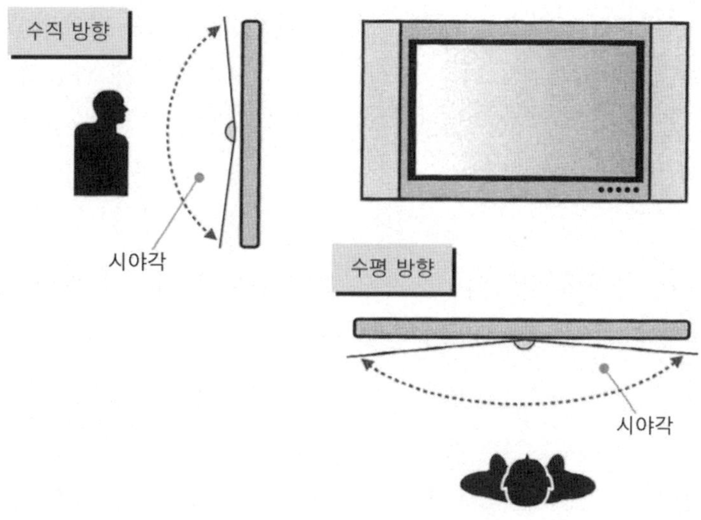

【그림 2-41】 시야각

(2) 휘도

단위는 cd/㎡을 사용하고 있으며, 표시화면의 밝기를 나타내고 있다. 액정패널의 투과율, backlight 의 휘도 등에 의존하고 있다. 액정패널의 투과율은 사용하는 액정재료나 표시방식에 따라 다르다. (contrast, 시야각, 응답속도 등 서로 상호관계가 있음) 또, backlight는 저전력, 소형화가 요구되며, 필요 이상 밝기는 모바일용의 경우 전지수명 등에 영향을 미치게 된다.

(3) 응답속도

전기신호를 입력해서부터 출력(전기, 광등)하기까지 속도(지연시간)의 특성을 말한다. LCD에서는 입력신호(화상 data 등)에 대해 새로운 표시화면으로 바뀌는 속도로 된다. 특성은 액정분자의 동작반응속도에 의해 정해진다. 응답특성이 나빠지면, 예를 들면 야구공이 실에 묶여 있는 것처럼 줄을 달고 달리게 된다. 따라서 동화상 표시를 하는 대형 액정 TV에서는 특히 중요한 요소로 된다.

(4) 표시계조

액정 화소의 구동전압 크기에 의해 정해지는 명암의 계조. 액정 화면에서의 표시가 간단히 문자 data 등의 경우라면, 명암(흑백)의 2 값만으로 충분하지만, 실제의 화상은 단일색이든 컬러이든 밝은 것에서 어두운 것까지 색의 단계적 표시가 필요하게 된다. 그래서, 액정 화면의 명암 level에 따라, 화소 전극에 구동 전압을 변화시킬 필요가 있다. data 신호전압의 종류가 많으면 많을수록 매끄러운 화상(명암)이나 색표시가 가능하게 된다. 단, 많을수록 화상 data 회로, data 선 구동회로 등이 복잡하게 된다.

(5) Contrast

밝은 상태와 어두운 상태의 밝기의 비, 혹은 최대 휘도와 최소 휘도의 비를 말한다. 앞서 논한 휘도 특성이나 표시계조에 따라 영향을 받는다.

(6) 해상도

화면의 정세화(정밀하고 세밀한 1개 픽셀의 size)의 정도로써 단위 길이당의 화소수, 혹은 LCD의 전체 화소수를 나타낸다. 화소의 정세화는 1인치당 화소수를 나타낸 ppi(pixel per inch)로 나타내고 있다. 최근에는 200ppi(0.125mm dot pitch)의 초고정세의 LCD도 있다.

2.12.1 시야각 개선

가장 자주 사용되고 있는 TN형 LCD의 단점은 시야각이 작다는 것이다. 최근에는 액정분자를 사이에 끼운 상하 2장의 액정 유리기판의 배향방향이나 투명전극구조를 개량해서 시야각을 확대하고 있다.

(1) TN형 액정이 시야각이 좁은 이유

액정 셔터의 광투과나 광차단원리는 봉상 액정분자의 배열방향을 이용한 광의 방향 제어에 의한다. 따라서 보는 방향에 따라 밝기, 색조나 contrast가 다르게 된다. 이들이 정상으로 보이는 범위를 시야각이라고 하며, TN형 액정에 의한 디스플레이는 이 시야각이 좁은 것이 결점이다.

TN형 액정에서는 일반으로 normally white mode 로 사용한다. normally white mode는 투명도전막(ITO)간에 전압을 가하지 않을 때에 액정 Shutter가 ON(액정은 90° 꼬여있다.)으로 되어 광투과(밝음) 상태이고, ITO간에 전압을 가했을 때는 액정 셔터가 OFF(액정은 수직 방향으로 서있게 된다.)로 되어 광차단(어둠) 상태가 된다. 이 밝고 어두운 2개 상태를 생각하면, 밝음(투과) 상태인 경우에는 90° 꼬여 있는 상태에 있으므로, 이때 광특성은 다소 경사지점에서 보더라도 양호한 상태가 유지되어 큰 변화는 없다.

한편, 어둠(광차단) 상태에서는 광축이 유리기판에 수직이므로 기판에 수직방향은 틀림없이 어두운 상태로 되지만, 경사지점에서 보는 경우에는 광이 새어나와 수직방향에서 보는 것처럼 완전한 어둠 상태는 되지 않고 중간 밝기의 명암으로 되어버린다.

더욱이, 이 명암 중간 상태(ITO에 가해진 전압크기가 ON/OFF의 중간)에서는 액정분자가 경사진 상태로 된다. 이때에는 정면이나 측면에서 본 경우의 각도에 따라 광통과량이 변하게 된다. 그래서 이 대책으로써 몇 개의 액정재료나 방식이 개발되어 있고, 이들 시야각은 Brown 관에 필적할 정도의 140~170°에 육박하는 것도 있다.

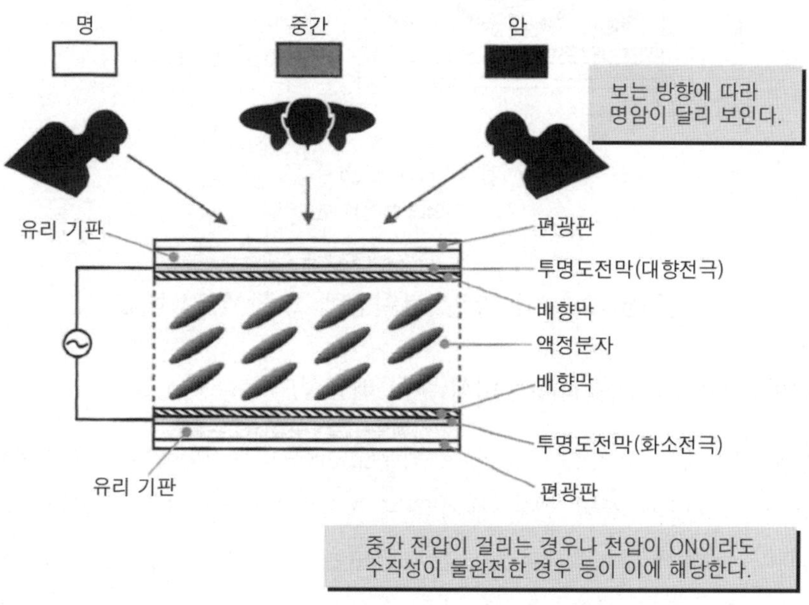

【그림 2-42】 액정 배양정도에 따른 명암 비교

(2) Multi Domain 방식 (배향 분할 형)

종래의 TN형 액정 배향상태가 한 방향인 것에 대해 multi-domain 방식은 1화소를 복수 영역(multi-domain)으로 분할해서, 서로 다른 복수의 배향영역을 형성한 방식이다. 예를 들어 1화소의 영역을 2개로 분할하면 러빙에 의해 좌우 배향막의 수직 방향을 대칭으로 하여 다음 그림과 같이 결정분자의 경사방향을 역으로 한다. 이렇게 하면 어느 각도에서 보더라도 1화소당의 광량이 균일하게 되어 시야각이 크게 된다. 이 방식은 분할 수를 많이 할수록 시야각을 더욱 크게 할 수 있다.

그러나 개개 영역을 다른 방향으로 러빙 해서 배향시키는 것은 제조상 큰 일거리가 된다. 그래서 MVA 방식 등이 연구되고 있다.

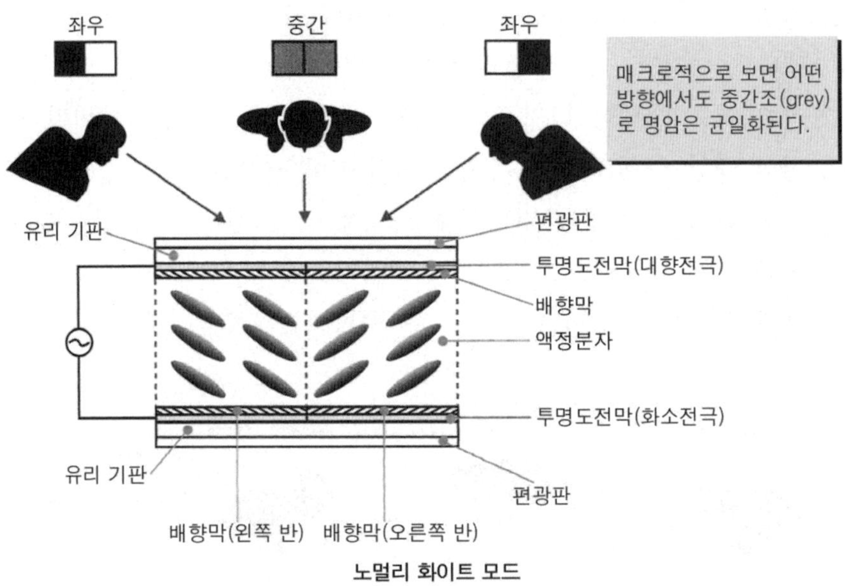

【그림 2-43】 배향 분할형에 의한 명암 비교

(3) Multi-domain Vertical Alignment 방식(수직 배열형)

MVA 방식에서는 액정 분자를 수직으로 세우고 배향막에 의해 전압을 가하지 않은 상태(전압 OFF)에서는 그림과 같이 액정 분자를 수직 경사 되게 세우고 전압을 가한 상태(전압 ON 경우)에서는 액정 분자를 수평으로 누워버리게 한다. 이 방법으로 광차단과 광투과를 하여 액정표시를 행하게 한다.

MVA 방식은 multi-domain 방식과 조합해 이용하고 있다. 액정 분자가 수직으로 세워져서 광차단시에 영향이 없게 되고 높은 contrast와 시야각 개선이 가능하다.

한편, MVA 방식에서는 종래의 nematic 액정 재료와는 달리 전압이 가해지지 않을 때(전압 OFF 경우) 액정 분자가 유리기판에 대해 수직으로 되는 type의 액정(nega 형 Nematic 액정)을 이용하고 있다.

Multi-domain 방식은 러빙에 의해 복수의 배향영역을 만들기 때문에 러빙 공정을 복수회 행할 필요가 있고 공정상의 어려움이 있었다. 그러나 MVA 방식에서는 ITO상에 수지(resin)를 이용하여 돌기를 붙이고 액정 분자를 경사로 세우므로써 복수의 배향영역을 실현시키는 방식을 이용하고 있다. 따라서, 배향막 형성만으로 러빙 공정을 생략할 수 있게 되어 공정 간소화에 크게 기여하고 있다.

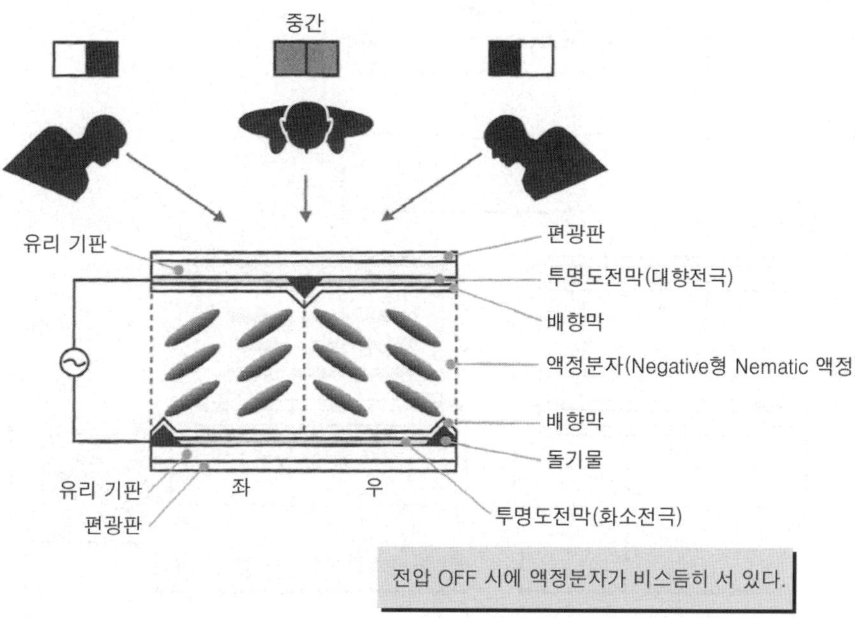

【그림 2-44】 MVA 방식에 의한 명암 비교

(4) IPS(In-Plain Switching)방식 (수평 배열형)

IPS 방식의 구조는 그림과 같이 한쪽 ITO(구동 Tr_0쪽)면에 화소전극과 대향전극을 모두 형성해서 유리기판에 대해 가로지르는 횡방향 전계를 만든다. 그래서 이 가로방향 전계(면에 평행한 방향) 유무에 의해 액정 분자 배열의 방향을 유리기판과 평행하게 90° 회전한 것과 90° 회전안한 것으로 구분하여 액정 셔터 표시를 행한다. IPS 방식에서는 액정분자가 횡방향(가로방향)으로 일제히 회전하므로 TN형 액정분자처럼 경사해서 일어서는 일은 없게 되므로 광학적 특성(contrast, 휘도, 색도 등)의 변화는 적고 시야각은 크게 할 수 있다. 단, 투과 광량이나 응답속도, 또는 백색 표시가 특정 방향에서 약간 청색이나 황색으로 보이는 등 TN형에 비해 뒤떨어지는 점도 존재한다. 그래서 이들 결점을 제거한 것으로서는 S-IPS(Super IPS)가 있다. S-IPS는 액정 분자를 구동하기 위한 전극구조를 zig-zag 형상으로 하는 등의 노력에 의해 색변화를 크게 감소시켰고 또 상하좌우 각각 160°로 Brown관의 시야각과 고화질을 실현하고 있다.

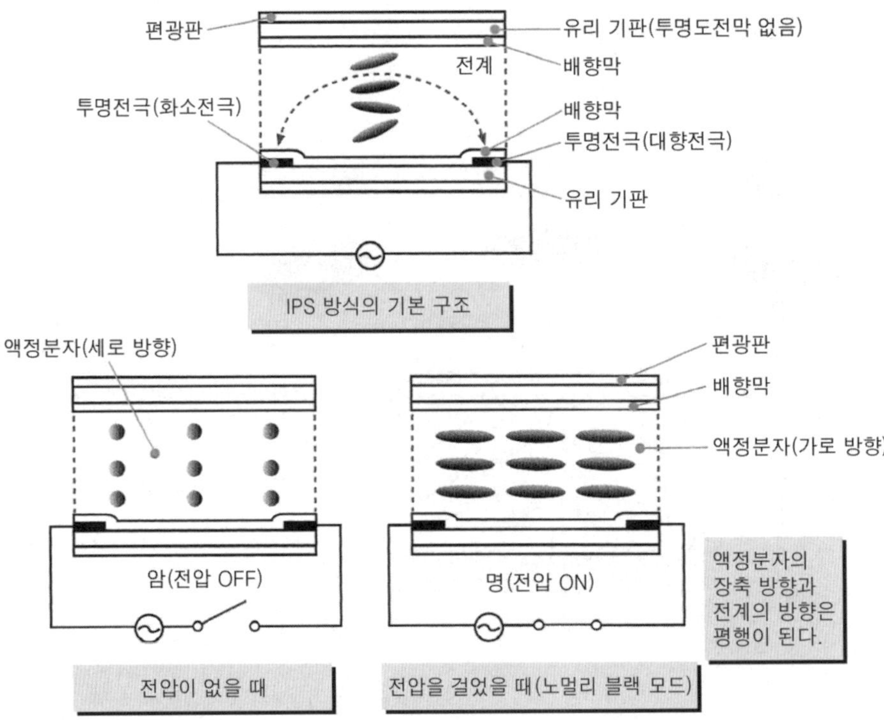

【그림 2-45】 IPS 모드

(5) 광학 보상 필름

광학 보상 필름을 LCD 패널에 붙여 액정(STN형)에 의해 생긴 위상차이를 보정하는 등 시야각, contrast 등을 개선할 수 있다. 광학 보상 필름을 붙이는 방법에는 한편에 1장 혹은 2장 붙이는 방법, 양측에 각 1장씩 붙이는 방법 등이 있다.

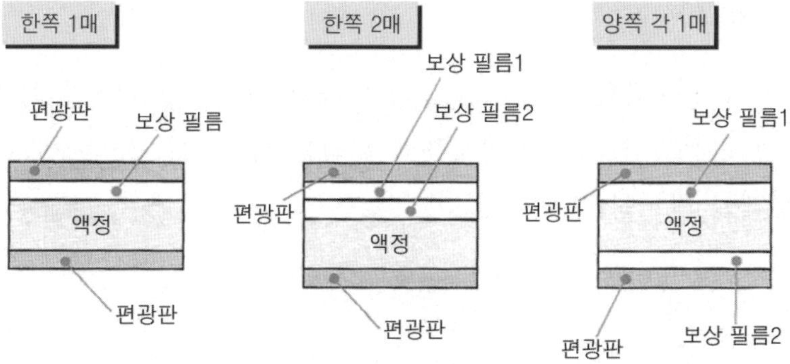

【그림 2-46】 광학 보상 필름

(6) OCB (Opitcally Compensated Birefringence)방식 (곡률 배열형)

OCB 방식은 bend 배향(상하 기판사이에 액정 분자가 일정 곡률을 따라 배열하고 있다.)과 광학 보상 필름을 조합해 사용하고 있다.

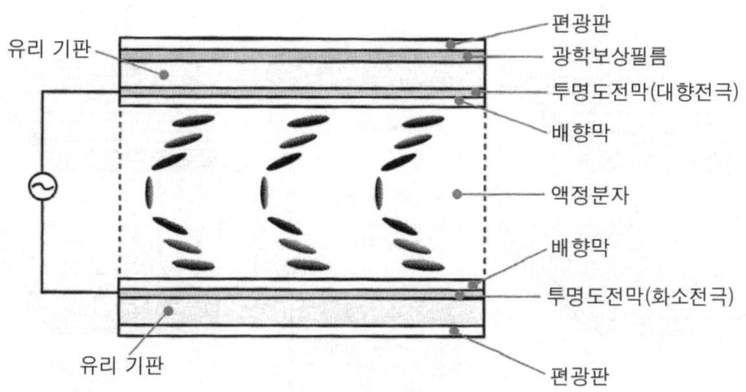

【그림 2-47】 OCB 방식

이 방식은 시야각이 클 뿐아니라 응답속도가 빠른 특징도 있다. 따라서 동화상에 대응하는 대형 TV용으로 기대되고 있으나 균일하고 안정한 bend 배향을 얻는 것이 어려운 등 문제점도 있다.

2.12.2 응답속도 개선

LCD의 화면교체의 응답속도는 액정 재료에 전계가 가해지고 나서(ITO에 전압을 가하고 나서) 봉상의 액정 분자가 배열을 바꾸는데 걸리는 시간이다. 응답속도 개선은 액정 재료나 액정패널 설계를 바꾸어 행하고 있다.

(1) LCD 응답특성

동화상에 대응할 수 있는 대형 액정 TV에 요구되는 응답특성의 개선은 시야각과 함께 중요한 과제로 되어 있다. 현재 CRT의 발광원리는 화면에 발라둔 형광체에 전자빔을 조사해서 발광시키는 방법이므로 응답속도(발광, 소실)는 1msec 이하로 빠르고, 실용상 아무 문제도 일어나지 않는다.

실제 TV에서 응답속도는 TV 주사방식에 의한 화면교체 시간인 16msec(60Hz)로 정해져 있다. 따라서 액정 TV의 응답속도가 Brown관 TV의 16msec 이하로 되면 어려운점은 없다.

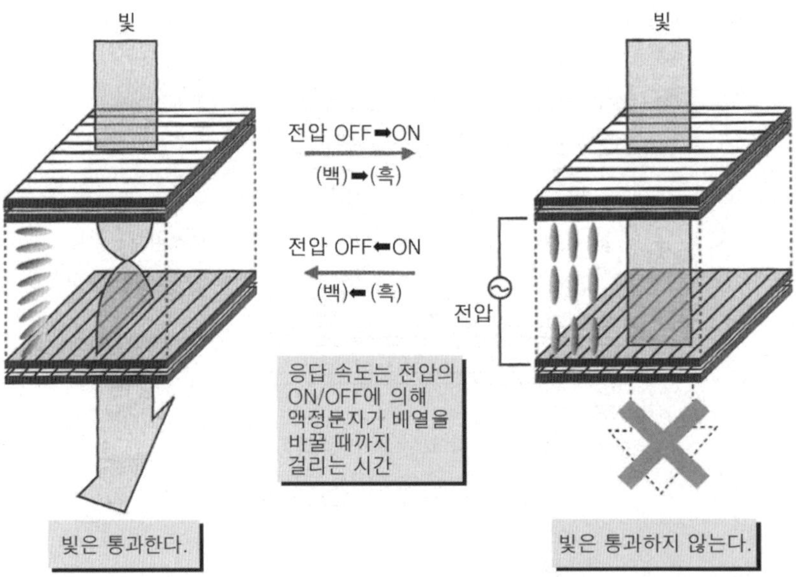

【그림 2-48】 LCD 응답 특성

LCD에서 응답속도는 액정재료에 전계가 가해지고 나서(ITO에 전압을 가하고 나서)봉상의 액정 분자가 배열을 바꾸는데 필요한 시간이 된다. 좀 더 엄격히 말하면, 전압을 가하고 나서 액정 분자의 광투과량이 변화하기까지의 시간과 전압을 OFF하고 나서 본래 상태로 복귀하기까지 시간이다.

(2) 액정 구조의 개선(OCB), 새로운 액정재료(강유전성 액정)

시야각 개선에서 논했던 OCB 방식(bend 배열형)에서는 10msec 이하에서 동작이 가능하고 또 강유전성 액정에서는 수백 μsec 동작이 기대되고 있지만, 현재는 아직 연구개발 단계이다.

(3) Impulse 방식

한 화면 기입할 때마다 backlight를 점멸하는 방식이나, 일정 주기로서 all black data를 삽입하는 방식으로 잔상 느낌이나 윤곽의 흐림을 제어하고 있다. 예를 들면 「Super Impulse 표시기술에서는 1/60초마다 송출하는 TV 영상신호 교체지점에 black data를 써놓는 「black 삽입 구동기술」에 의해 Ghost 등의 잔상감을 크게 저감시키고 있다.

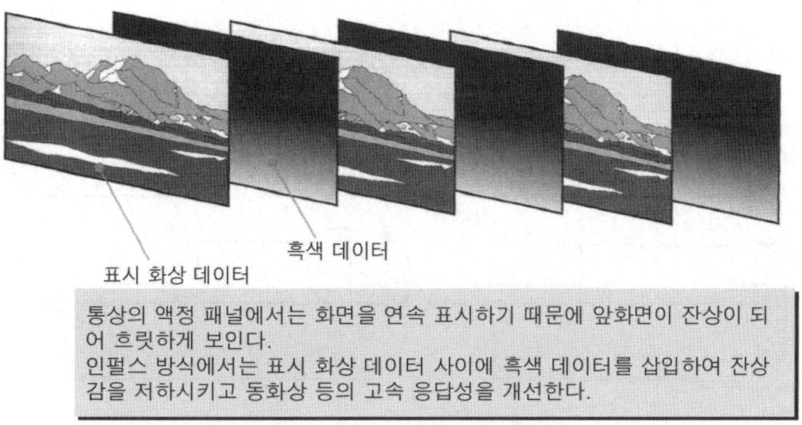

【그림 2-49】 Impulse 방식

(4) 액정 AI (Artificial Intelligence)

자동적으로 영상장면의 밝기를 검출해서 그 결과에 의해 backlight의 휘도를 실시간으로 제어함은 물론 contraast 등의 영상신호도 제어하는 방식이다.

(5) 구동방식(FDD : Feed Forward Driving방식)

data line 구동전압(화면의 명암을 결정하는 계조전압)에 대해 전압 rising 경우 전압이 pulse적으로 과대하게 가해지도록 over-shoot 특성을 갖도록 구동해 중간조 영역응답을 고속화하여 개선하고 있다. 실제 사용되는 것은 digital 구동방식에 의한 Over-Drive 회로이다.

그림과 같이 액정에 전압이 가해지는 기간내에 rising, falling 때의 전압을 과대(과소)전압으로 함으로써 overshoot 효과를 나타내게 하여 액정휘도(화면의 밝기)의 응답속도 개선을 실현하고 있다.

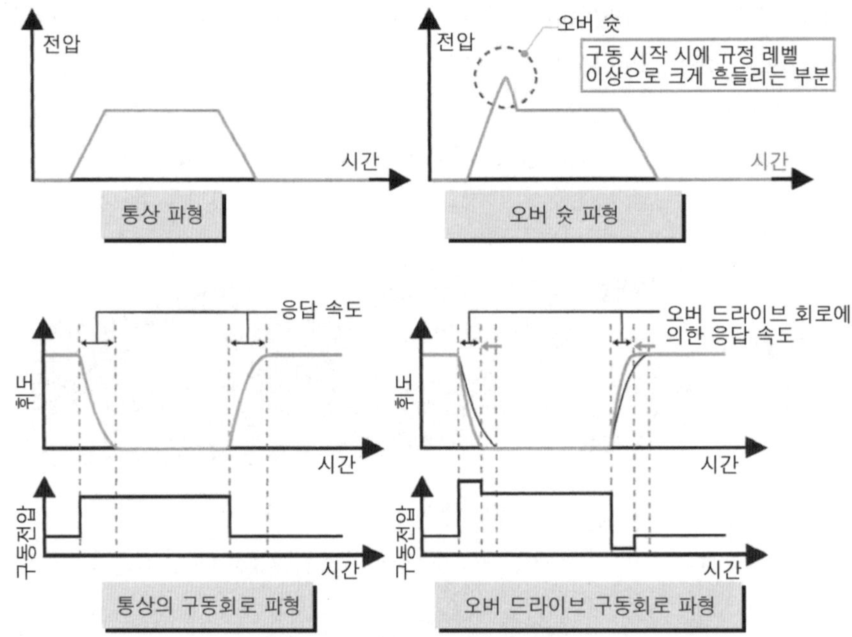

【그림 2-50】 구동 방식 비교

2-13 LCD의 신기술 및 전망

2.13.1 System On Glass의 전개

전자이동도가 300(㎠/V · sec)를 넘어서면서 구동 IC를 유리기판에 탑재함으로서 배선량 감소, 액정 화소(pixel)의 소형화가 진행되어 LCD의 고정세, 얇은형, 경량, 저소비 전력이 한꺼번에 실현되었다.

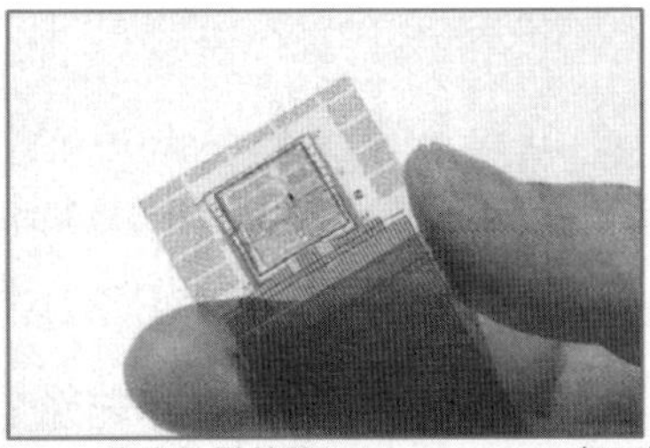

Glass 기판에 형성한 Micorprocessor(Z80)

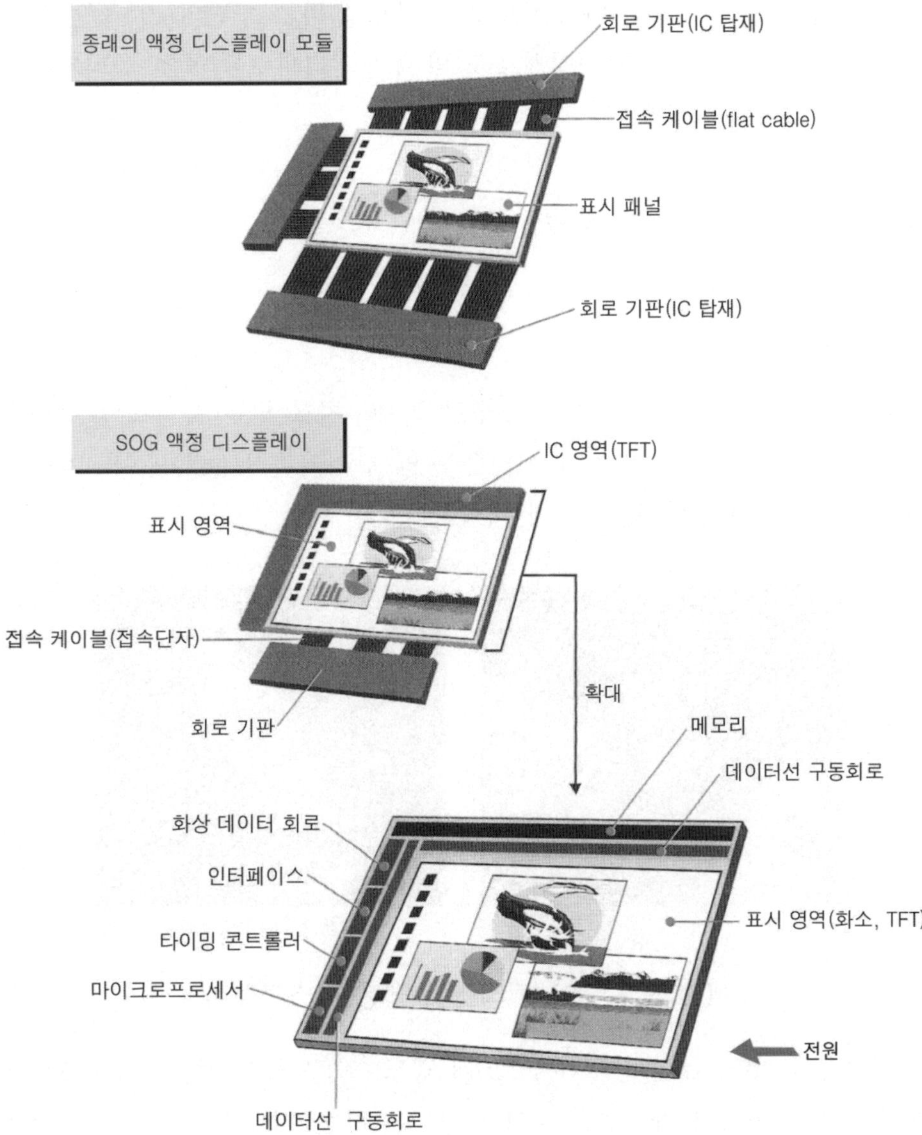

【그림 2-51】 System on Glass

더욱이, 전자이동도가 300(㎠/V · sec) 이상으로 되어 500~600(㎠/v · sec)로 되면 Si wafer 상에 만든 IC와 같은 것을 유리기판상에 만드는 것이 거의 가능해졌다. 이로써 유리기판상에 구동용 IC는 물론 주변 IC(예를 들면 CPU, Memory 등)를 탑재할 수 있게 되어 LCD 기판에 LSI가 일체로 된 System On Glass (SOG)가 실현되게 되었다.

Sharp와 반도체에너지연구소는 공동으로 유리기판상에서 동작하는 8bit 마이크로프로세서 <Z80>을 CGS(Continuous Grain Silicon : 연속입계 Si) 기술을 이용하여 개발하였다.

이 연구에 의해 LCD부와 액정 Driver IC를 시작으로 하는 주변의 기능부품뿐만 아니라 CPU, Memory, 화상의 압축, 신장처리회로 등의 정보처리회로를 동일 유리기판상에 일체로 형성하는것이 가능하게 되었다.

2.13.2 미래의 액정 디스플레이 재료

(1) 플라스틱 액정

액정을 사이에 넣은 유리기판 대신에 투명한 특수수지로 만든 플라스틱 기판을 이용하는 것이 플라스틱 액정이다. 플라스틱 액정은 종래 유리기판의 LCD와 비교하여 경량, 얇은형, 내충격성이 필요한 Mobile 기기에 적합하다.

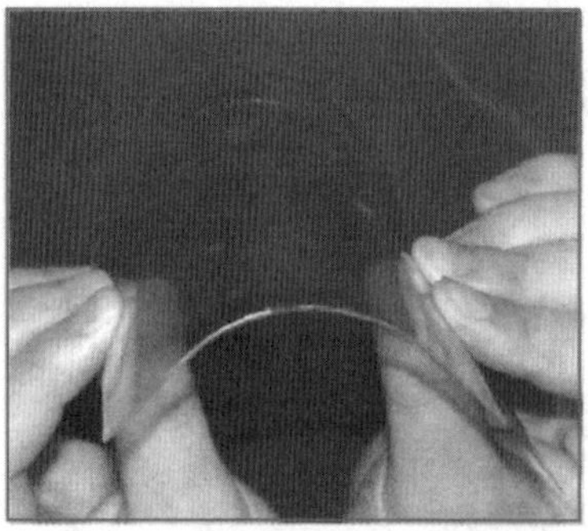

사진제공 : NHK방송기술연구소

【그림 2-52】 플라스틱 액정 디스플레이

특히, 고내구성이 있고, 굽힌 강도가 약 10배 정도이므로 종이처럼 자유자재로 구부릴수 있어 장래의 전자 종이로서 가능성을 갖고 있다. 또, 경량, 박형(얇은형)이므로 휴대정보단말기, 휴대전화, 휴대 게임기 등 휴대전자기기에 적합하다.

그러나 플라스틱은 유리기판과 같이 400℃까지 온도상승이 안되고(150℃ 이하), 제조상의 어려움, 가격상승 등의 문제점이 있다. 또 플라스틱 재료이기 때문에 수분방지 대책이나 접착성의 문제, 그리고 상처(긁힘)에 대한 고려도 필요하다.

(2) 강유전성 액정

강유전성 액정은 종래의 Nematic 액정이 외부 전계에 의해 전기 쌍극자를 발생하는 것에 비하여 강유전특성(원래 쌍극자를 가지며, 즉 자발분극을 가지는 물질을 강유전체라 한다.)을 가진 액정재료이다. 이 자발분극을 가진 것이 Nematic 액정과 비교해서 고속 응답하는 이유의 하나이다. 또, 전압을 0V로 하더라도 그 상태를 유지하는 메모리 기능도 갖고 있다.

강유전성 액정재료는 응답속도가 종래 액정재료에 비해 1000배 정도의 고속성(10~100us)을 나타내며 시야각이 넓고, contrast가 큰 특징이 있어 동화상용의 대형 TV용으로 크게 기대되고 있다. 그러나 액정 재료의 본질적인 문제나(층상구조를 균일, 안정하게 유지하기 어려움) 생산기술이 어려워 개발이 늦어지고 있다.

2.13.3 3D LCD 디스플레이

3D 액정은 전용 안경 없이 실제적인 입체 표시를 볼 수 있는 LCD이다. 더구나 종래 평면표시(2D)와 입체표시(3D)를 교체해 가면서 볼 수 있다. 3D 액정의 원리는 LCD에서 나오는 광의 진행방향을 스위치 액정에 의해 제어해서 좌우의 눈에 다른 화상이 보이도록 함으로써 전용 안경 없이 입체표시를 실현하고 있다. 이미 휴대전화 등에 탑재되어 실용화되어 있다.

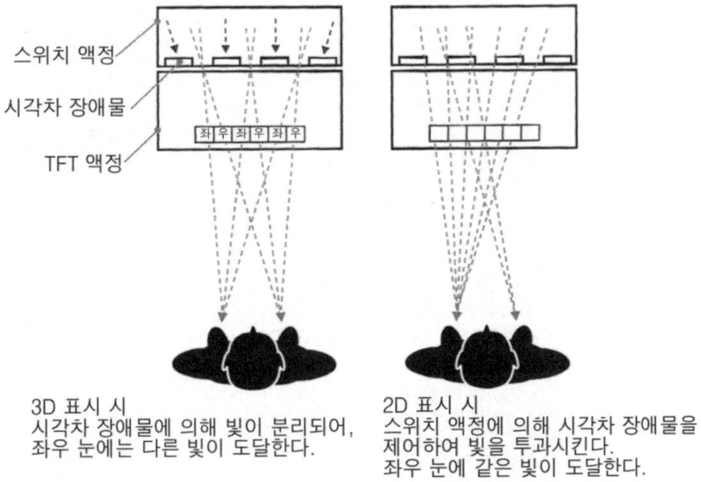

【그림 2-53】 3D와 2D 디스플레이

제3장 Plasma Display

3-1 플라즈마 디스플레이 개요

PDP(Plasma Display Panel)란 외부에서 인가된 에너지에 의해서 이온화된 기체를 의미하는 플라즈마를 이용한 소자이다. 일반적으로 조명용 형광등 내에서도 플라즈마 특성을 가지고 있다. 이러한 플라즈마 상태에서는 기체의 종류에 따라 자외선(UV : Ultra Violet), 가시광선(Visual Light), 적외선 (IR : Infra Red) 등이 발생하며, 이 중에서 주로 자외선이 형광체에 의해서 에너지를 변환 후 가시광이 되는 원리를 이용한다.

PDP의 역사를 살펴보면, 1927년 Bell Telephone Lab에서 네온 가스 방전을 이용한 50×50의 해상도를 가지는 표시 장치 개발하였으며, 1940년대에는 Bacon, Pollad의 Dekatron Tube이 개발되었고, 1960년대에는 Matrix형 DC-PDP, 1964년에는 Bitzer와 Slottow (Illinois 대)에 의하여 AC형 전극 구조가 탄생하였다. 1990년대에는 Fujitsu사에서 3전극 면방전형 AC-PDP 구조를 개발하였으며, 1995년 역시 Fujitsu사에서 42 인치 AC-PDP 발표하기에 이르렀다. 그 후 현재까지 지속적인 기술 발전으로 인하여 일본의 Matsushita 사에서 150인치 PDP TV 개발되었다.

PDP는 구동 방식에 따라서 크게 DC-PDP와 AC-PDP로 구분이 가능하다. DC-PDP는 전극이 방전 공간에 노출되어 있어 전극이 이온 충격에 의해 손상되어 수명이 짧으며 각각의 셀마다 전류 제어용 저항이 필요하여 더 이상 연구되지 않고 있으며, AC-PDP는 전극이 유전체로 덮혀 있어 수명이 길며, 유전체가 저항 역할을 하기 때문에 저항이 필요 없고 현재 상용화 된 형태로써, 계속 연구 개발이 진행되고 있다.

PDP TV는 digital 방송(고화질 High Vision 방송)용의 TV로 요구되는 대화면, 고품질 그리고 얇은 두께가 실현되었으며, 기존의 브라운관(CRT)과는 명확히 차별화된 제품으로 현재 널리 사용되고 있다.

3.1.1 PDP 특징

PDP의 최대 특징은 같은 자체 발광형인 CRT와 비교하여 10cm 이하로 얇게 될 수 있고 평면의 대화면(60~80inch) 제작이 쉽다. PDP는 얇고 가벼우며, 자체 발광형으로 박진감 현장감 있는 화상 구현이 가능하고, 더욱이 구조가 간단하며 대화면 평면 디스플레이를 쉽게 제작할 수 있어, 일찍부터 HDTV(고선명 TV)에 적합한 디스플레이로 인식되어 왔다.

백라이트를 이용하는 액정 TV와 비교하면 PDP는 자체 발광형이므로 좌우 넓은 범위에 걸쳐 깨끗하고 아름다운 화면을 볼 수 있다. 좌우 볼 수 있는 각도를 시야각이라 하며, LCD의 경우 좁은 시야각이 문제가 될 수 있으나, PDP 경우는 수평, 수직 어느 쪽으로도 160° 이상의 광시야각을 갖고 있으므로 화상의 찌그러짐이나 불균일성이 없다. 또한 지구 표면 자기장의 영향을 받지 않고, 온도의 영향이 거의 없으므로 극한상황에서 다른 디스플레이에 비해 훨씬 유리하다고 할 수 있다. 특히 화면 교체시간이 액정 TV보다 10배 이상 빠르므로 동화상 표시에 가장 알맞은 TV라고 할 수 있다. 더욱이 dot matrix 방식에 의한 고정화소(PDP는 고정 화소의 표시 화면이 면 발광하는 디스플레이이다. 이것에 대해 CRT는 형광면에 전자 빔이 점순차 스캔하게 되며 이 전자 빔이 조사된 영역이 발광하는 디스플레이이다. CRT는 고정화소는 아니다.)에서 영상 표시 방식이기 때문에 밝고, 색 편차나 화면의 비뚤어짐이 없고, 자계의 영향은 전혀 받지 않아 대화면, 고화질 영상에 가장 적합한 TV라 할 수 있다. 또한 PDP는 구조에서 볼 수 있듯이 상하판 유리로 구성되어 있고, 구동 회로부를 설치하여도 그 두께가 10 cm 이내라는 점과 그 무게가 다른 디스플레이에 비해서 상당히 가벼우면서 대형화가 가능하다는 장점을 가지고 있다. 이러한 여러 가지 특징들을 고려했을 때, 차세대 가정용 디스플레이를 포함한 대형 디스플레이 분야에서 PDP는 아주 높은 가능성을 가지고 있다고 이야기할 수 있다.

[표 3-1]에서는 현재 여러 가지 디스플레이에 대한 장단점을 나타내고 있다. PDP의 장점은 얇은 두께와 가볍기 때문에 대화면 TV에 적합하며, 또한 자발광이기 때문에 높은 색 재현성과 넓은 시야각을 가지고 있으며, 빠른 응답속도로 인하여 고화질에 매우 유리하다. 간단한 셀 구조는 고화질 구현에 더욱 적합하게 된다. 한편 이러한 장점에 비하여 낮은 발광 효율로 인하여 높은 소비 전력 및 발열이 생기며, 방전에 의한 열화 현상 등은 아직 해결해야 할 문제로 남아 있으며, 고효율을 위한 재료, 구조 및 구동 방법에 관한 연구를 통하여 소비 전력 절감을 위한 기술이 지속적으로 개발되고 있다.

【표 3-1】 디스플레이 비교

구분	CRT (브라운관)	평판 디스플레이		
		TFT-LCD	PDP	유기EL
장점	고화질 저가격	경량/박형 저소비전력 고해상도	박형 대형크기	경량/박형 저소비전력 고선명/고속응답
단점	부피 전자파 Size 한계	가격	가격 소비전력 저효율/온도	수명 size
크기(현수준)	10″~40″	40″이하	32″~80″	20″이하
개발단계	성숙	양산/성장	양산/성장	연구 개발
적용분야	모니터/TV 등	노트북, 모니터/TV PDA	벽걸이 TV	PDA (향후 모니터)
연구기술	평면/고정세	대형화 응답속도 개선 광시야각 확보	저가격화 고휴율	기술개발(수명) 대형화

[표 3-1]에서는 현재 여러 가지 디스플레이에 대한 장단점을 나타내고 있다. PDP의 장점은 얇은 두께와 가볍기 때문에 대화면 TV에 적합하며, 또한 자발광이기 때문에 높은 색재현성과 넓은 시야각을 가지고 있으며, 빠른 응답속도로 인하여 고화질에 매우 유리하다. 간단한 셀 구조는 고화질 구현에 더욱 적합하게 된다. 한편 이러한 장점에 비하여 낮은 발광 효율로 인하여 높은 소비 전력 및 발열이 생기며, 방전에 의한 열화 현상 등은 아직 해결해야 할 문제로 남아 있으며, 고효율을 위한 재료, 구조 및 구동 방법에 관한 연구를 통하여 소비 전력 절감을 위한 기술이 지속적으로 개발되고 있다.

PDP TV의 또 다른 특징은 PDP의 휘도는 대화면이 될수록 밝게 할 수 있다. 현재 기술로는 40inch 이상에서는 PDP가 LCD보다 밝으며 PDP의 수명은 약 30,000시간이다. PDP의 화면표시 면적은 CRT보다 크다. (35inch로 비교하면 약 15% 크다) 이것은 CRT 표시가 형광면에 전자 빔을 쏘는 것에 대해 PDP는 평면적인 dot matrix로 구성되어 있기 때문이다. 따라서 가장자리 부분에서 왜곡이나 화질 저하가 없다.

한편 PDP의 소비 전력은 CRT와 동일 정도이며 금후 소비 전력은 더욱 낮아질 것으로 생각된다. PDP의 중량은 CRT의 약 1/2~1/3 정도이고, 두께는 10cm 이하로서 벽걸이 TV로서 잘 알려져 있다.

3.1.2 PDP 시장 현황

현재 삼성SDI, LG전자, Matsushita (Panasonic)이 세계 PDP 시장의 50%이상을 점유하고 있으며, 40″ 이상의 평판 디스플레이 시장에서 LCD TV와의 경쟁으로 인해 패널 가격이 많이 하락하고 있다. 40″대 시장에서는 LCD와 PDP가 비슷한 점유율을 가지고 있으며, 50″ 이상의 TV 시장에서는 PDP가 우세한 상황이며, LCD 대비 화질 및 가격 경쟁력을 위한 연구가 활발히 수행 중에 있다.

【그림 3-1】 대형 PDP

[그림 3-1]에서는 Matsushita에서 개발한 가장 큰 150 인치 PDP 사진을 보여주고 있다.

3-2 플라즈마(Plasma)란

물질의 상태는 고체, 액체, 기체와 같이 주어진 조건에 따라 변하게 된다. 이러한 상태의 변화는 온도변화에 의한 분자들의 운동 에너지의 변화에 따른 것이다. 일반적으로 고체 상태에서 에너지를 얻으면 액체가 되고, 더 많은 에너지를 얻으면 기체가 된다. 이러한 세 가지 상태 외에 플라즈마라는 상태가 있다. 플라즈마란 그리스어에서 비롯된 것으로 1930년 미국의 랭뮤어가 전기를 방전할 때 생긴 이온화된 기체에 붙인 것이 최초이며 물 H_2O의 경우를 예로 들어 플라즈마 상태를 설명하면, 0℃ 이하에서는 고체, 0℃~100℃에서는 액체, 100℃ 이상에서는 기체가 된다. 만약 온도가 수천, 수만 ℃이상이 되면, 열전이에 의해 H와 OH 혹은 2H와 O 등으로 나누어지는 해리(Dissociation) 과정을 거쳐 중성분자가 거의 없는 플라즈마 상태가 되며, 양이온과 전자로 나누어지며 전체적으로 중성이 유지된다. 전기적 중성이 유지 되고 있는 전리 기체를 플라즈마라고 정의할 수 있다.

3-3 방전현상

PDP에서 나오는 가시광은 플라즈마 방전에 의해 발생된 자외선이 형광체에 입사되어 발생한 광이다. 플라즈마 발광하는 PDP의 하나하나의 화소는 가정용 형광등과 같은 원리의 것이 극소화한 것이라 볼 수 있다. [그림 3-2]와 같은 평행 평판 전극 간에 기체를 넣고 전압을 가해 주면 [그림 3-3]과 같은 방전 과정이 반복된다.

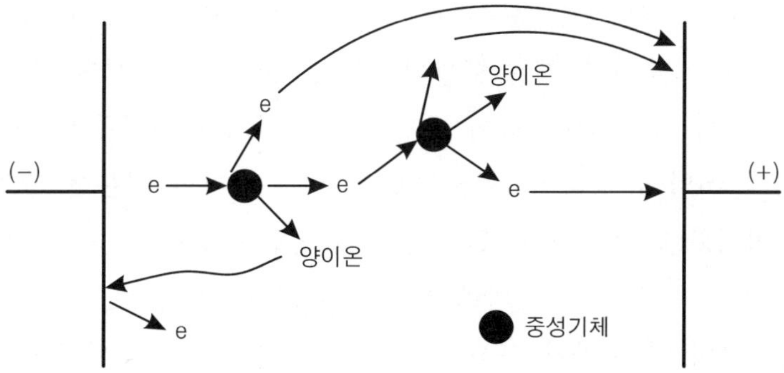

【그림 3-2】 방전 현상

전극 간에 전압을 가하게 되면 기체 중에 존재하는 전자가 (+)전극 쪽으로 가속되며 (1) 과정에 해당된다. 이렇게 가속되어 고속이 된 전자는 (2) 과정과 같이 중성 기체와 충돌하게 되며 이때 충돌로 인하여 중성 기체는 (4) 과정과 같이 (+)이온과 전자로 분리(전리)되거나 (3) 과정과 같이 중성 기체의 최외각 전자가 에너지가 높은 level로 상승(여기 과정)하게 된다. 여기서 발광에 필요한 자외선은 여기 과정 후에 나타나게 된다. 즉, 여기 과정에서 높은 에너지 준위로 올라갔던 전자가 자기 자리로 돌아오면서 남는 에너지를 자외선으로

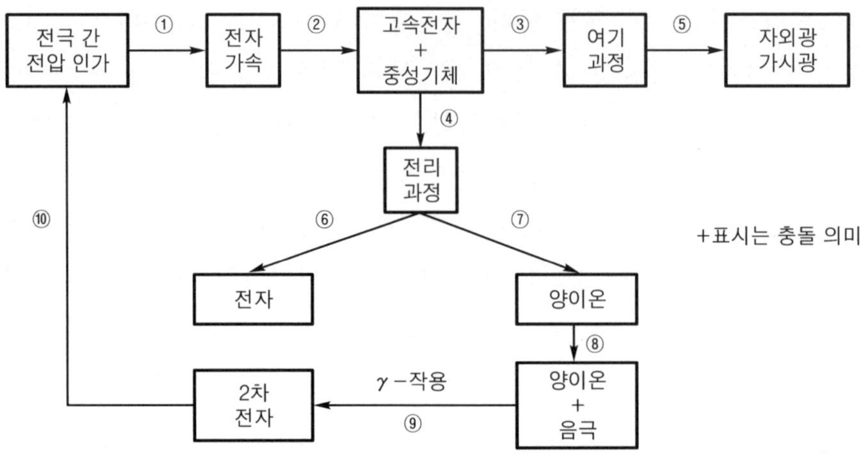

【그림 3-3】 방전 과정

방출하며 이 자외선이 형광체와 부딪치면 가시광선이 된다. 실제로 이러한 가시광선을 이용하여 원하는 색을 만들 수 있다. 한편 (4) 과정을 통하여 전리 과정에서 탄생된 전자와이온은 여기 과정에 다음과 같이 기여하게 된다. 즉, 전자는 (10) 과정을 통하여 전극 간의 전압에 의하여 다시 가속되어 (1) 과정부터 시작하여 위의 과정을 반복하게 되며, (+)전극에 도달하기까지 중성인 기체와 계속 충돌하여 여기 혹은 전리 과정을 수행하게 되며 최종적으로 양극에 도달하면 전자의 역할은 끝난다. 즉, 전자의 입장에서만 보면 모든 방전은 끝난다. 그러나 (+)이온이 아직 남아 있어 방전이 계속되도록 도와주게 된다. (+)이온은 (8) 과정과 같이 전극간 전압에 의하여 (-)전극으로 가게 되지만 이온은 덩치가 커서 중성인 기체와 충돌해도 여기와 전리를 거의 일으키지 않는다. 그러나 최종적으로 (-)전극과 충돌하는 에너지로 인하여 음극 표면 근방에 있던 전자가 (-)전극 표면에서 탈출하게 되는데 이를 2차 전자라고 하며 이 전자가 다시 (+)전극을 향해 가속되면서 중성인 기체와 충돌하여 전리 및 여기를 반복하게 된다. 방전이란 그림과 같이 전극에 전압을 가하면 전극표면에 (+)와 (-) 전하가 충전된다. 어느 정도 전압을 올려 주면 위에서 말한 과정을 통하여 전극 간에 존재하는 전자와 중성인 기체가 충돌하여 중성 기체는 (+)이온과 (-)전자로 분리된다. 이 분리된 많은 (+)이온은 (-)전극으로 가서 (-)전극에 있던 (-)전자와 결합하여 중성이 되어 점차 (-)전극에 있던 (-)전자는 소멸하게 된다. 한편 (+)전극에는 (-)전자가 다가와 중화되므로 (+)전극의 (+)전하도 점차 소멸하게 된다. 이와 같이 전극에 있던 전하가 사라져 가는 현상을 방전이라 한다.

3.3.1 방전의 α, β-작용, γ-작용, 광전리, 재결합

방전공간에 있어서 전자가 기체분자와 충돌해서 전리하는 작용을 α-작용이라 한다. α는 전자의 충돌전리계수 혹은 Townsend가 그의 방전개시 이론에서 처음 도입한 개념으로 Townsend 제 1 전리계수라고 한다. 이것에 대하여 양 이온이 기체분자와 충돌해서 전리시키는 작용을 β작용이라 한다. α작용에 비해 β작용은 아주 적다. α는 1개의 전자가 전계에 의해 1cm 진행하는 사이 전리하는 횟수(개수가 아님)이다. 초기 n_0개라 할 경우 dx(cm) 진행시 생성되는 총 전자수 dn은 다음과 같이 나타낼 수 있다.

$$n = n_0 e^{\alpha x} \qquad \alpha : \text{충돌 전리 계수}$$

$$\frac{dn}{n} \propto \alpha \cdot dx \rightarrow = k\alpha dx \qquad a : \text{진행거리(cm)}$$

$$n = ke^{ax} \qquad x = 0 \rightarrow n = n_0 \qquad \therefore n = n_0 e^{\alpha x} \qquad dx : \text{진행거리}$$

여기서, α는 충돌전리계수이다.

양 이온, 여기상태의 원자·분자, 광자 등이 음극에 입사하면 전자가 방출된다. 이 작용을 γ-작용이라 한다. 방전 시에는 α-작용과 γ-작용이 그 주역을 담당하게 된다. γ계수 혹은 Townsend 제2전리 계수라고도 한다.

γ는 1개의 이온이 음극에 충돌했을 때 방출되는 전자(이것을 2차 전자라고 한다)의 수이고 2차 전자방출계수라 부르고 있다. γ=0.01 이라는 말은 이온이 100개 음극에 입사하여 1개의 2차 전자를 방출하는 경우이다. 전극표면의 흡착가스 등 오염 정도에 따라 γ값은 크게 변화하므로 주의를 요한다. 한편, 원자 · 분자가 광자(photon $h\nu$) 에너지를 흡수해서 전리하는 것을 광전리라 한다. 이는 α작용에 비해 현저히 낮다. 또한 (+),(-)의 하전입자가 결합해서 중성입자로 되돌아오는 현상을 재결합이라 한다. 재결합은 전자+양이온, 부이온+양이온의 재결합이 있다. 일반적으로 뒤쪽 것은 거의 발생하지 않는다.

3.3.2 방전 개시전압과 지속 방전 조건

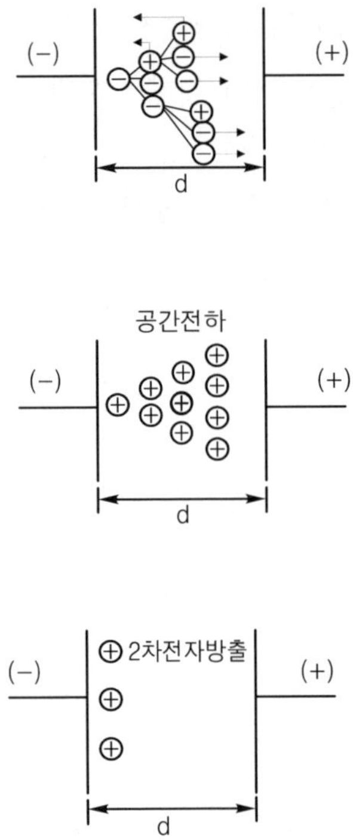

(a) 전압 인가

(b) 전자붕괴(electron avalache) 성장 → 1차 전자
(Vf도달) 1개의 초기전자 당 양극 표면(도달직전)
전자수

기본식 $n = n_0 e^{\alpha x} = e^{\alpha d}$

1개 전자에 의해 전자 붕괴에서 생긴 순수 전자수
$= e^{\alpha d} - 1$ (총 생성 ion수 $= e^{\alpha d} - 1$)

(c) 속도 빠른 전자는 양극으로 흘러가고 무거운
(+) ion만 (−) 전극쪽으로 서서히 이동

(d) 이온이 음극과 충돌하여 전자 방출(called 2차 전자) (음극 표면에서 전자 방출 γ −작용)
다시 충돌 전리로 이어짐. 이 2차전자 때문에 계속해서 방전이 된다.

【그림 3−4】 방전개시 전압과 지속방전 조건

[그림 3-4]와 같이 거리 d의 전극 간에 비교적 낮은 가스압 P의 기체를 봉입하고 양극간 전압을 서서히 상승하면, 회로 전류로는 검출 안 될 정도의 미약한 전류 값에서 돌발적으로 증가하여, 마치 ∞의 지항이 갑자기 short된 것처럼 외부 회로 저항으로 정해진 큰 전류가 흐르게 되고, 전극간은 발광한다. 이것을 방전이 개시되었다고 한다.

이온에 의해 발생한 2차 전자수가 초기 전자 수 이상으로 되면 전자는 증폭되게 되고 더 이상 초기전자는 없더라도 전류는 더욱 증가할 것이다. 다시 말하면, 한 개의 전자로부터 방전 과정이 시작한다고 가정하면, 한 개의 전자가 d 만큼 전진한 후 총 생성된 이온 수는 $(e^{\alpha d} - 1)$이 된다. 이렇게 생성된 이온이 (-)전극에 충돌하면 총 생성된 이온수 $(e^{\alpha d} - 1)$에 γ계수 혹은 Townsend 제2전리 계수를 곱한 $\gamma\ (e^{\alpha d} - 1)$ 만큼의 2차 전자가 발생된다. 이러한 경우 계속해서 방전이 지속되기 위한 조건은 이렇게 발생된 2차 전자가 초기 조건인 전자 한 개 보다 많으면, 즉 최소 전자 한 개 이상 발생된다면 위의 과정을 반복할 수 있고 방전개시(스스로 방전유지)가 가능하게 되므로 이때를 자속 방전(Self-sustain discharge)라 한다. 그 조건은

$\gamma\ (e^{\alpha d}-1) \geq 1$ 로 나타낼 수 있다. 여기서, 총생성 이온수는 $(e^{\alpha d}-1)$이고, 발생된 2차 전자 총수는 $\gamma\ (e^{\alpha d}-1)$이다.

3.3.3 방전 특성

(1) DC Glow 방전과 그 특성

글로우 방전은 네온사인에서 볼 수 있는 바와 같이 아주 부드러운 광을 동반하는 방전이며, 압력이 수 Torr정도(수~수백 Torr 까지 가능)인 저기압 가스에서 일어나기 쉬운 방전이다. 그러나 전류가 점차 증가하면 아크(arc) 방전으로 된다.

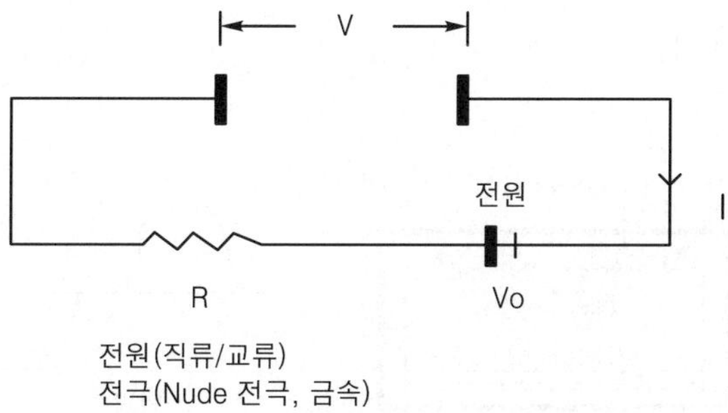

【그림 3-5】 DC 방전 회로

[그림 3-5]에서와 같이 전원전압(여기서 직류라 생각하자)을 가하여 점차 상승시키면 전극 간에 불꽃(spark) 방전이 일어나면서 전극간은 거의 short 상태로 된다. (R은 short시 전원은 보호하기 위한 안전저항이다) 이 과정은 아주 빠르게 일어나지만 V-I 방전 특성을 관찰하면 [그림 3-6]과 같다. 이때 V는 전원 전압이 아니고 전극 간에 나타나는 전압이다.

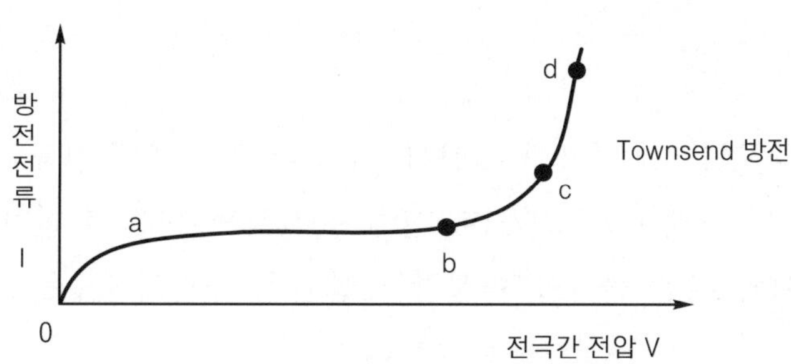

【그림 3-6】 전압-전류 특성

방전특성을 구간별로 정리하면 다음과 같다.

oa : 전압상승으로 인한 우존 하전입자들 가속에 의한 전류증가분

ab : 전리 없이 우존 입자에 의한 포화전류

bc : 충돌전리 작용은 다소 있으나 자속방전 안됨

cd : 자속방전조건을 만족하여 방전전류가 급격히 증가하는 영역(arc 영역)

bcd : 이 부분 해석은 Townsend가 연구하여 밝혔으며 Townsend 불꽃 방전영역이라고 도 한다.

(2) AC PDP 한 개 cell의 방전특성 (AC 방전특성)

방전관의 방전 특성은 방전관에만 걸리는 전압과 방전전류의 상관관계를 나타낸 것이다. [그림 3-7]에서와 같이 AC PDP의 경우 인가전압이 AC의 형태로 가해지게 되며, 이러한 인가전압과 벽전하가 합쳐져서 방전 특성을 나타내게 된다. 벽전하에 대해서는 이후에 자세하게 설명하도록 하겠다.

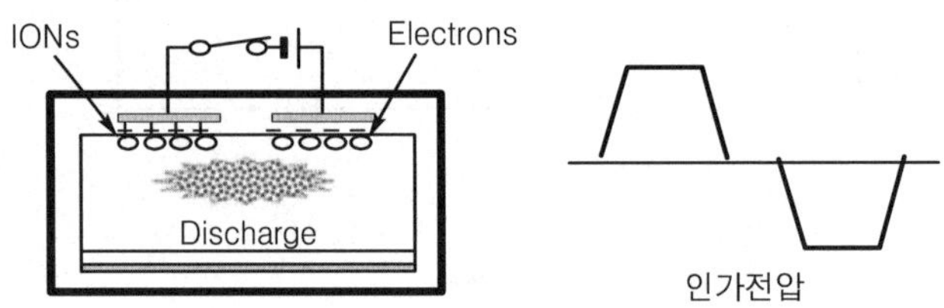

【그림 3-7】 AC 방전회로

3-4 PDP의 발광 원리

3.4.1 유전체

PDP는 유전체의 성질을 잘 이용하고 있다. 금속 전극 간에 유전체 (혹은 절연체)를 넣고 직류 전압을 가해주면 아래 [그림 3-8]과 같이 유전체는 (+) (-) 전기로 분리된다. 이것을 분극이라 부른다. 이와 같은 분극을 형성하는 물질을 유전체 (혹은 절연체)라 부른다.

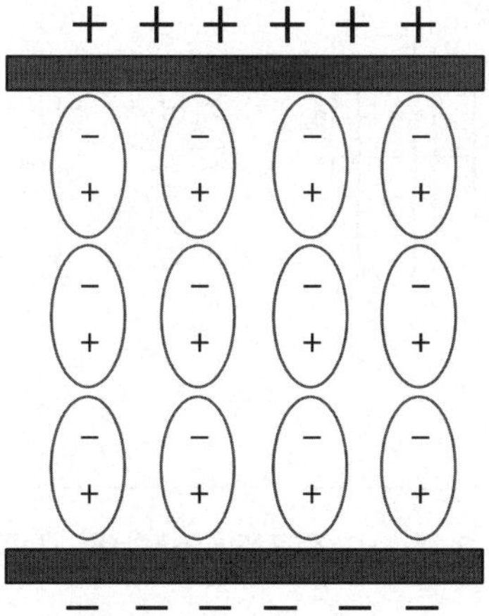

【그림 3-8】 유전체의 분극

유전체(dielectrics)는 절연체와 같은 의미이고 전기가 흐르지 않는다.

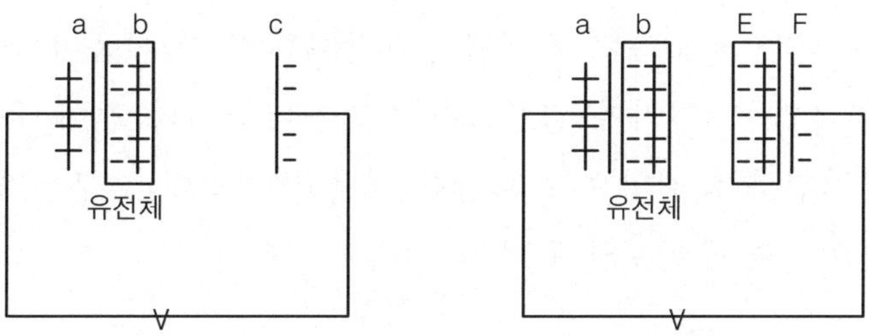

(a) (b)

【그림 3-9】 전극 속의 유전체

[그림 3-9]의 (a)와 같이 전극 a와 유전체 b로 코팅한 a b전극과 c전극을 마주 보게 두고 전압 V를 가해주면 ac 사이의 전압과 bc 사이에 나타나는 전압은 거의 동일하다. (b)그림의 경우는 af 사이 전압과 bE 사이에 나타나는 전압은 거의 동일하다. bE 사이에 전압이 나타나는 이유는 b의 (+)전하와 E의 (-)전하 때문이다.

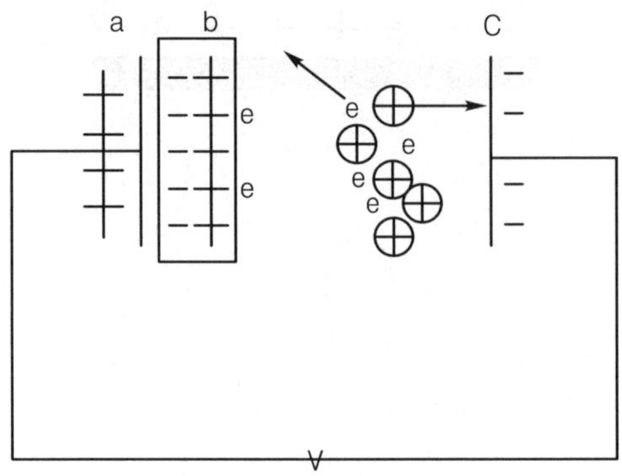

【그림 3-10】 전압이 상승에 따른 현상

[그림 3-10]과 같이 전압 V를 어느 값 이상 상승시키면 방전에 의해 bc 사이에는 전자 e와 (+) 이온이 다량 발생하며 이때 전자는 b쪽으로 (+) 이온은 c 전극 쪽으로 이동한다. c 쪽으로 이동한 (+)는 전극의 (-)전하와 재결합하여 사라진다. 그러나 b 쪽으로 이동한 전자는 b의 표면에 부착하여 정지한다. 왜냐면 유전체는 전기(전자나 이온 흐름)흐름을 허용하지 않기 때문이다. (역으로 c측에 유전체가 이동했다면 (+)이온이 유전체 표면에 정지하게 되며 전자는 a전극의 (+)전기와 결합하여 사라진다.) 이와 같이 유전체 표면에 정지한 전하를 벽전하, 이 벽전하를 전압으로 환산한 것을 벽전압이라 부른다. (전하량 Q와 정전용량 C, 전압 V 사이에는 Q=CV의 관계가 있다.)

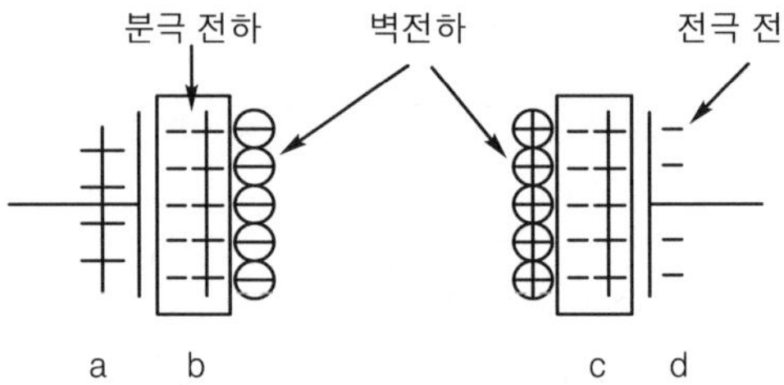

【그림 3-11】 벽전하 생성

[그림 3-11]은 양쪽 전극에 모두 유전체가 있고 전압을 점차 상승시켜 방전이 한번 발생하고 난 후 전하의 분포를 나타낸 것이다. 방전이 발생한 원인은 앞서 설명한 바와 같이 b의 (+) 전하와 c의 (-) 전하 때문에 bc 사이의 공간(이 공간을 방전 공간 혹은 방전 gap) 전압이 나타나고 이 전압이 어느 값 이상으로 되면 방전이 발생한다. 그러나 [그림 3-11]과 같이 벽전하가 쌓이면 벽전하 부호가 b, c의 (+)와 (-)전하와 반대이므로 방전 공간에서 (겉으로)보기에는 b 및 c의 (+)와 (-)전하와 결합하여 중화된 것처럼 되므로 b의 (+)전하와

c의 (-)전하가 감소한 것으로 나타나며, 그 결과 bc사이의 공간에는 전압이 적게 된 것과 같고 (V=Q/C 의 관계에서 Q가 V가 감소한 것으로 된다.) 이 전압이 방전 전압 이하로 되면 방전은 정지한다. 결국 PDP에 직류 전압을 가해 주면 1회 방전 후 방전 OFF 상태로 된다. 방전이 한번 일어나면 벽전하가 형성되며 전원 전압의 부호를 변경시키지 않는 한 벽전하는 계속 유지된다.(전원 전압 부호 바꾸면 다시 방전이 발생한다.) 이 벽전하는 후에 PDP구동에 아주 중요한 역할을 하게 되는데, 한번 방전한 것을 기억하고 있다는 의미에서 이 벽전하 형성 기능을 PDP의 기억 기능이라 부르고 있다.

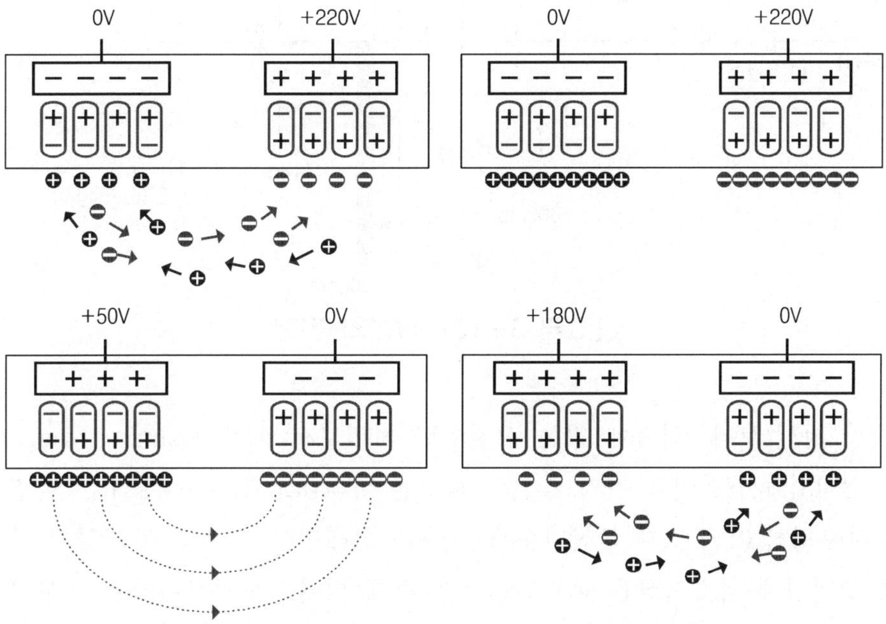

【그림 3-12】 전압 변화에 따른 벽전하의 움직임

[그림 3-12]에서는 벽전하가 생성된 후에 전압의 변화에 따른 전하의 움직임을 나타내고 있다. (a)에서는 전압 인가된 후 (+)극으로 (-) 전하가 이동하고 (-) 극으로는 (+) 전하가 이동하여 유전체에 벽전하가 발생되는 과정을 나타내고 있으며, (b)에서는 그 결과 발생된 벽전하를 보여주고 있다. (c)에서는 벽전하 생성 후 입력 전극을 (+)와 (-) 극성을 바꾸면 벽전하가 전기장의 영향을 받는 방향을 나타내고 있다. 마지막으로 (d)에서는 양 전극에 큰 전압이 걸리면 벽전하서 서로 이동하는 모양을 나타내고 있다. 이와 같이 방전 개시 전압보다 큰 입력 전압을 AC의 형태로 바꾸면 전압이 바뀔 때마다 1회 방전 후 멈추는 동작을 반복하게 된다.

3.4.2 AC PDP의 Glow 방전에서 나오는 자외선의 종류

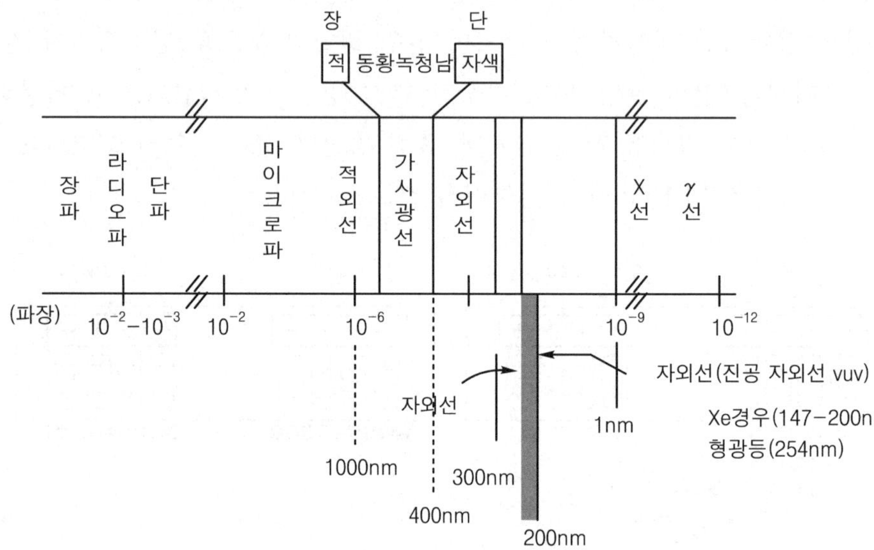

【그림 3-13】 광선의 파장

자외선이란 자색(보라) 외측에 있는 광선이란 의미로서 파장 400nm ~ 1nm 범위에 속한다. [그림 3-13]에서는 여러 가지 광선의 파장을 나타내고 있다. 대부분의 물질은 자외선에 대하여 불투명하고, 구조가 복잡할수록 흡수는 심해진다. 투과한계 파장의 개략치는 다음과 같다. 투과한계 파장이상은 통과하여 투명하게 되며, 그 파장이하는 흡수하여 불투명하게 된다. 일반 유리는 투과한계파장이 350nm으로 대부분의 자외선을 흡수한다. 즉, 자외선은 유리를 투과하지 못한다고 볼 수 있다. O_2는 195nm, O_3는 290nm, 수정은 200 ~ 180nm, H_2O는 185nm, LiF는 120 - 110nm (Xe의 147nm는 통과함)의 투과한계파장을 가진다. 따라서 공기 중 O_2나 O_3 때문에 자외선이 흡수되어 290 이하의 원자외선은 지상에 도달하지 않는다. 그러므로 원자외선은 산소 없는 진공 속에서만 유지 가능하므로 진공자외선 VUV(vacuum ultra violet)라 부른다.

3.4.3 유리와 자외선

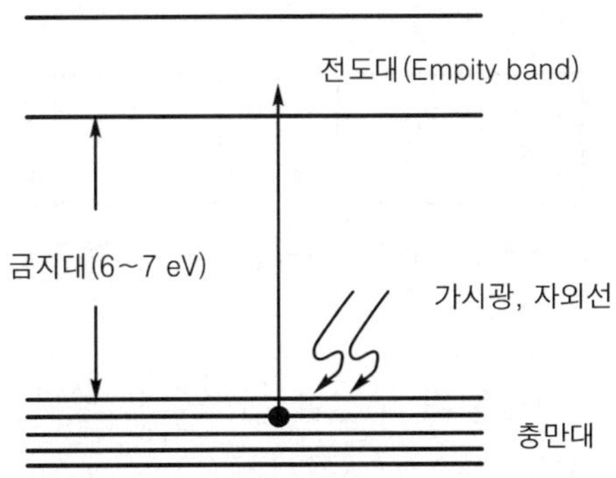

【그림 3-14】 유리의 band 구조

유리의 band 구조는 [그림 3-14]에 나타나 있으며 가시광의 경우의 가시광 에너지는 다음과 같이 구할 수 있다.

가시광 에너지 E = $h\nu$= 6.62×10 (J · ks) × 가시광 진동수 (~10 Hz) = 4.136 × 10 (eV · gs)×(3×10~8×10) (여기서 1eV = 1.6×10 J) ≒ 2~3 eV

이 에너지는 유리 금지대인 6~7 eV보다 적으므로 유리에 흡수되지 않고, 투과함. 즉, 창유리를 통해 바깥경치를 볼 수 있다. 다시 말하면 입사광 ($h\nu$)가 유리내의 전자를 여기 시킬 수 없었다는 것을 의미하며, 유리는 2~3 eV보다 큰 에너지 간격을 가지고 있음을 시사하고 있다.

자외선의 경우의 에너지를 구해보면,

자외선 에너지 E=hv= 4.136 ×10 (eV · ks)×(8×10~8×10Hz) ≒ 3 ~ 300 eV

일반 유리(규산염 유리)는 가시광 에너지보다 높은 자외선은 흡수한다. 이것은 유리 내 전자가 자외선 에너지를 흡수하여 위 그림과 같이 충만대의 전자가 전도대로 여기 되었음을 의미하며 이 경우 기저 상태로 되돌아올 때 남는 에너지는 격자진동으로 되어 결국 열로 변한다. 따라서 자외선 에너지의 경우 유리에 충분히 흡수될 수 있으므로, 투과되지 않으며, 가시광선의 경우는 흡수되기에는 적은 에너지이기 때문에 흡수되지 못하고 투과된다.

3.4.4 형광체

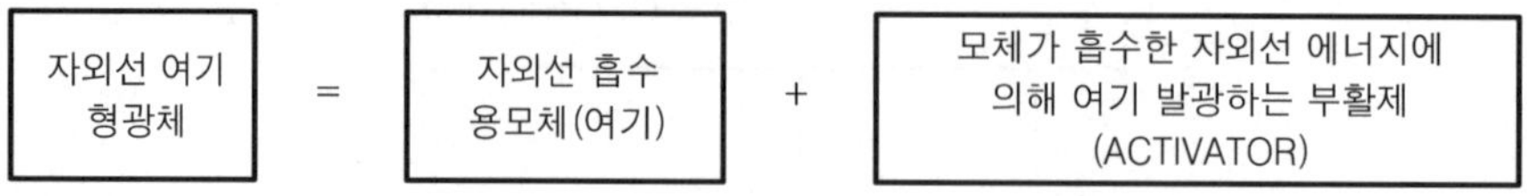

【그림 3-15】 자외선 여기 형광체

[그림 3-15]에 자외선 여기 형광체의 구성을 나타내고 있다. 발광과정은 항상 부활제 이온 내에서 일어나며, 발광색이나 형광의 감쇄시간 등은 그 이온 고유의 성질을 강하게 반영하고 있다.

형광체 발광 기구는 [그림 3-16]과 같은 과정을 거친다.

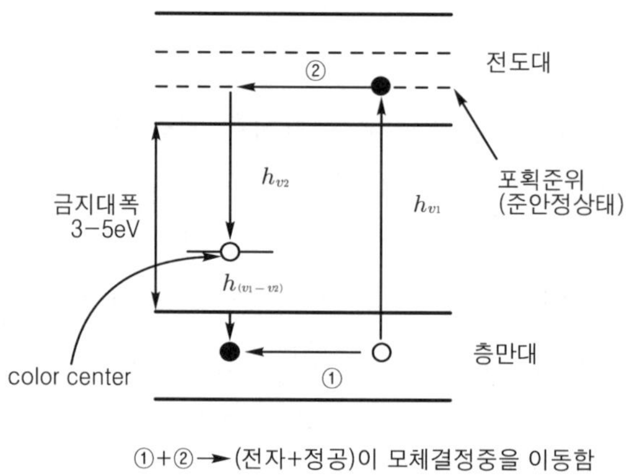

【그림 3-16】 자외선 여기 형광체

(1) 모체에서 자외선 입사 시 형광발생기구

형광체가 자외선 에너지를 흡수하면전자는 충만대로 부터 전도대로 여기 된다. 이때 전자 전공쌍을 만든다. 전자가 떠나 버리고 남은 정공은 ① 경로를 따라가서 불순물 준위 에 있는 형광 color center에 있는 전자와 결합(포획)하게 된다. 한편, 전도대 위로 올라간 전자는 ②경로로 가서 공백이 된 형광 color center의 위치로 이동하기 쉬운 상태로 된다. 전도대의 전자가 형광 color center로 이동할 때 h_{v2}인 에너지에 상당하는 형광을 방사하며, (h_{v1}-h_{v2})인 에너지는 열로 변환된다.

(color center : 이온결정의 격자결함에 전자(혹은 정공)이 트랩되어 만든 부분의 구조로서 광의 흡수를 동반한다. 가시광 영역에서 광의 흡수는 결정의 착색으로 나타난다.)

(2) 형광가시광선의 발생

이때 h_{v2} 형광의 파장은 항상 입력된 (자외선)파장보다 길게 된다. 여기서, 발생된 형광에 의해 부활제 이온이 여기 되고 이 여기의 자연 천이에 의해 가시광이 방출하게 된다. 부활제와 충돌하지 않은 전자정공쌍의 에너지는 격자진동에 의한 열로 변한다.

3.4.5 Color PDP용 형광체에 요구되는 성질

Color PDP용 형광체에 요구되는 성질은 다음과 같다.

(1) 양자효율이 높을 것
(2) 자외선에 대한 형광체의 포화가 적을 것
(3) 색순도가 NTSC에서 정한 3원색에 가까울 것
(4) 삼원색 혼합시 white balance가 잘 취해질 것
(5) 잔광이 짧을 것
(6) 3원색의 잔광이 같을 것

3.4.6 형광등, PDP, CRT의 발광 원리와 차이점

[그림 3-17]에서는 형광등, PDP, CRT의 발광 원리를 나타내고 있다. CRT가 전자빔 조사(照射)에 의한 발광임에 대해 PDP는 방전에 의한 발광이다. 형광등도 PDP와 비슷한 원리로 발광을 한다.

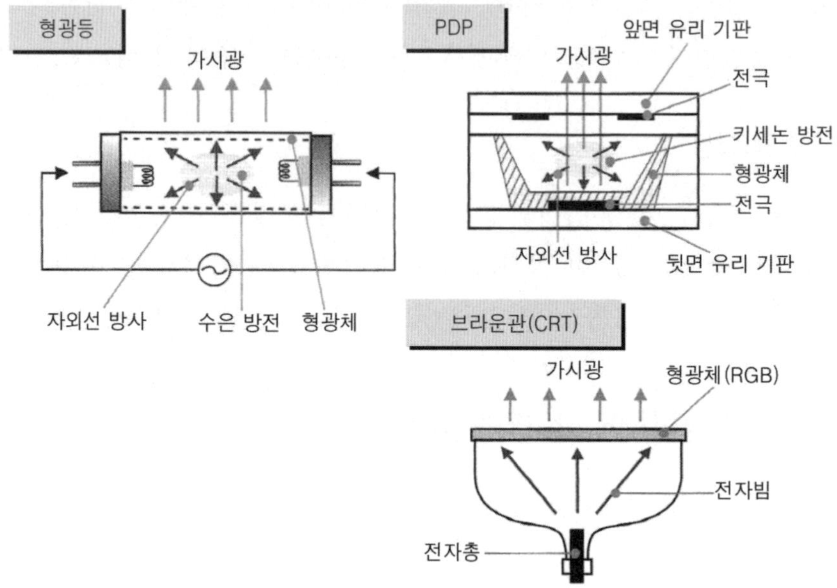

【그림 3-17】 발광 원리의 차이

3-5 PDP의 기본 구조

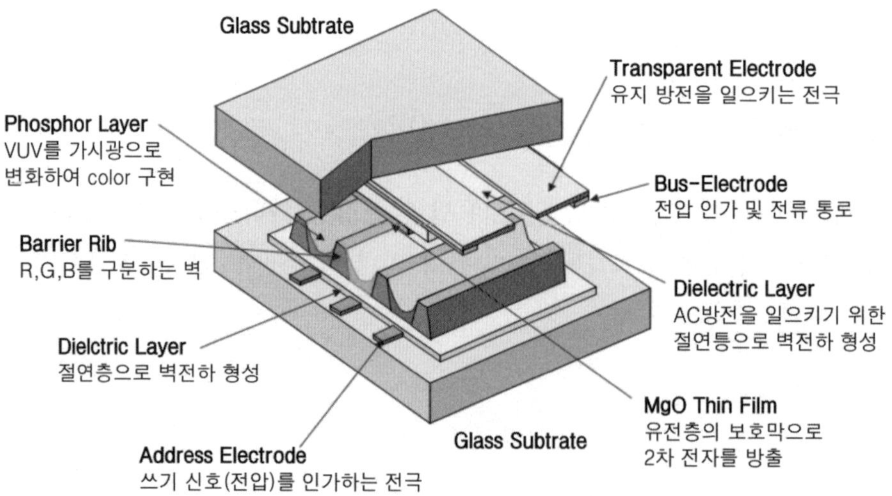

【그림 3-18】 PDP 셀의 구조

[그림 3-18]에서는 PDP 셀의 구조를 나타내고 있다. PDP는 극소 형광 램프 수백만 개를

매트릭스상으로 배치해서 구성하고 있다. 예를 들면, XGA 타입이라면 1024×768 화소로 구성되므로 RGB를 나눠 생각하면 이 3배의 방전 Cell로 구성된다. 즉, 총방전 Cell(극소 형광램프)의 개수는 1024×768×3 = 2,359,296개로 구성되어 있다. 모든 Cell에는 Ne+Xe 등의 혼합 불활성 가스가 봉입되어 있다. 각 화소에는 R, G, B 3개의 형광체를 도포해 두고 있다.

이 PDP Cell은 전면 Glass 기판(Front Glass, 발광표면으로 주방전 표시전극, 유전체, 유전체 보호층 MgO로 구성됨)과 후면 Glass 기판(Rear Glass, Data 전극) 사이에 100~130um 정도의 간격을 만들어 주어 이 공간 내에서 방전을 발생시키고 있다. 이 간격을 만들어주는 벽을 격벽(Rib)이라 부르고 있다.

각각의 구성 요소와 기능은 다음과 같다.

(1) 유지 방전 전극(Transparent Electrode) : 전면기판에 있는 유지 방전에 사용되는 전극으로 투명 전극을 사용하는데 휘도와 전류 조절에 직접적인 역할을 한다. 두 전극 중 하나는 scan 기능을 하는데 이를 보통 Y-전극이라 부르고 다른 유지전극을 X-전극이라 부른다.

(2) Bus 전극(Bus Electrode) : 전압을 인가하는 기능 및 구동 회로로 전류가 통하는 매개체이다. Bus 전극은 보통 도전성이 좋은 Ag, Cu 등의 불투명 금속재료로서 가시광 투과를 차단하는 요소이자만 외부에서 입사하는 빛의 반사를 줄이는 기능도 한다.

(3) Black Stripe (또는 Black Matrix) : 가시광이 나오지 않는 영역에 설치하여 휘도 손실은 없애면서 외광반사를 줄이는 기능을 하는 것이 BS이다.

(4) 전면기판 유전층 : 유지 전극 위에 절연층이면서 벽전하를 형성할 수 있는 유전층으로 후면 기판에서 나오는 가시광을 투과하는 물성을 갖는다.

(5) 보호막 : 말 그대로 AC의 기능을 하기 위한 유전층이 이온 충격 등에 의해 파손되는 것을 방지하는 보호막 기능이고, 다른 하나의 기능은 이온 충격 시 막에서 2차 전자를 방출하여 낮은 전압 구동 및 방전 안정성을 향상시키는 것이다.

(6) Address 전극 : 방전 셀의 동작 On-Off를 결정하고자 쓰기 방전(또는 지우기 방전)의 신호 공급을 하는 전극이다.

(7) 후면기판유전층 : Address 전극 위에 절연층이면서 벽전하를 형성하는 층인데, 형광체에서 생성된 가시광을 반사하는 기능도 가지고 있다.

(8) 격벽(Barrier Rib) : 색의 조합을 위해 한 화소에 R, G, B를 구별할 수 있게 하는 벽으로서 두 기판 사이에서 공간을 만드는 역할을 하므로 격벽에 의해 방전할 수 있는

공간의 높이나 폭이 결정된다.

(9) 형광층(Phosphor Layer) : 격벽으로 구분된 방에 빛의 3원색인 R, G, B 형광체가 도포되는데, 후면기판의 Address 전극 위에 위치하므로 형광층 역시 유전층의 역할을 한다.

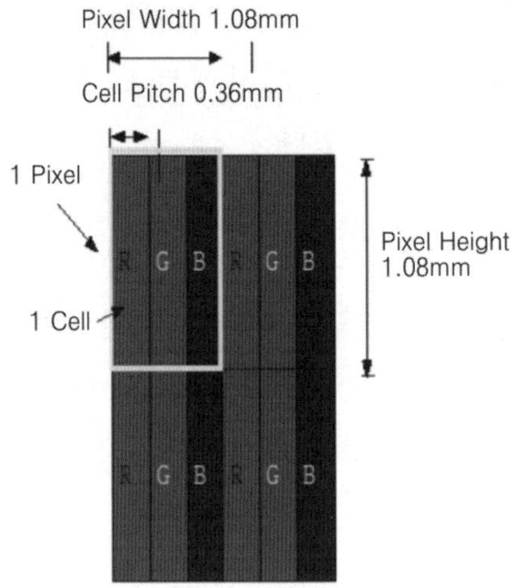

【그림 3-19】 픽셀의 구성

[그림 3-19]에서는 PDP에서 픽셀이 나열되어 있는 것을 보여주고 있다. 그림과 같이 R, G, B가 하나의 묶음으로 구성된 하나의 픽셀이 가로와 세로로 배열을 이루고 있으며, 이러한 픽셀들이 모여서 하나의 패널을 구성하게 된다. 원하는 색상을 만들기 위하여 R, G, B 중에서 필요한 색상을 조합하게 된다. 즉, 파란색을 원하는 경우에는 B만 ON을 시키고, 나머지는 OFF을 시키면 파란색을 얻을 수 있다. 붉은 색과 녹색도 똑같은 방법으로 만들 수 있으며, 동시에 두 가지 이상을 ON을 시키면 조합된 다른 색이 나온다. R, G, B의 각각의 밝기를 조정 단계에 따라 만들 수 있는 칼라의 종류가 결정된다고 볼 수 있다.

3.5.1 PDP 전극의 구성

PDP의 전극은 [그림 3-20]과 같이 배치되어 있다.

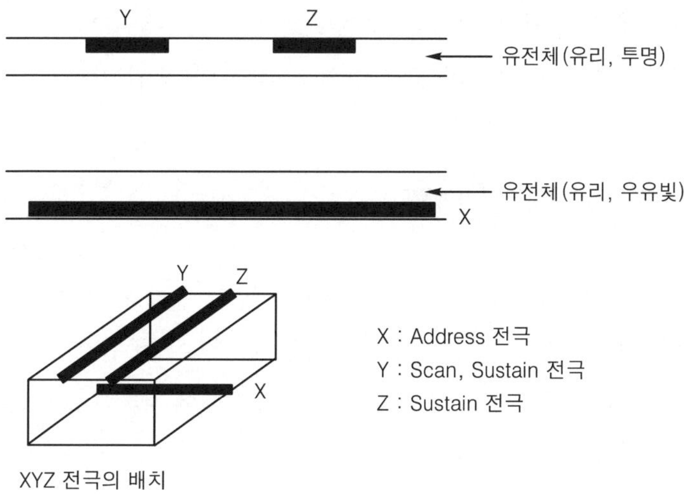

【그림 3-20】 픽셀의 구성

XYZ 전극의 쓰임새는 각각 다음과 같다. X 전극은 방송국의 명령 신호를 받아들이는 전극으로 Data 전극, Address 전극 혹은 Writing 전극이라 부르고 있다. YZ 전극은 X 전극에 신호가 있을 경우 방전을 일으키어 발광하게 하는 전극으로 주어진 subfield 중 sustain 기간 동안 방전을 유지하는 전극이라는 의미에서 유지전극이라 부른다. 더욱이 Y 전극은 scan 전극(주사전극, 혹은 sweep 전극)이라 부르며 X 전극에 들어오는 화면신호를 방송국 의도대로 화면 전체 각 cell에 ON, OFF 명령을 배치하는 역할을 담당하고 있다.

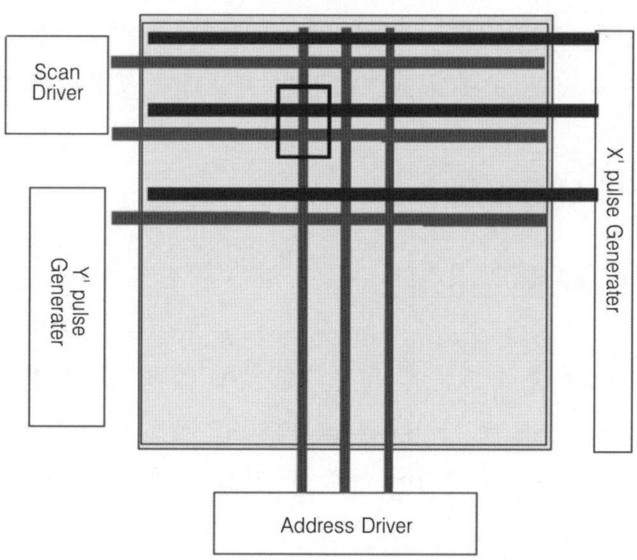

【그림 3-21】 패널 전체의 전극 배치

[그림 3-21]에서는 패널 전체의 전극을 보여주고 있다. X, Y, 그리고 Address 전극이 서로 교차되게 배열되어 있으며 신호의 교점에서 동작이 수행된다.

3-6 AC형 PDP와 DC형 PDP

PDP 화소의 발광에는 AC와 DC형이 있다. 이는 PDP 발광에 사용되는 전압구동방식에는 DC형과 AC형이 있기 때문이며, 개발초기에는 DC형이 주류를 이루었으나, 현재에는 AC형이 주류가 되고 있다. DC형의 전극은 동작 가스내에 완전히 노출되어 있기 때문에 다음과 같은 결함이 있음이 알려졌다.

(1) (+) 이온의 충격에 의해 음극이 비산되어 소모되므로 방전 불안정 및 비산된 음극재료가 형광체를 열화 시킨다. 아직 이 문제를 해결할 음극재료 개발이 되지 않고 있다.
(2) 형광체가 방전 플라즈마 속에 놓여 있어 이온이나 전자 충격에 의해 형광체가 열화 한다.
(3) 방전 형성 시 전극간이 short되면 곤란하므로 Cell 수만큼 방전저항을 넣어주어야 한다.

이상과 같은 결핍이 쉽사리 해결의 실마리를 찾지 못하고 있는 동안 DC PDP의 결핍을 완전 해결할 수 있는 AC PDP가 등장되었다. AC PDP에서는 전극을 절연물(유전체)로 코팅하여 전극의 소모를 막을 수 있었고, 형광체를 주방전에서 먼 쪽에 배치하여 형광체 오손을 막을 수 있게 하였다. 특히, AC PDP에서는 전극 구조 자체가 콘덴서로 작용하여 1/wc이라는 교류저항을 갖게 되므로 방전저항을 새롭게 넣어줄 필요가 없게 되었다.

그 결과 현재는 거의 모든 곳에서 AC PDP만 연구되고 생산되게 되었다.

3.6.1 AC PDP에서의 MgO 도입

AC PDP 방전에서 MgO를 도입하면 다음과 같은 이점이 있다.

(1) 주방전시 (+)이온의 충격 때문에 유전체가 닳아 없어지고 유전체 중의 Na등의 금속물질이 나와 전극을 Short 시킨다. MgO 박막을 약 5~6,000Å coating하여 유전체를 보호한다. MgO는 (+)이온 충격에 아주 잘 견디는 재료이다. 즉 MgO는 유전체 보호층으로 도입되었다.
(2) 유전체 자체는 2차 전자 방출계수 γ가 아주 낮다. 2차 전자 방출 계수가 낮으면 방전

개시전압이 높아지고 구동회로 소자 가격이 높아 PDP 가격 상승으로 이어진다. 마침 MgO는 2차 전자 방출계수가 높고 방전 개시전압이 낮아지게 되므로 MgO가 채택되었다.

MgO는 배향성, 결정성, 막밀도를 높여 내스퍼터링이 높은 박막이 형성되어야 한다. MgO는 위와 같이 뛰어난 특성을 갖추고 있으나 그 반면 흡습성이 높으며, 더욱이 방전 스퍼터링에 의해 형광체의 색도가 변화할 가능성이 있음이 문제로 제기되고 있다. 흡습성 문제는 H_2O 등의 불순물 가스를 흡습해서 $Mg(OH)_2$ 등으로 박막의 특성이 변화함을 의미하고 있다. 특히 후공정에서 실링(sealing) 할 때 저융점 유리반죽(glass paste)에 포함된 바인더(binder)에서 발생하는 burn-out gas를 MgO 가 흡착하면 MgO와 CO_2가 화학반응해서 $MgCO_3$가 되어 처음상태로 돌아가지 않기 때문에 보호막으로서 기능이 크게 저하해 버린다.

방전 스퍼터에 의한 형광체 색도 변화문제는 스퍼터 되어 비산한 Mg가 청색형광체인 (Ba,Eu)MgAlO17 에 부착하면, 청색형광체 중 Mg의 조성비가 달라지고 만다. 그 결과 색도를 변화시킬 가능성이 있다. 이들의 약점에 대해서는 공정 전체의 고안에 의해 해결할 수 있도록 PDP 제조사가 노력하고 있다. 한편, MgO를 대신할 재료의 개발도 비밀리에 진행되고 있다. 그 대표적인 것이 SrGdOx이며, 투과성, 방전개시전압, 절연성, 내스퍼터링성 모두 MgO에 뒤떨어지지 않는다는 주장도 있다. 특히, 방전개시전압에 대해서는 봉입가스압을 최적화하면 MgO 이하로 할 수 있다고 보고 있다. 또 SrGdOx는 sputter되어 비산하더라도 형광체에 나쁜 영향을 미치지 않고 흡습성도 MgO 보다 낮다. 형성방법은 입자상의 원료를 사용한 전자빔을 이용할 수 있기 때문에 새로운 설비 투자는 필요 없다. 또 용제를 가해서 paste화하는 것도 고려중이며 현실적으로 가격이 싼 인쇄법으로 가능하게 될 것이다.

그 외 MgO 보다 낮은 전압으로 구동이 가능한 SrCaOx도 보호막으로 실용화연구가 진행되고 있다. 금후 PDP의 성능 향상에는 저소비 전력화를 피할 수 없다. 그 때문에 MgO 보다도 구동전압이 낮은 보호막 재료의 개발이 기대되고 있다.

3-7 PDP 동작원리

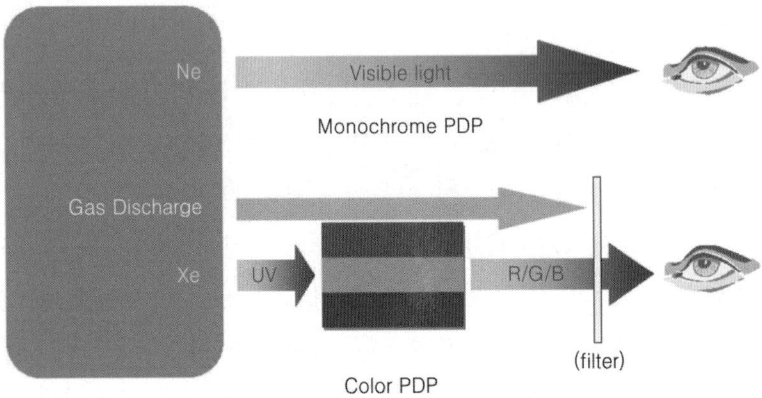

【그림 3-22】 가시광 발생 원리

[그림 3-22]에서는 PDP의 가시광 발생 원리를 나타내고 있다. Ne나 Xe와 같은 방전 기체에 의해서 가시광이나 자외선이 생성될 수 있다. 모노 PDP의 경우 Ne와 같은 방전 기체를 이용하여 단일 색으로 바로 볼 수 있다. 컬러 PDP의 경우 원하는 색을 만들기 위하여 R, G, B의 삼원색이 필요하며, 이를 만들기 위해서는 이러한 삼원색보다 에너지가 높은 자외선을 Xe와 같은 방전 기체를 이용하여 먼저 만들어야 한다. 그 후 이러한 자외선을 입력으로 형광체를 통하여 R, G, B와 같은 색으로 변환 후 눈으로 볼 수 있다. 따라서 PDP에서는 방전 기체를 이용한 방전 현상을 통하여 가시광선 혹은 자외선을 생성하는 과정이 포함된다.

색의 경우 Color PDP의 원리는 RGB 삼색에 대응한 작은 형광등으로 구성된 sub화소가 x행 y열의 matrix 모양으로 배치(0.5 - 1mm pitch)되며 수백만 개의 sub화소로써 1대의 PDP TV가 탄생된다. 1개의 화소(방전 cell 혹은 cell이라 하자)는 RGB 3개의 sub화소로 구성되고 있으며 1개 화소의 치수는 (0.5×0.5) - (1.0×1.0)mm^2 정도이다.

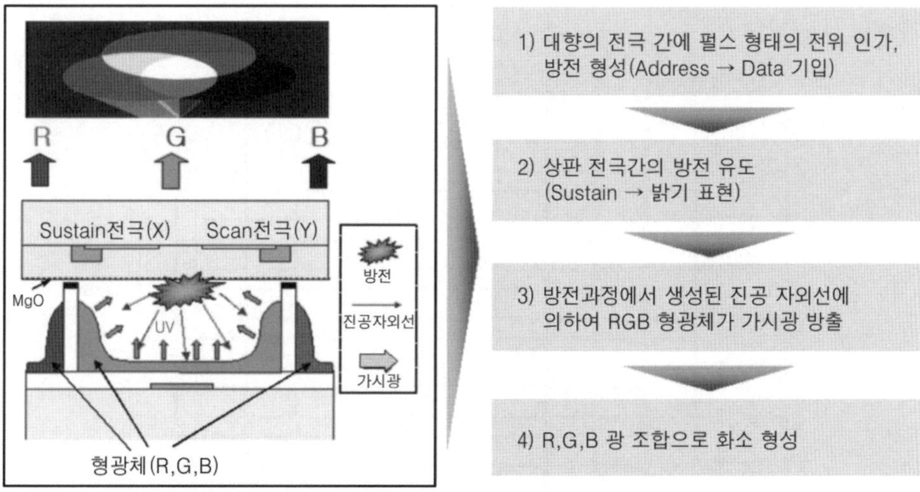

【그림 3-23】 화소 형성 과정

[그림 3-23]에서는 하나의 화소를 만드는 과정을 나타내고 있다. 이를 요약하면 다음과 같다.

(1) 대향의 전극간에 펄스 형태의 전위를 인가하여 방전을 형성한다. 이는 address 전극을 이용하여 원하는 셀에 방전을 일으켜서 벽전하를 형성해 놓는 과정이다.
(2) 상판 전극간의 방전유도를 통하여 밝기를 표현할 수 있다. 이는 sustain 단계에서 수행되며, 방전을 일으키는 횟수를 통하여 밝기를 결정할 수 있다.
(3) 방전과정에서 생성된 진공 자외선에 의해서 RGB 형광체가 가시광을 방출한다.
(4) R, G, B 광의 조합으로 원하는 색을 표현하는 화소를 형성한다.

R, G, B 각 sub화소의 동작원리는 모두 같으므로 한 개 sub 화소의 동작 원리를 설명하면 다음과 같다. 우선 목표로 하는 한 점(좌표)을 발광시키는 과정은 다음과 같다.

3.7.1 예비방전

ON 했던 cell 이거나 OFF 했던 cell에 관계없이 모든 cell이 일정조건(각 셀 동일 초기조건)을 형성하기 위한 과정으로 (초기화 과정) 전체 cell ON과정 - 전체 cell의 OFF 과정을 거친다. 일반적으로 Reset 과정이라 부르고 있다. (혹은 초기화 과정이라 한다.) Y, Z 전극간에 이루어지는 방전과정이다.

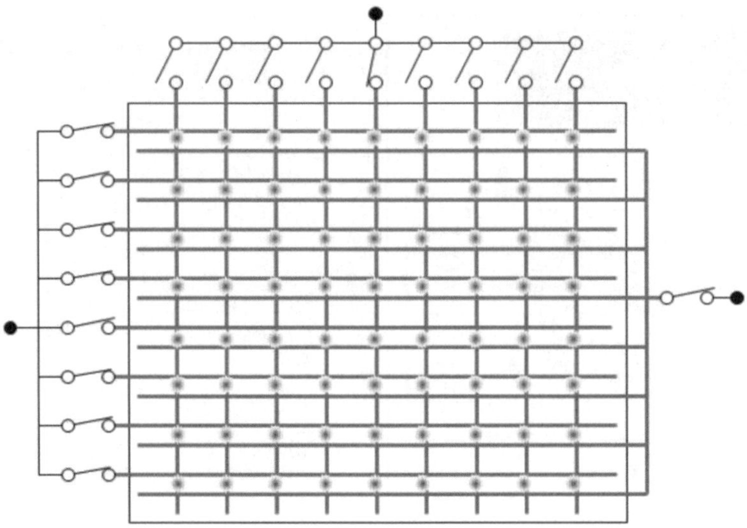

【그림 3-24】 Reset 과정

[그림 3-24]에서는 Reset 과정을 보여주고 있다. 서로 평행하게 지나가는 오른쪽과 왼쪽의 전극에 동시에 전압이 가해져서 약한 방전을 일으킨다.

3.7.2 어드레스 방전

화면의 어느 좌표점에 cell을 ON 시킬 것인가 결정하는 과정이다. X, Y, Z 전극의 상호 관계는 다음과 같다.

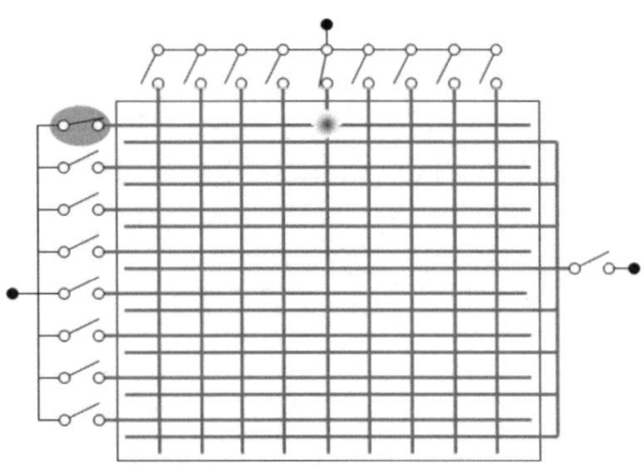

【그림 3-25】 어드레스 방전 과정 1

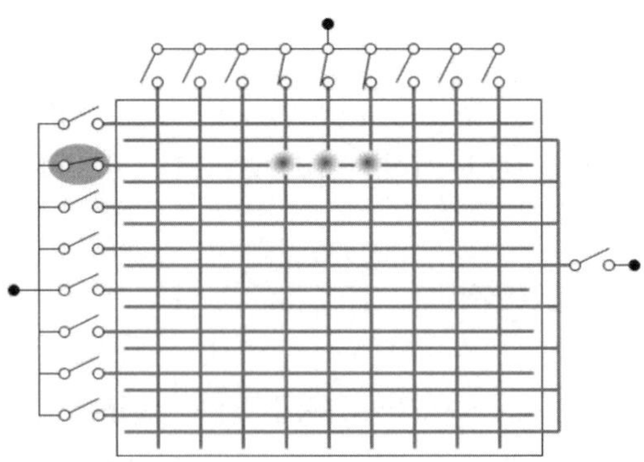

【그림 3-26】 어드레스 방전 과정 2

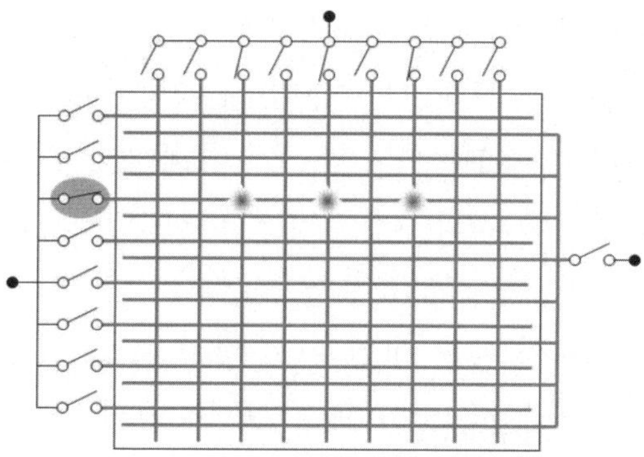

【그림 3-27】 어드레스 방전 과정 3

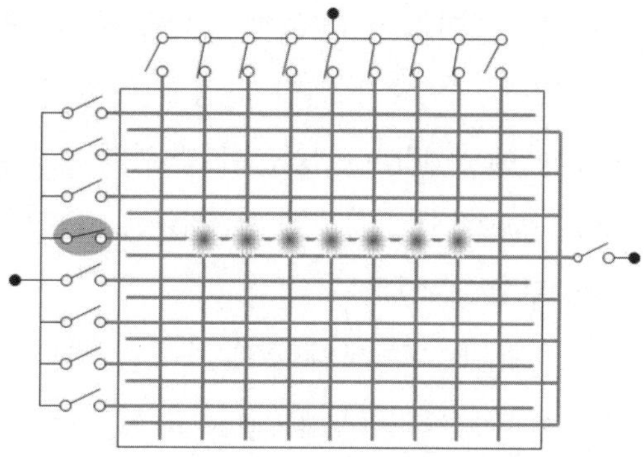

【그림 3-28】 어드레스 방전 과정 4

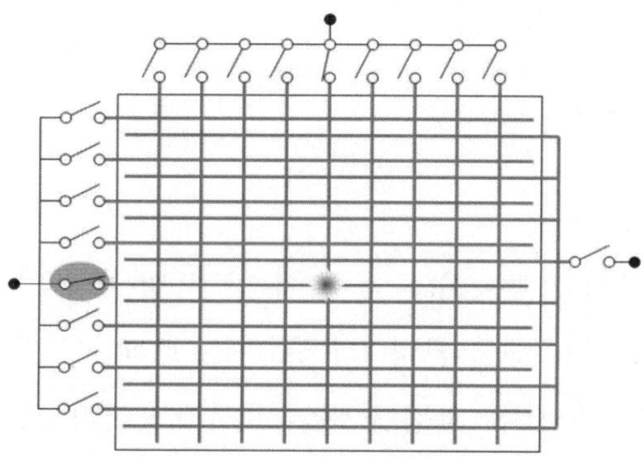

【그림 3-29】 어드레스 방전 과정 5

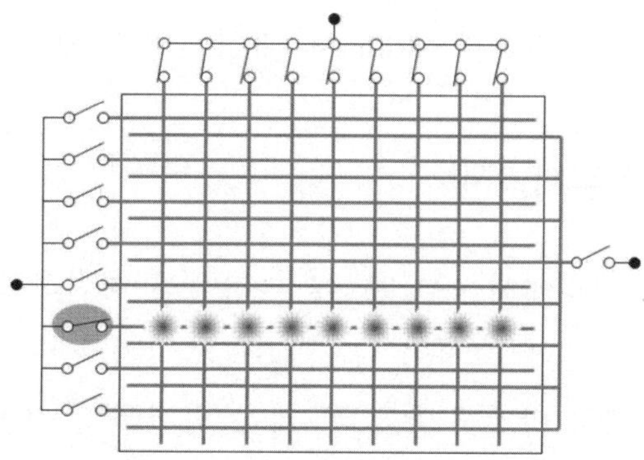

【그림 3-30】 어드레스 방전 과정 6

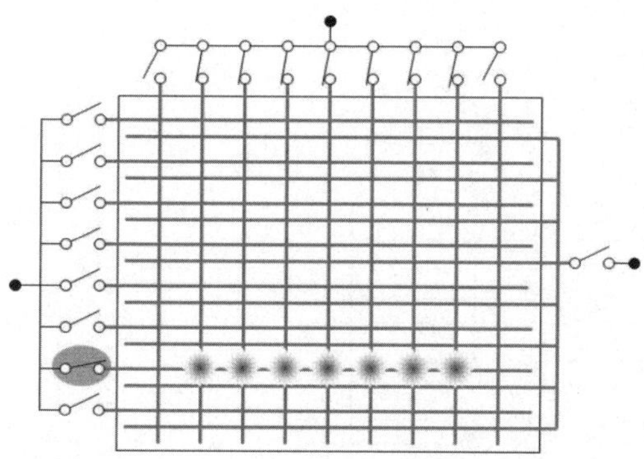

【그림 3-31】 어드레스 방전 과정 7

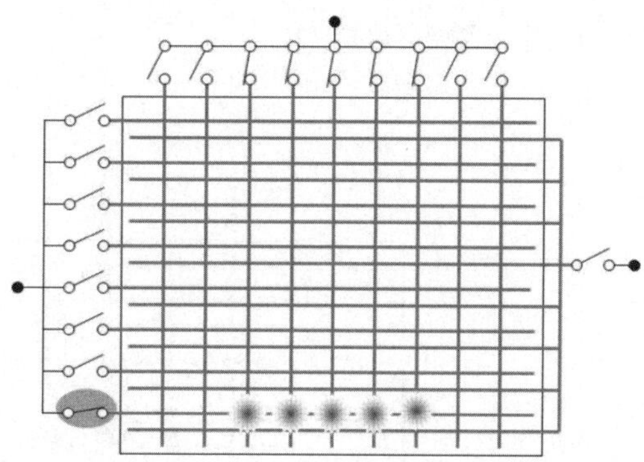

【그림 3-32】 어드레스 방전 과정 8

[그림 3-25]에서 [그림 3-32]까지는 어드레스 방전 과정을 단계별로 보여주고 있다. 위쪽에 위치한 어드레스 전극과 왼쪽에 위치한 Y 전극 간에 전압을 가해서 방전을 유도하여 벽전하를 만드는 과정이다. 그림에서 보여주는 단계와 같이 왼쪽의 Y 전극을 일정한 시간 간격으로 위에서부터 아래로 차례대로 전압을 가한다. 거기에 동기를 맞춰서 어드레스 전

극에 원하는 데이터가 ON인 라인에 pulse를 가하면 두 전극의 교점에서 방전이 일어나게 된다. 이 경우 Y의 (-) 전압과 X의 (+) 전압이 동시에 가해지는 XY matrix의 교점좌표의 YX 전극 간에 Address 방전이 발생한다. 이와 같이 PDP는 Y_1, Y_2, ⋯ 차례대로 Y 한 개 line씩 ON 해야 할 cell들에 Address 방전이 발생되어 진다. 이런 방식은 선순차 Address 방식이라 부르고 있다.

Address 방전이 발생된 후에는 유전체의 성질에서 설명한 바와 같이 방전 행한좌표의 Y 전극에는 (+)벽전하는 남기게 되고 X전극에는 (-)벽전하는 남기게 된다. 이 벽전하는 마지막 Yn line에서 Address 방전이 끝날 때까지 남아 있게 된다. 즉 방전한 기억을 유지하게 되며 이것을 PDP의 기억기능이라 하였다. 이렇게 하여 전 화면에 ON 해야 할 모든 곳에 벽전하를 남기고 Address 과정은 끝나게 된다.

3.7.3 유지방전

이 과정에서는 Address 과정에서 벽전하를 가진 모든 cell이 동시에 방전 및 발광하도록 하여 화면에 그림이 나오게 하고 밝기, 색, 모양 등이 결정된다. 다음화면으로 바뀔 때까지 계속해서 방전하게 된다. 계속 방전을 유지한다 하여 이 과정을 유지방전과정이라고도 한다. 이 경우 방전은 YZ 전극 사이에 발생하며, 방전이 계속되도록 common Z 전극과 같이 Y 전극도 common전극으로 하여 ZY 전극 사이에 부호가 다른 pulse 즉 AC pulse 전압을 연속으로 가해주게 된다.

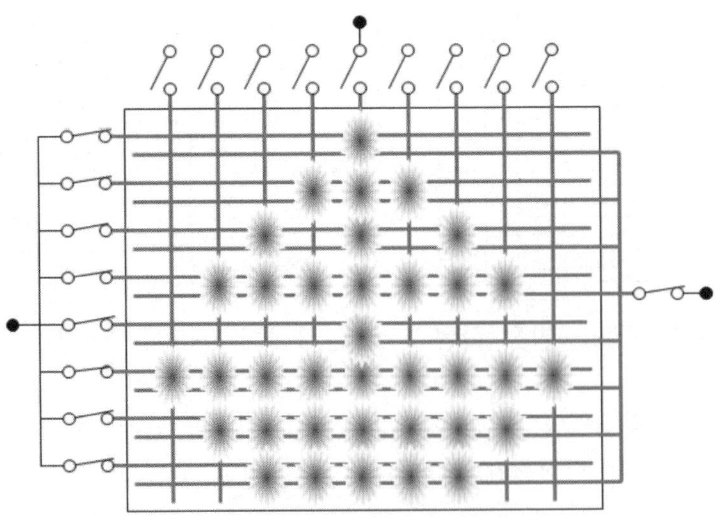

【그림 3-33】 유지 방전

[그림 3-33]에서 유지 방전이 되는 모습을 보여주고 있다. 배 모양을 하고 있는데, 이는 어드레스 방전에서 차례대로 벽전하를 만들어 놓은 셀에 한하여 유지 방전이 된다. 셀의 밝기는 유지방전에서 방전 횟수로 결정하게 된다.

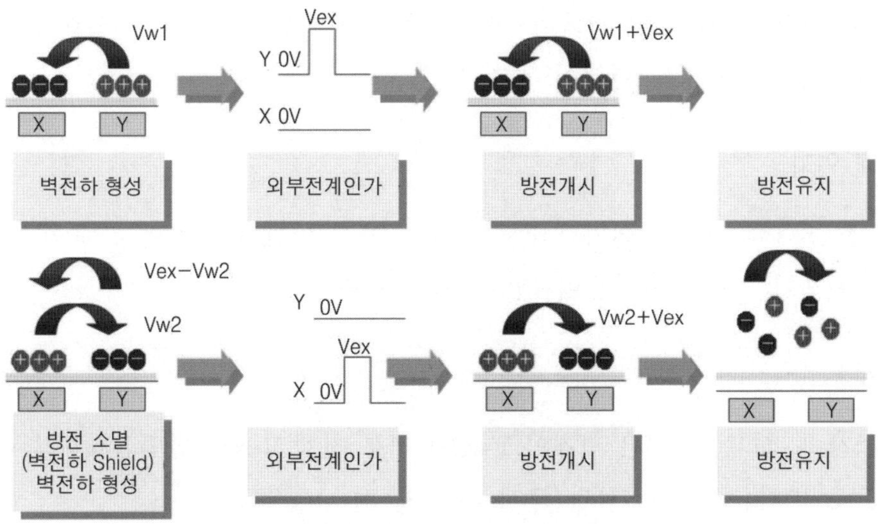

【그림 3-34】 유지 방전 과정

[그림 3-34]에서는 유지 방전 과정을 나타내고 있다.

(1) 벽전하 형성

- 어드레스 방전에 의해서 X, Y 전극 간에 벽전하가 형성되어 있다. X, Y 전극에 형성되어 있는 벽전압은 Vw1이다.

(2) 외부전계 인가

- Y와 X 전극에 전계를 인가한다. Y에 Vex 만큼이 전압을 인가한다.

(3) 방전개시

- 전극 간에 걸리는 전압은 벽전안 Vw1과 외부 전계 Vex의 합인 Vw1+Vex가 걸리며 이 값은 방전 계시 전압보다 크게 되며 방전이 시작된다.

(4) 방전 유지

- 1회 방전이 된다.

(5) 방전 소멸, 벽전하 형성

- 방전에 의한 벽전하가 형성되며, 벽전압에 의하여 양 전극간의 전압이 방전 개시 전압보다 작아지면 방전 현상이 멈춘다.

(6) 외부전계 인가

- Y와 X 전극에 전계를 인가한다. 이번에는 앞서 인가한 전압의 반대 방향으로 전압을 인가한다. X에 Vex만큼이 전압을 인가한다.

(7) 방전개시

- 전극 간에 걸리는 전압은 벽전안 Vw2과 외부 전계 Vex의 합인 Vw1+Vex가 걸리며 이 값은 방전 계시 전압보다 크게 되며 방전이 시작된다.

(8) 방전 유지

- X, Y 전극간에 1회 방전이 된다.

3.7.4 Address 방전에서 벽전하를 가진 cell들만 유지방전 시키는 방법

(1) Reset 과정

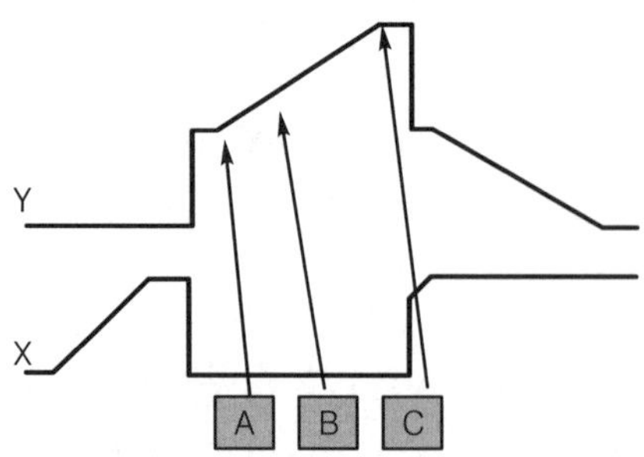

【그림 3-35】 벽전하 설정 파형 (Rising Ramp)

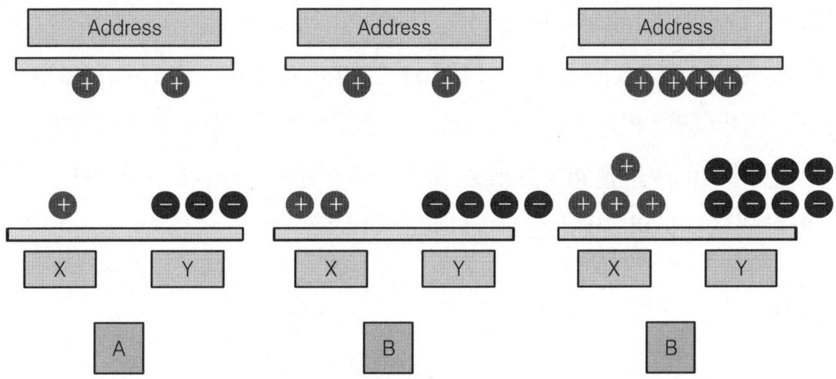

【그림 3-36】 벽전하 설정 과정 (Rising Ramp)

[그림 3-35]와 [그림 3-36]에서 Reset 기간 동안의 입력 파형과 그에 따른 벽전하의 형성 과정을 보여주고 있다. Reset 기간 동안 벽전하 설정 기능도 약방전을 이용할 수 있다. Y 전극에 상승하는 Ramp Pulse를 인가하면 전극 사이에 방전 개시 전압만큼의 전계를 유지하기 위해 벽전하가 형성되며, 이에 따라 Y 전극에 전자, X 전극 address 전극에 양이온을 축적할 수 있다.

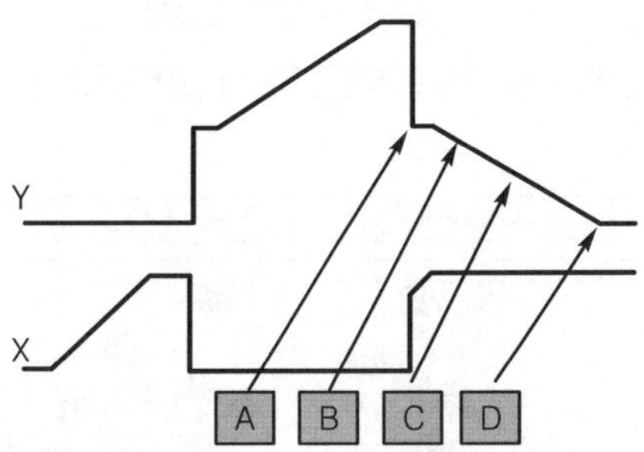

【그림 3-37】 벽전하 설정 파형 (Falling Ramp)

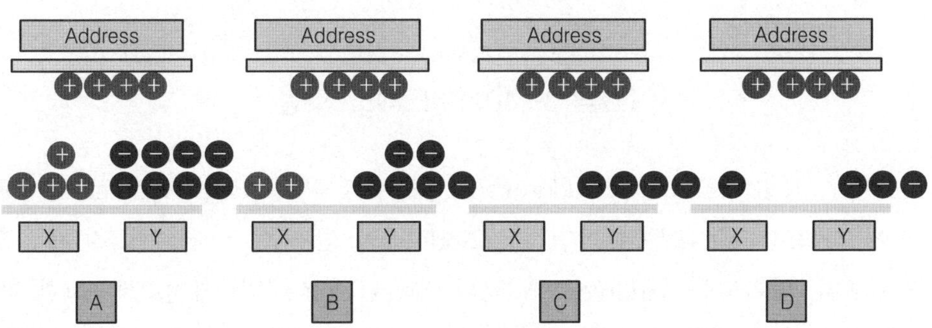

【그림 3-38】 벽전하 설정 과정 (Falling Ramp)

[그림 3-37]과 [그림 3-38]에서 Reset 기간 동안의 입력 파형과 그에 따른 벽전하의 형성 과정을 보여주고 있다. 벽전하 생성의 Falling Ramp 신호는 Y Rising Ramp에 이어 Y Falling Ramp가 인가되면 벽전하를 Address-Y, X-Y 전극 사이에 방전 개시 전압에 전계가 형성되도록 한다. 이것이 Wall Charge Set-up의 최종 Output이다. 이는 Address를 원활하게 하기 위한 사전 준비 작업이다.

(2) Address 과정

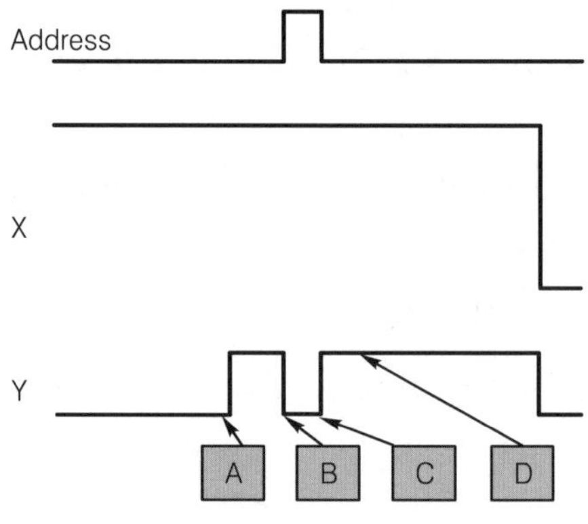

【그림 3-39】 어드레서 과정의 신호

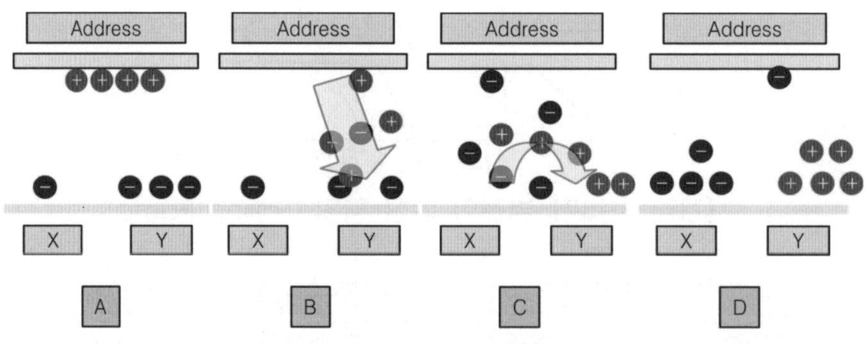

【그림 3-40】 어드레스 과정

[그림 3-39]와 [그림 3-40]에서는 address 과정을 나타내고 있다. Address 방전과정에서 Reset 동작에 의해서 Cell 내부의 벽전하는 Address에 양이온, Y 전극에 전자가 축적되어 있으며 외부에서 인가되는 Address Pulse와 Scan Pulse 및 벽전하에 의한 전위차로 Address-Y 전극 간에 방전이 발생되고 이에 의해 X-Y 전극 사이의 방전이 발생되며, 그 결과 벽전하가 형성되어 sustain이 가능한 구조로 변경된다.

(3) 벽전하를 가진 셀만 방전시키는 방법

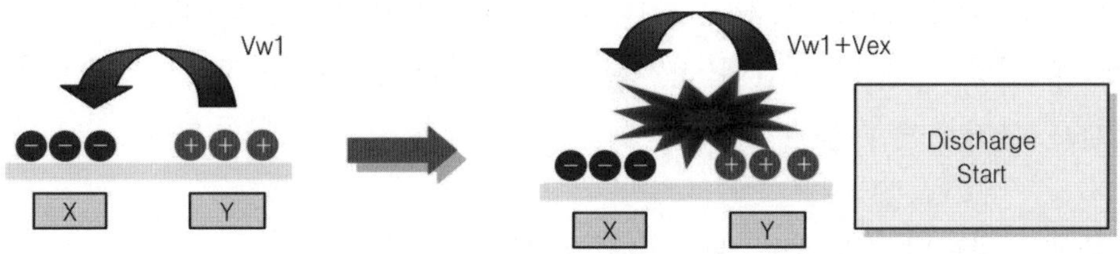

【그림 3-41】 방전 시작

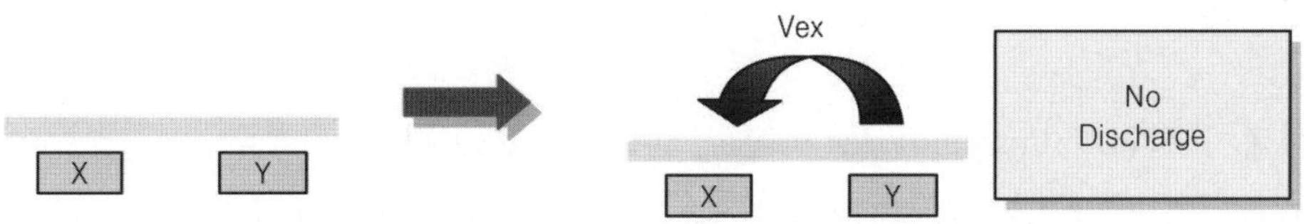

【그림 3-42】 방전이 시작되지 않는 경우

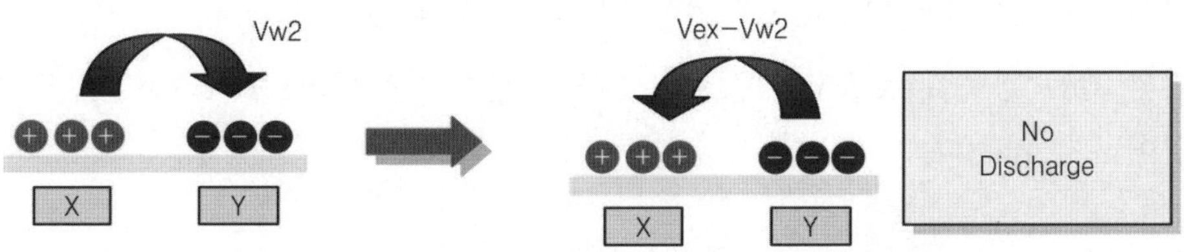

【그림 3-43】 방전이 시작되지 않는 경우

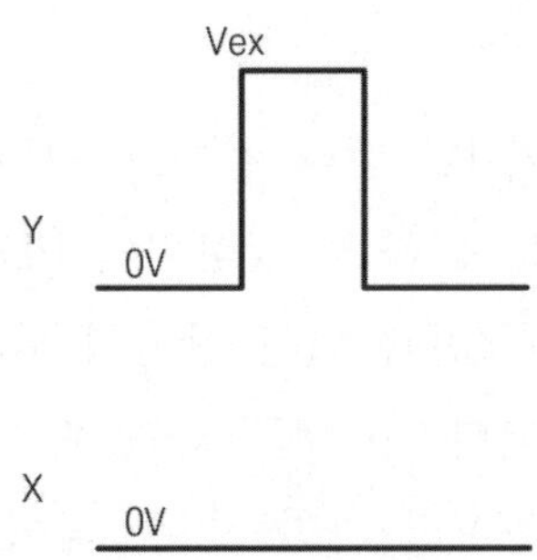

【그림 3-44】 인가 전압

[그림 3-41]에서 [그림 3-43]은 X, Y 전극에서 일어날 수 있는 세 가지 상태를 나타내고 있다. [그림 3-41]에서는 X전극에 (+) 벽전하가 형성되어 있고, Y 전극에 (-) 변전하가 형성되어 있고, [그림 3-42]에서는 벽전하가 형성되어 있지 않은 상태이며, [그림 3-43]에서는 X전극에 (-) 벽전하가 형성되어 있고, Y 전극에 (+) 변전하가 형성되어 있다. 이 세 가지 경우에 [그림 3-44]와 같은 인가전압을 가하였다고 가정을 하면 [그림 3-41]과 같은 경

우 X, Y 전극간의 전압은 벽전압 Vw1와 인가전압 Vex가 합쳐져서 Vw1 + Vex의 전압이 인가되며, 벽전하가 없는 경우에는 Vex만 인가되고, [그림 3-43]과 같은 경우에는 Vex-Vw2의 전압이 양 전극 간에 인가된다. 여기서 Vw1, Vw2, Vex와 방전 개시 전압에 대한 관계를 살펴보면 다음과 같다.

① 방전개시 전압이 Vex+Vw1, Vex, Vex-Vw2보다 큰 경우

- 위와 같은 경우 세 가지 모두 방전 개시 전압보다 작으므로 모두 방전이 일어나지 않는다.

② 방전개시 전압이 Vex+Vw1 보다 작고, Vex, Vex-Vw2보다 큰 경우

- 위와 같은 경우 Vex+Vw1인 경우 방전이 시작되고, 나머지 방전이 일어나지 않는다.

③ 방전개시 전압이 Vex+Vw1, Vex 보다 작고, Vex-Vw2보다 큰 경우

- 위와 같은 경우 Vex+Vw1, Vex인 경우 방전이 시작되고, Vex-Vw2인 경우 방전이 일어나지 않는다.

④ 방전개시 전압이 Vex+Vw1, Vex, Vex-Vw2보다 작은 경우

- 위와 같은 경우 세 가지 모두 방전 개시 전압보다 크므로 모두 방전이 일어난다.

위의 네 가지 경우에서 살펴보면 (2) 번과 같이 방전 개시 전압이 Vex+Vw1보다 작고, Vex, Vex-Vw2보다 크게 설정되도록 하면, 정상적인 PDP 동작이 될 수 있다. 즉, 어드레스 방전 후에 벽전압을 형성하여 (2)번과 같은 상황이 되도록 하면, 벽전압이 형성된 셀에 한하여 방전이 일어나도록 할 수 있다. 예를 들면, 방전 개시 전압을 200V라 하고, 외부 연결된 전원전압을 180V, 벽전압을 40V라 하면 전원극성이 바뀔 경우 Address 방전에서 벽전하를 가지고 있는 cell은 방전공간전압이 180 + 40 = 220V로 되고 벽전하가 없는 cell은 180V로 되므로, 방전개시전압 (200V)보다 높은 벽전하를 가진 cell은 동시에 모두 방전을 개시하고 발광하게 된다.

AC PDP에서 전원전압은 이와 같은 극성이 바뀌는 교류 pulse를 사용하고 있으며 사용 주파수는 50~200 kHz정도이다. 동시에 모두 방전하기 위해서는 Z전극과 같이 Y전극도 모두 common 전극으로 하고, ZY사이에 AC pulse 전압을 가해주면 된다.

3-8 Cell 밝기 결정

CRT의 휘도는 전자 빔의 세기로서 조절할 수 있다. 그러나 PDP 디스플레이의 휘도는 방전전류의 세기로서 조절하지 않는다. 그 이유는 방전전류가 증가되면 휘도가 포화되어 방전전류와 휘도가 비례관계가 없기 때문이다. 그래서 전원 pulse 수를 제어하여 방전회수로서 휘도를 제어하고 있다. (한 개 pulse마다 1회 방전이 일어난다.)

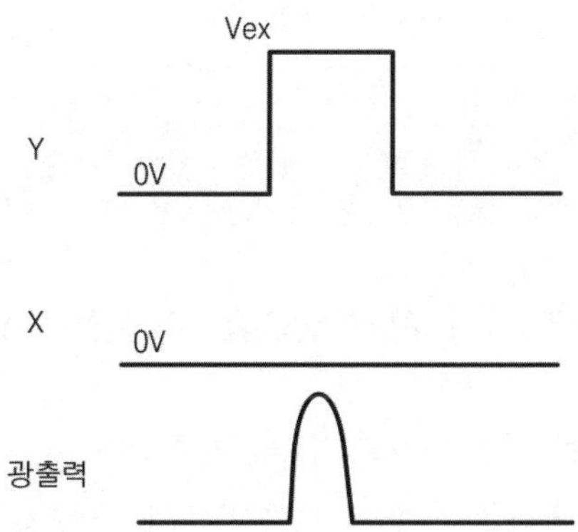

【그림 3-45】 Sustain 1 pulse 단위 광

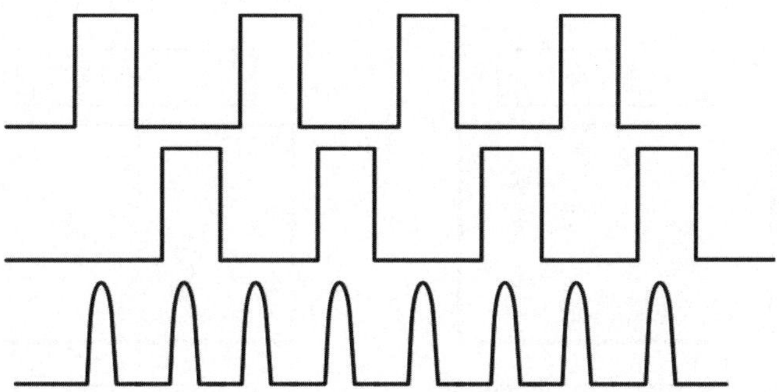

【그림 3-46】 Sustain pulse 수를 이용한 휘도 조정

[그림 3-45]와 같이 Y전극에 하나의 펄스를 발생시키면, 1회 광출력이 생성된 후 벽전하에 의하여 방전이 멈추게 된다. 따라서 광출력의 양은 펄스의 수에 비례하게 된다. [그림 3-46]에서는 이러한 성질을 이용하여 sustain에서 펄스 수를 이용하여 휘도를 조정하는 과정을 보여주고 있다. Y와 X 전극에 AC 펄스를 생성함으로써 광출력의 양을 조정할 수 있다.

방전회수제어에 의한 휘도제어 방법에는 다음과 같은 ADS(Address Display Separation)방법이 주로 채택되고 있다. 이 방식은 다음과 같다.

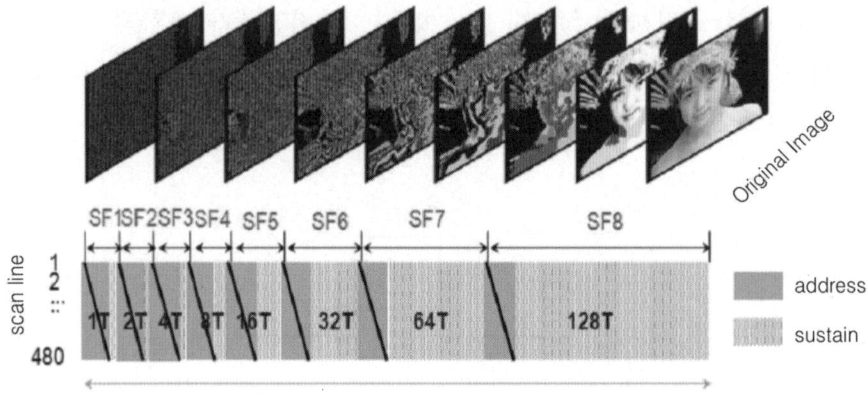

【그림 3-47】 ADS 방법을 이용한 휘도 제어

[그림 3-47]에서는 ADS 방식을 이용한 휘도 제어에 대하여 보여주고 있다. 1T, 2T, ... 128T와 같이 각각의 구간에 발생하는 펄스 수는 미리 정해져 있으며, 구간에 pulse를 발생시킬지 여부를 address 과정에서 결정하여 이러한 각각의 구간에서 발생되는 pulse의 수를

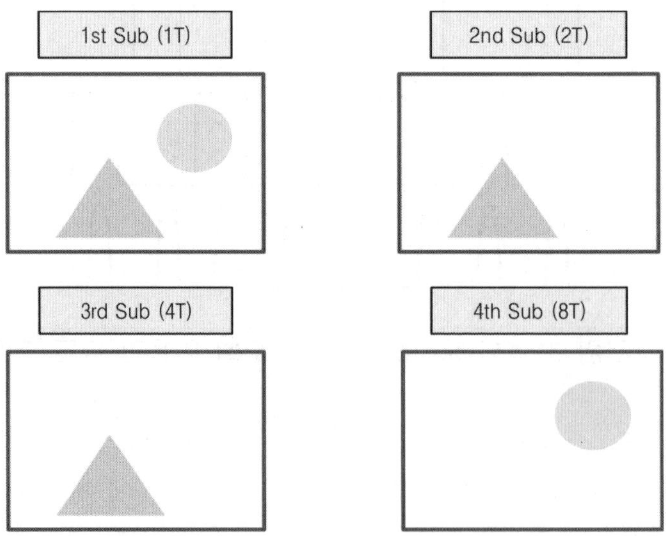

【그림 3-48】 휘도 구현 과정

모두 합하여 전체 휘도를 결정하는 방식이다. 예를 들면 목표 cell의 밝기가 22인 경우에는 (이 값은 방송국 signal에 포함됨) 2 + 4 + 16 개의 pulse를 선택하도록 하면 된다. 선택하는 방법은 앞서 논한 Address 에서 벽전하를 형성하는 방법과 동일하며 21, 22, 23 … 등의 각 밝기마다 선택할 수 있도록 Address 기간이 독립적으로 각각 존재하므로 Address와 발광 기간이 독립적으로 존재한다는 의미에서 ADS(어드레스, 발광기간 분리) 방식이다. 일반적으로 밝기의 단계를 gray level 혹은 계조라고 부르고 있다.

[그림 3-48]은 휘도 7과 휘도 9의 구현 과정을 보여주고 있으며 [그림 3-49]는 완성된 그림을 보여주고 있다.

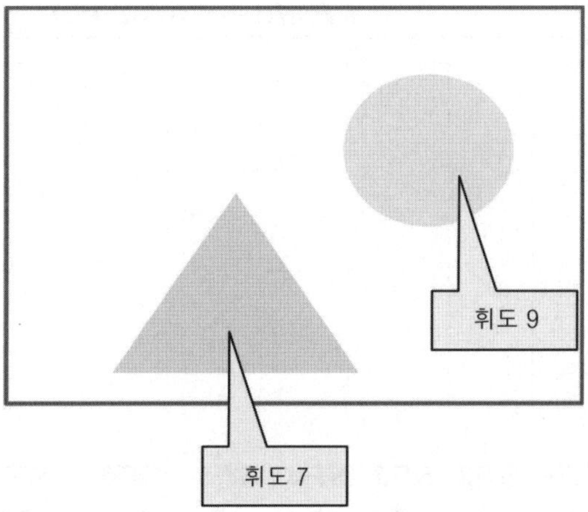

【그림 3-49】 휘도 완성 그림

AC PDP의 계조구동 방식은 AC panel에도 여러 종류의 구동방법이 제안되어 있으나 현재 널리 사용되고 있는 방법이 [그림 3-50]에 나타나있다. 전체를 8개의 subfield인 SF1, SF2, ...SF8로 나눈다. 각각의 subfield는 또 다시 reset, address 기간과 방전유지기간으로 나눈다. 경사선 부분에서 방전 cell을 address하고, 경사선 이후 부분에서 그 cell을 발광한다. (address 기간과 발광 기간을 다르게 취할 수 있는 것이 AC PDP의 이점이다.) 우선, 주사·방전 유지 전극 1의 수평 전극 상에 있는 모든 cell에 대해 제1 subfield가 시작되는 시간에 맞추어 화상신호를 수직 방향으로 배치되어 있는 address 전극에 인가한다. 주사·방전 유지 전극 1의 address가 종료되면, 전극2, 다시 3으로 동일한 조작을 반복한다. 최후에 주사 · 방전유지 전극의 address가 종료하면, 방전유지기간으로 이동한다. address에 의한 점등의 지시(TV 신호의 명령지시)가 있을 경우에만, 이 기간에 방전 유지 pulse가 발광한다.

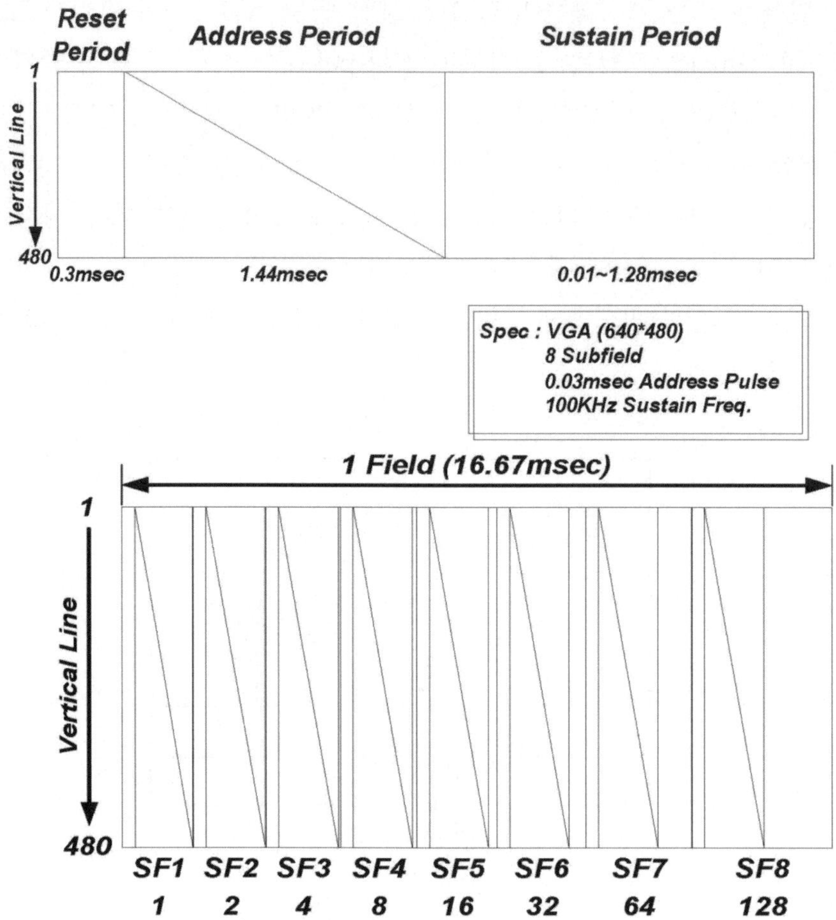

【그림 3-50】 1 TV 필드의 구성

제 2 subfield로 이행할 경우에도 제 1 subfield와 같은 조작을 반복한다. 8개의 방전 유지 기간의 길이는 1 : 2 : 4 : 8 : 16 : 32 : 64 : 128 비로서 구성한다. (이러한 구성이라야 2^8=256가지 gray level 구성이 가능하게 된다.) 방전유지 pulse는 일정의 주기 동안 공급되므로, 각각 주기 사이에 공급되는 pulse수도 이 비율로 되어 있다.

이러한 과정을 정리하면 다음과 같다.

1. 8개의 subfield를 1TV Field 내에 분배하여 만든다.
2. 1개의 subfield 내에서는 다시 address 기간과 방전유지기간으로 나누어진다.
3. 각 subfield의 방전유지시간의 비는 1, 2, 4, …k, 128이 되도록 만든다.

4. address 기간은 각 subfield에 동일하다.
5. 각 Y1-Y480 line에 sweep pulse가 순차로 나타날 때마다 1,920개의 signal을 각 Y에 할당하여 기억시킨다.
6. 5의 경우 각 cell은 gray level에 따라 subfield를 취사선택하여 gray level을 확립한다.

3.8.1 계조표시

한 개 pulse만 이용하면 OFF(dark), ON(bright)의 2 gray scale이 존재한다. 그러므로 여러 개의 pulse를 이용하여 밝기의 단계 정도를 표시할 필요가 있다. 이 밝기 단계를 gray scale or gray level이라 부른다.

브라운관인 경우 전자 빔 강도로 밝기를 조정하며, PDP TV 경우에는 전류에 대한 자외선의 포화 및 자외선에 대한 가시광 포화 때문에 전류에 의해 휘도 제어가 어렵다. 그러므로 cell에 가해지는 입력전압 pulse 개수를 조절하여 휘도(밝기)를 제어한다. 휘도는 pulse 수에 비례한다.

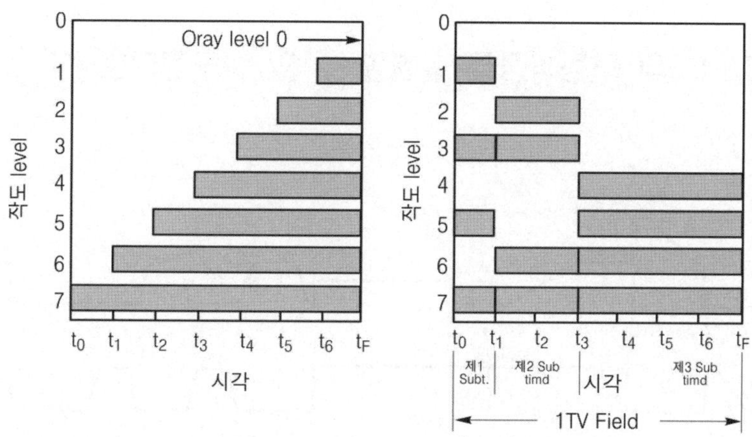

【그림 3-51】 8 gray level의 예

[그림 3-51]에서 gray level 3인 경우는 시각 t4에서 ON pulse를 인가한다. 이 그림에서 ON pulse를 전혀 가하지 않으면 gray level zero로 된다. 이 그림에서는 8종류의 gray level을 실현시키고 있다. 또, gray level을 변경하고자 할 경우에는 t_F에서 소거 pulse를 전 cell에 동시에 인가하여 zero되게 한 후 시행한다. 그러나 이 방법은 실제로는 사용되지 않고 있다. 이 방법보다 더 좋은 방법이 있기 때문이다.

이진 신호에 의한 계조 표시법은 오른쪽 그림에서와 같이 시각 t_1, t_3, t_F에서 일제히 소등 pulse를 주도록 회로를 구성해 둔다. 이 경우 cell이 점등 가능한 기간은 다음 3종류로 된다. [t_0~t_1], [t_1~t_3], [t_3~t_F] 이 기간을 subfield라 부른다. 이들 subfield 길이의 비는 2진 부호를 이용하여 20 : 21 : 22로 되어 있다. 점등 신호를 인가하지 않으면 cell은 발광하지 않는다. 이것이 gray level zero 이다. 시각 t_0만 ON 신호를 주면 [t_0~t_1] 사이 발광하고 gray level 1로 된다. 시각 t_1만 ON 신호를 주면 [t_1~t_3] 사이 발광하고 gray level 2로 된다. 시각 t_3만 ON 신호를 주면 [t_3~t_F] 사이 발광하고 gray level 3로 된다. 이들 3개의 발광 구간을 그림과 같이 조합하면 zero level 까지도 포함하여 8가지 (23)의 gray level 표시가 가능하다. 이 경우에는 필요한 신호수는 t_0, t_1 및 t_3의 3종류로서 충분하다.

gray level 수는 다음과 같이 구할 수 있다.

2subfield수 = 총 gray level 수

예를 들면 28 = 256 가지가 가능하다.

3-9 AC PDP의 구동과정을 실현할 수 있는 구동파형

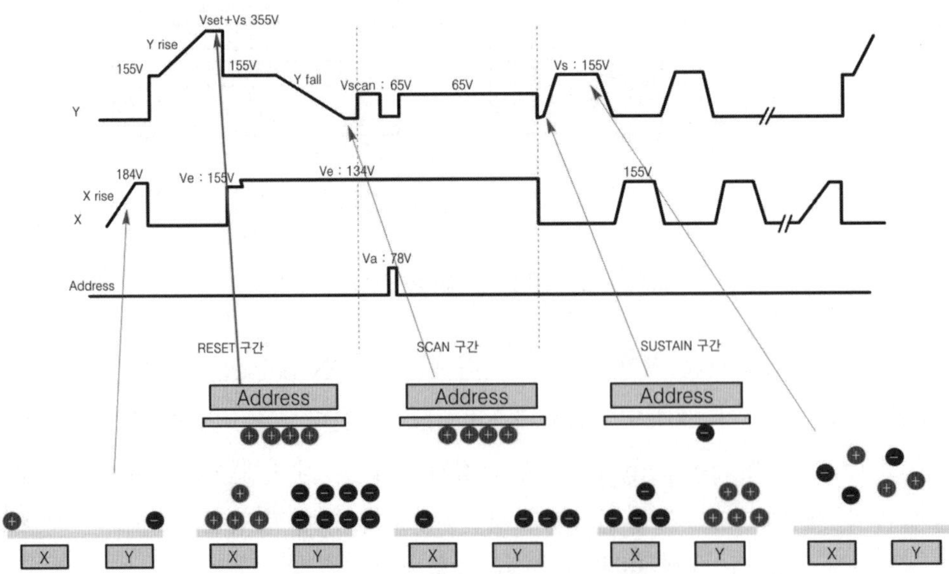

【그림 3-52】 PDP 구동 파형

[그림 3-52]에서는 PDP 구동하는 전체 파형을 보여주고 있다. 파형은 크게 RESET, SCAN, SUSTAIN 구간으로 나누어지며 그에 따른 전하의 움직임이 나타나 있다.

3.9.1 비디오 신호 처리 과정

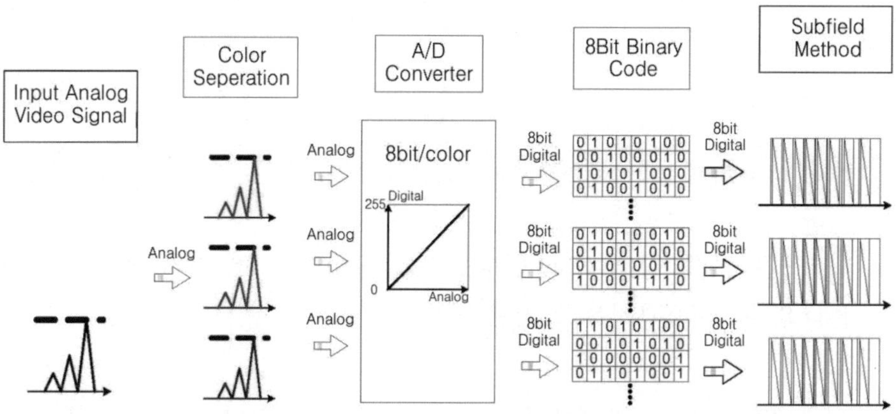

【그림 3-53】 비디오 처리 과정

[그림 3-53]에서 비디오 처리 과정을 나타내고 있으며 과정은 다음과 같다.

(1) Analog 비디오 입력

- 비디오 입력은 analog 형태로 입력된다.

(2) Color 분리

- 비디오 입력을 R, G, B 성분으로 나눠서 분리하게 된다.

(3) A/D 변환

- R, G, B 성분으로 분리된 analog 신호를 디지털로 변환한다. 여기서는 8비트를 Analog to Digital Converter를 사용하여 0부터 255까지의 레벨로 R, G, B를 표시 가능하다. 출력은 8비트의 R, G, B 값이 된다.

(4) 8비트 바이너리 코드

- A/D converter에 의해서 변환된 결과 값이다.

(5) Subfield Method

- 8비트로 변환된 R, G, B 값을 subfield 방식을 이용하여 pulse의 개수를 변환된 8비트 값과 일치 시킨다.

3-10 PDP 효율에 관련된 인자

지금까지 설명으로 PDP 구조나 그 발광원리를 요약해 보면 전기 에너지가 가시광으로 이용되기까지 다음과 같은 과정을 거치게 된다.

(1) panel 외부에서 전압을 인가하여 cell내 방전을 일으킨다.
(2) 방전에서 자외선이 방출된다.
(3) 자외선이 형광체를 여기해서 형광체가 가시광을 방사한다.
(4) 가시광이 panel에서 밖으로 나온다.

이상과 같이 몇 단계를 거쳐 최종적으로 표시에 사용되는 광이 발생하는 것으로 그 각 단계에서 아무리 노력해도 손실(Energy Loss)이 일어난다. 이 loss는 모두 합하면 생각지도 못한 만큼 크게 된다. 효율이란 입력된 처음 에너지를 E1, 출력되는 에너지를 Eo라 하면 Eo/E1이 된다. 효율은 어느 정도로 에너지를 유효하게 이용하고 있는가 지표로 된다. 위의 정의에서 알 수 있는 바와 같이 효율은 반드시 1보다 적은 값으로 된다.

PDP의 발광이 앞서 논한 바와 같이 4단계 과정으로 되어 있으므로 각 단계의 효율이 0.5라고 가정하면 4과정을 거치므로 0.0625(6.25%)로 되어 버리고 만다. 이와 같이 각각의 과정의 효율이 충분히 높지 못하면 입력한 전기 에너지를 유효하게 이용할 수 없게 된다.

3.10.1 전기에너지 주입

여기서 우리는 실제 PDP의 효율을 알기 위하여 각 단계의 과정을 알아보기로 하자.

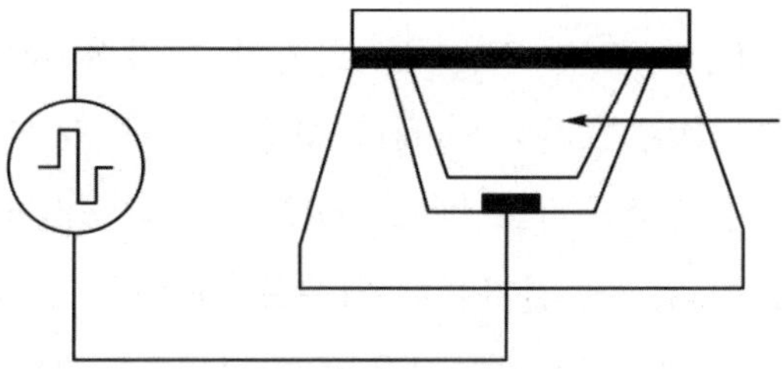

전원회로 →	방전 →	형광체 →	panel 개구율
전기에너지가 방전에너지로 변환	방전에너지가 자외선으로 변환	자외선에서 가시광으로	가시광에서 표시광으로
80~90%	5%	15~20%	70~80%

【그림 3-54】 전기 에너지 주입

[그림 3-54]에서는 PDP에너지 변환과정과 각 과정의 효율을 나타내고 있다. 우선 전기에너지가 방전과정에 주입되는 것이 제 1단계이다. 대형 PDP는 대각선 1m정도의 유리판으로 되어있다. 이 유리판에 설치한 1m 이상의 전극 line에 전류를 흘리면 line의 저항 때문에 loss가 발생한다. 또, cell 하나하나는 condenser로 등가 되므로 각 cell이 병열로 되어 전체로서는 큰 정전용량을 가지게 된다.

이와 같은 panel에 AC pulse 전류를 흘리게 되면 방전에 기여하지 않는 소위 무효전력이 발생한다. 무효전류는 방전에 흐르는 유효전류와 비슷한 크기이고, 전극선이나 pulse발생회로 등에서 loss로 되어 버린다. 즉 무효전력은 아무 역할도 하지 못하고 열로 되어 소비되어 버리고 만다. 그래서 PDP에서는 무효전류를 pulse 발생회로에 접속한 condenser에 회수하여 다음의 방전에 이용할 수 있는 회로(에너지 회수회로)를 개발하고 있다. 전력회수회로를 사용한 경우라도 pulse에 투입한 전력이 방전 에너지로 변환되는 효율은 80~90%이다.

3.10.2 자외선 발생 효율

방전에서 자외선 발생효율이 가장 낮다. 제2의 과정은 방전에서 자외선이 방사되는 과정이다. 이것을 알기 위해서는 방전에서 어떻게 광이 발생하는가를 복습할 필요가 있다. 방전에서는 방전에 사용되는 가스원자가 (+)이온과 (-)전자로 분리되며 이것을 전리라 한다.

방전 중에는 전리에 의해 생긴 이온과 전자가 많으며 특히 가벼운 전자는 전리에 의해 가속되어 어느 정도 고속으로 되면 가스원자와 충돌하면 가스원자는 여기 되어 외각전자가 에너지 준위가 높은 곳으로 이동하며 곧 원래의 낮은 에너지 준위로 돌아오면서 남은 에너지를 광으로 방출하게 된다. PDP에서는 Xe 가스원자가 전자와 충돌할 때 방사하는 147nm의 자외선을 주로 이용하고 있다. 그러나 언제나 고속전자가 Xe 원자하고만 충돌하는 것이 아니고 다른 원자(Ne 등)에 충돌하기도 하고, cell의 벽이나 glass면에 충돌해서 에너지를 잃어버리는 경우가 대부분이다. 또, 전자에너지(속도)가 너무 크게 되면 전리해 버리기 때문에 광이 발생하지 않는다. 결국 방전에 사용된 에너지 중 자외선 에너지로 되는 효율을 5% 정도이다.

3.10.3 가시광 변환 효율

제3과정은 형광체에 의해 자외선이 가시광으로 변환되는 과정이다. 형광체는 일종의 파장변환기로서 짧은 파장의 광을 흡수해서 긴 파장의 광을 방출한다. PDP에서는 파장 147nm 의 자외선을 흡수해서 적색의 cell이라면 600nm의, 녹색 cell에서는 약 550nm, 청색 cell에서는 약 450nm의 광을 방출하는 재료가 사용되고 있다. 이 파장변환 이라는 과정 자체로써 에너지 loss가 발생해버리는 점에 주의하기 바란다. 잘 알고 있는 바와 같이 광이 갖는 에너지는 파장의 역수에 비례한다. 즉, 파장이 짧은 광 일수록 높은 에너지를 갖는다. 파장이 길게 되면 광이 갖는 에너지는 적어진다. PDP에서는 파장 147nm 광을 3색 평균으로 파장 550nm로 변환한다고 가정하면 파장이 약 4배로 되므로 에너지 변환효율은 약 25%로 되어 버린다. 이 손실은 자연적인 loss로 보이지만 형광체는 남은 에너지를 열이나 격자진동으로 소비시키고 적은 에너지 즉 파장이 긴 광을 만들고 있다고 볼 수 있다. [그림 3-55]는 형광체가 광을 변환하는 원리만을 그린 것이다.

왼쪽에서 들어오는 광은 자외선과 같이 에너지가 높은 광이다. 형광체는 이 광을 흡수해서 자기 자신 중에 축적한다. 에너지를 축적한 상태를 화살표를 위로해서 표시 하였다. 가로선의 크기는 에너지의 크기를 나타내고 있다. 이 에너지를 방출하게 되면 오른편과 같이 다시 광으로 방출된다. 이와 같이 물질이 에너지를 축적해서 높은 에너지 상태로 되는 것을 여기상태로 되었다 한다. 이것에 대해 에너지를 흡수하기 전 상태 즉 일반상태를 기저상태라 한다. 형광체에서는 축적된 에너지의 일부를 열등의 형태로 소비하고 남은 에너지

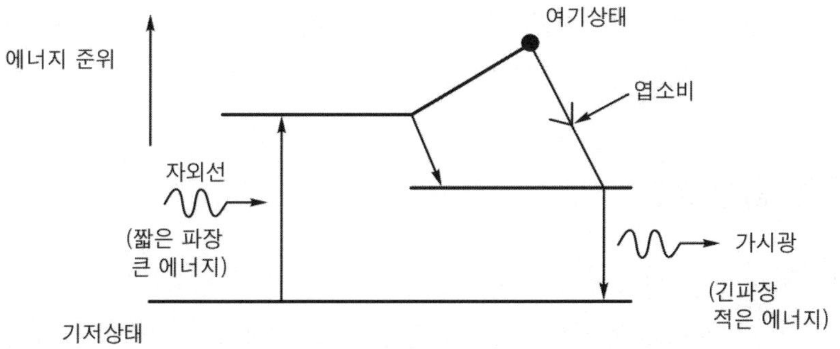

【그림 3-55】 자외선을 가시광으로 변환 과정

를 광으로 변환한다. (열로 된 에너지를 앞 그림에서 점선으로 나타내었다.) 즉, 처음보다 적은 에너지 광이므로 파장이 길게 된다. 형광체는 여러 가지 형태의 에너지를 흡수하는 것을 이용해서 광 파장을 변환하고 있다. 이와 같은 변환은 언제나 잘 일어나는 것이 아니고, 축적된 에너지의 전부가 열로 변환할 경우도 있다. 따라서 형광체에서 자외선이 가시광으로 변환하는 효율은 파장의 차이에 의한 에너지 비 (25%) 보다 적어져서 15~20% 정도로 생각되고 있다.

3.10.4 종합효율

PDP의 종합효율은 1% 이하이다. 4번째 과정은 형광체에서 방사된 가시광이 실제로 화상을 표시하기 위한 광으로 되는 과정이다. 화상표시를 하기 위해서는 광(가시광)이 panel에서 외부로 나오지 않으면 안 된다. 형광체에서 나온 광은 사방팔방으로 가지만, 표시화면은 front panel 뿐이다. panel의 뒤쪽으로 향하는 광은 쓸 수 없게 된다. 이것을 막기 위해서는 형광체의 뒤쪽에 백색 유전체를 설치하기도 하고, 형광체 층의 단면형상을 찻잔같이 하기도 한다. 그렇더라도 panel 전면에는 전극 등이 설치해 있어 front panel로 나오는 광을 막아버리기도 한다. 결국, 표시에 이용되는 광은 형광체에서 방사되는 가시광의 70~80%정도이다. 이상의 4단계 효율을 곱하면 투입된 전력이 '표시'에 사용된 효율(종합효율)은 0.4~0.7%로 되어 버린다. 예를 들면 PDP의 소비전력이 100W라고 하면 유효하게 이용되고 있는 것은 1W이하이고 나머지 99% 이상이 loss로 되고 있음을 알 수 있다. loss는 최종적으로 열로 변환된다. 대부분의 전력이 loss로 되고 있지만, 이들 에너지는 PDP를 동작시키기 위해 필요한 것이고, 문자 그대로 아무 필요 없는 것은 아니다. 그러나 loss분의 에너지는 가능한 적게 해야 할 필요가 있다. 그러기 위하여 어떻게 해야 할 것인지 연구할 필요가 있다. 특히 효율이 나쁜 2개 과정 즉 방전에서 자외선 방사효율과 형광체의 변환효율에 관해서는 더욱 노력이 필요하게 된다.

3.10.5 방전효율 향상 방법

방전에서 방출되는 자외선방사효율을 높이기 위해 자외선의 발생 원리를 한 번 더 생각해 보기로 하자. 자외선은 Xe원자와 전자가 충돌했을 때에 발생한다. 그래서 다량의 Xe을 panel 중에 넣으면 어떻게 될까. 그렇게 하면 Xe이 방사하는 자외선 량을 증가시킬 수 있다. 실제는 Xe은 자외선을 발생한다는 면에서는 유익한 원자이지만 방전을 시키기 위해서는 Xe이 많아질수록 높은 전압을 가해주어야 한다. 이 때문에 PDP중에는 Xe외에 Ne, He 등의 방전전압을 낮출 수 있는 가스를 같이 넣어 사용한다. 그런데, Xe의 량이 증가하면 방전전압을 낮게 하는 가스의 상대적 비율이 감소하게 되므로 panel을 동작시키기 위한 전압이 높게 되어 버린다. 동작전압을 높이면 회로에서 발생하는 loss가 증가해서 종합효율을 나쁘게 하는 방향으로 돼버린다. 그래서 Xe량을 증가시킬 경우는 방전전압을 낮출 수 있는 방법이 동시에 필요하게 된다. 방전전압을 낮게 하기 위해서는 전극의 간격이나 배치를 고치고, cell형상을 변화시켜줄 필요가 있다. 지금은 Xe의 량은 전체 가스 압력의 5~10% 가 사용되고 잇다. 더욱 Xe량을 증가시키기 위해서는 이제부터 cell구조의 개량을 계속하지 않으면 안 된다. 그런데 Xe량을 증가시키면 하나 더 다른 효과에 의해 효율의 상승을 기대할 수 있다. 이것에 대해서는 다음 절 형광체 변환효율에서 설명하자.

형광체의 변환효율을 향상시킬 수 있는 또 다른 방법의 하나는 변환 전후의 자외선과 가시광 파장의 차를 적게 하는 방법이다. 일반적으로 희가스가 방사하는 자외선은 그 질량이 무거울수록 파장이 길게 되는 경향이 있다. 결국 희가스 중 Xe의 질량이 가장 크므로 가장 자외선 파장이 길고 더 이상 개선의 여지가 없다. 앞서 효율을 개선하는 방법으로서 Xe 가스량을 증가시키는 것은 147nm의 자외선 증가 외에 또 다른 하나의 효과가 있다고 하였다. 그 효과는 147nm 보다 파장이 긴 173nm의 자외선이 방사될 수 있다는 것이다. 여기에 대해 좀 더 설명해 보기로 하자. Xe등의 희가스는 불활성 가스라 불리는 바와 같이 일반적으로 다른 원자와 결합하여 분자를 만들지 않는다. 그러나 방전 중에서는 Xe분자(X_{e2})라는 것이 존재하게 된다. 이것을 이해하기 위해서는 원자의 여기 상태에 대하여 좀 더 상세히 알 필요가 있다. 여기 상태는 형광체 원리에서 설명한 바와 같이 물질이 내부에 에너지를 축적한 상태이다. 그러면 어떻게 에너지를 축적하는가 하면 물질을 구성하는 전자가 통상

위치보다 높은 에너지궤도로 이동하여 회전함으로써 에너지를 축적하게 된다. Xe원자를 예로 들어 여기 상태를 설명해 보자. Xe원자는 모두 54개의 전자가 원자핵 주위를 돌고 있다. 가장 외측의 궤도에는 8개의 전자가 돌고 있다. 원자의 궤도에는 원래 8개의 공석이 있고 이들 빈자리가 모두 메워졌을 때는 하나 더 외측궤도를 돌게 된다. 이와 같이 원자에는 정해진 전자의 궤도가 있고 내측의 궤도에서부터 차례대로 전자가 메워져 간다. Xe 원자에서는 외측 8개 공석이 모두 메워져 있다. 이와 같은 상태에 있는 원자는 안정하고 다른 원자와 결합해서 분자를 만들지 않는다. Xe이 불활성가스인 이유가 된다. 분자를 만드는 원자는 외측의 궤도에 공석이 있다. 수소원자(H)를 예로 들면 수소원자는 원자번호 1번이므로 전자의 수는 1개이다.(제일 안쪽 궤도에 위치하며 이 궤도에는 2개자리가 있다) 2개의 수소원자끼리 근접하면 원자는 상대방의 원자궤도에 남은 1개자리에 들어가려 한다. (이 경우가 더욱 안정된 상태이기 때문이다.) 이 결과 그림과 같이 서로의 전자가 상대방 궤도를 메우게 되어 2개의 수소원자가 안정하게 결합한다.(공유결합) 이것이 수소분자(H_2)의 구조이다.

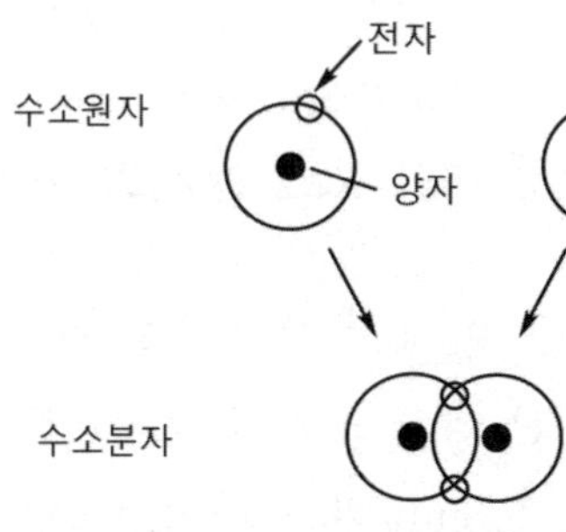

【그림 3-56】 공유결합

여기까지 기초지식을 갖고 Xe원자의 여기 상태에 대해 고찰해 보자. 고속전자가 Xe원자와 충돌하면 원자의 최외각 궤도를 돌고 있는 전자도 그 충격으로 한 더 외측의 궤도로 쏘아 올려 진다.

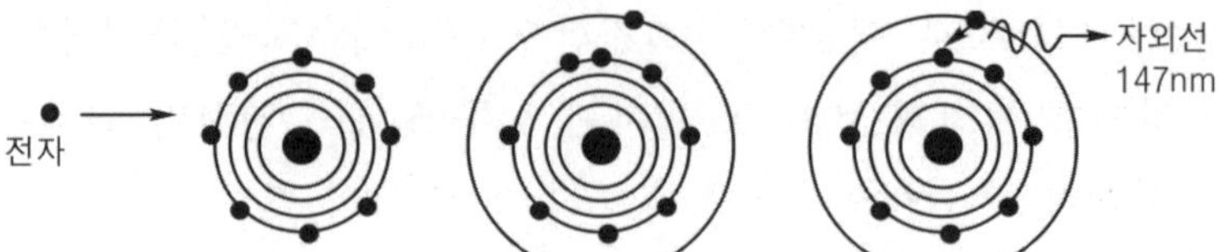

【그림 3-57】 Xe의 자외선 방사

여기 상태에 있는 원자는 특정파장의 광을 방출해서 원래 상태로 되돌아간다. 그런데, 이상의 것에서 여기 상태에 있는 Xe원자의 모양은 최외각 쪽을 보면 수소원자의 모양과 같다. 따라서 여기 상태에 있는 Xe원자끼리 접근하면 (이 과정은 Xe gas 비율이 많은 경우에 일어난다.) X_{e2}라는 분자를 만들 수 있다.

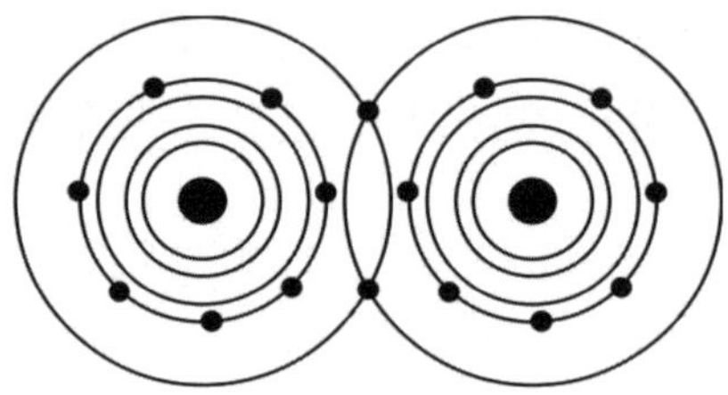

Xe_2 분자(여기상태)

【그림 3-58】 Xe2 분자의 여기

이와 같이 해서 만들어진 X_{e2}분자는 아직 여기 상태를 유지하고 잇다. 그 때문에 여기 원자와 같이 광을 방출 할 수 있다. 물론 광을 방출한 후는 각각 Xe 원자로 다시 되돌아간다. 이 때 X_{e2}분자가 방출하는 광파장은 173nm 라는 자외선이다. 이 파장은 Xe 원자가 방출하는 자외선 147nm 보다 길게 되므로 앞에서 설명한 바와 같이 형광체에 의해 가시광으로 변환될 때 효율이 높게 된다.

3-11 형광체 효율 향상 방법

형광체의 변환효율은 다음 2가지 원리에 의해 정해진다. 하나는 흡수된 자외선이 손실이 되지 않고, 확실하게 가시광으로 변환 될 수 있는가 없는가이다. 두 번째는 변환 전후의 광파장의 비율이다. 우선 첫 번째 것을 생각해 보자. 흡수된 자외선이 가시광으로 변환되기 위해서는 자외선 에너지의 일부가 열로 되고, 나머지가 가시광으로 사용될 필요가 있다. 그렇게 되기 위해서는 자외선의 흡수 → 방열(이것을 전문용어로는 열완화라고 한다.) → 가시광의 방출 이라는 변환의 큰 줄기가 정해져 있어야 한다. 자세한 설명은 생략하지만 형광체 재료가 정확한 결정구조를 가지고 있으면 이상의 큰 줄기에 따라 변환될 가능성이 높아진다. 역으로 결정구조가 정확하지 않으면 여러 줄기에 따라 에너지가 변환되어 버리고 말아 목적으로 하는 가시광 변환효율은 저하한다. 그래서 형광체 제조 공정에서는 정확한 결정구조를 가진 형광체가 되도록 노력하고 있다. 또 PDP에 형광체 층을 형성하는 단계에서는 형광체는 분말상태로 가공되어 있으므로 그 가공의 단계에서도 결정구조가 훼손되지 않도록 하는 것이 변환효율이 높은 형광체를 얻는 포인트이다.

3-12 PDP 제작 과정

PDP 제조공정은 크게 상판(front Panel)을 제작하는 공정과 하판(rear Panel)을 제작하는 공정, 그리고 상판과 하판을 조립하여 모듈화 하는 공정으로 나눌 수 있다.

3.12.1 상판 제작공정

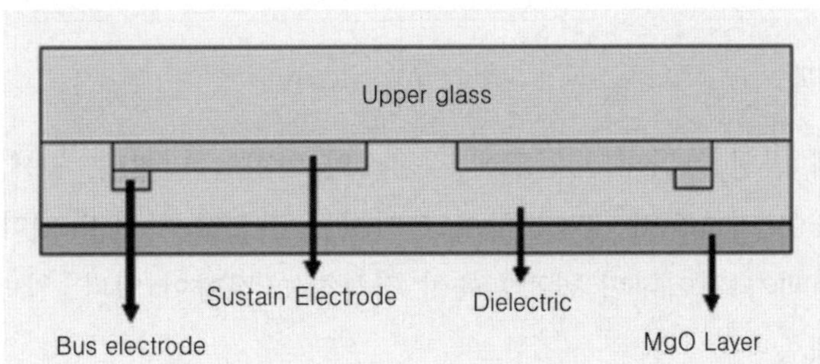

【그림 3-59】 PDP 상판 구조

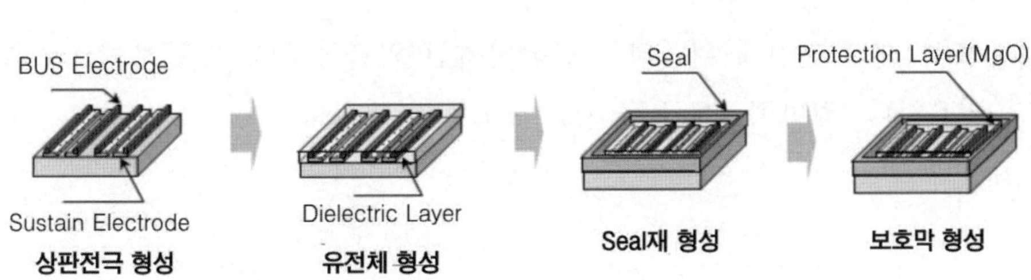

【그림 3-60】 상판 제조 과정

[그림 3-59]에서는 PDP 상판의 구조를 나타내고 있다. 상판 유리에 Bus 전극, 유지 전극, 유전체, MgO 보호층으로 구성되어 있다. 이러한 구조를 만들기 위하여 [그림 3-61]에 상판 제조 과정이 나타나 있다. 이러한 제조 과정에서 다음과 같은 사항을 고려해야 한다.

(1) 투명 전극 선폭, gap

- 투명 전극 선폭에 의하여 PDP의 방전 품질 및 균일도가 영향을 받게 된다. 따라서 엄격한 관리가 필요하며, 일반적으로 투명전극의 선폭이 넓을수록 휘도가 증가하지만, 방전 효율을 고려해서 선폭을 결정하게 되며, 전극간의 gap이 너무 작으면 전극간의 short의 위험성이 증가한다. 투명전극의 두께는 약 0.1㎛, 선폭은 100~400㎛, 전극간 gap은 50~150㎛ 정도로 설계한다.

(2) 버스전극 선폭, 두께

- 버스전극은 패널의 전면에 위치하므로 선폭이 균일하지 않거나 얼룩이 있으면 외관 불량이 될 수 있다. 따라서 엄격한 관리가 필요하며, 일반적으로 버스전극의 선폭은 50~100㎛, 두께는 5~10㎛ 정도로 설계한다.

(3) 투명 유전층 두께

- 패널 전면에 걸친 화질의 균일도에 직접적인 영향을 미치며, 두께가 두꺼울수록 패널의 투과율이 저하되며 구동전압이 높아지는 것으로 알려져 있다. 두께가 너무 얇으면 절연파괴가 일어나며 발광효율이 저하하는 경향이 있다. 일반적으로 20~60㎛ 정도로 설계한다.

(4) MgO 막두께

- MgO 또한 패널 전면에 위치하여 불균일하면 외관상 얼룩으로 보이므로 철저한 관리가 필요하다. 일반적으로 0.5~1㎛ 정도로 설계한다.

3.12.2 하판 제작공정

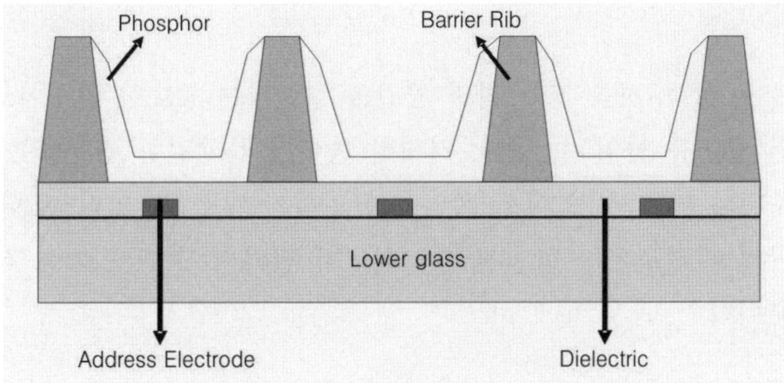

【그림 3-61】 PDP 하판구조

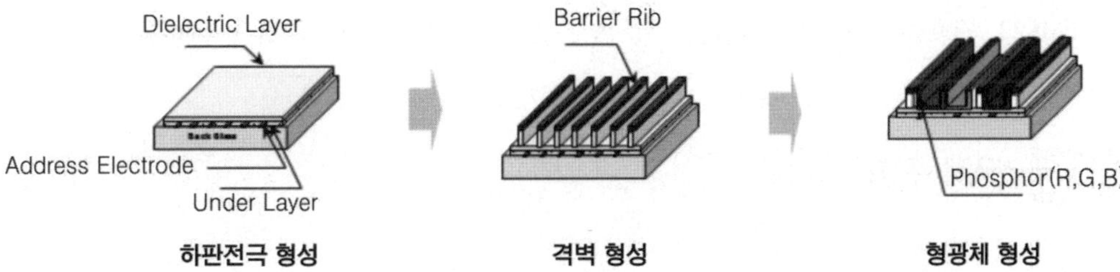

【그림 3-62】 하판 제조 과정

[그림 3-61]에서는 PDP 하판의 구조를 나타내고 있다. 하판 유리에 Bus 전극, 유전체, 격벽(Barrier Rib), 형광체(Phosphor)로 구성되어 있다. 이러한 구조를 만들기 위하여 [그림 3-62]에 하판 제조 과정이 나타나 있다. 이러한 제조 과정에서 다음과 같은 사항을 고려해야 한다.

(1) 어드레스 전극 선폭, 두께

- 스캔 기간에 세로 전극마다 전기적인 신호를 가해주는 역할을 하며 선폭이나 두께 균일성은 그다지 까다롭지 않다.

(2) 하판 유전체 두께

- 상판 유전체와 마찬가지로 이물이나 기포가 존재하지 않도록 엄격히 관리해야 하며 이물이 존재하는 경우에는 절연파괴가 나타날 수 있다. 또한 균일도는 엄격히 관리

되어야 한다.

(3) 격벽

- 격벽의 높이, 상폭, 하폭 모두 방전 공간을 결정하는 중요한 인자이므로 엄격히 관리해야 방전 품질을 높일 수 있다. 격벽의 높이가 불균일한 경우에는 이 부분의 방전전압만 주위와 다를 수 있어서 화면의 균일하지 않을 수 있다. 또한, 상폭이나 하폭 역시 불균일한 경우에는 방전전압나 휘도가 달라질 수 있으므로 각별한 주의가 필요한 부분이다.

(4) 형광체

- 형광체의 도포량에 산포가 있는 경우 화면의 품질에 직접적인 영향을 줄 수 있다. 따라서 정확한 위치에 도포될 수 있도록 정밀한 작업이 요구된다.

3-13 전체 공정

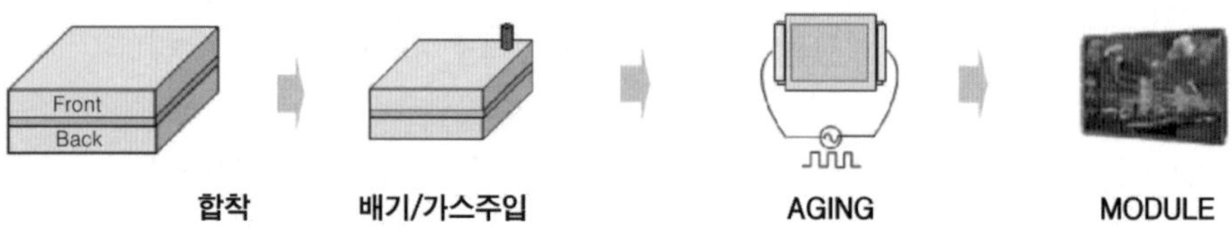

【그림 3-63】 상, 하판 합착 및 전체 공정

[그림 3-63]에서 상판과 하판의 합착 과정 및 전체 공정을 나타내고 있다. 각각 따로 만들어진 상판과 하판이 합착 된 후 배기/가스 주입 과정을 거친 후 에이징 테스트를 통과해야 정상 동작이 확인되어 판매될 수 있다.

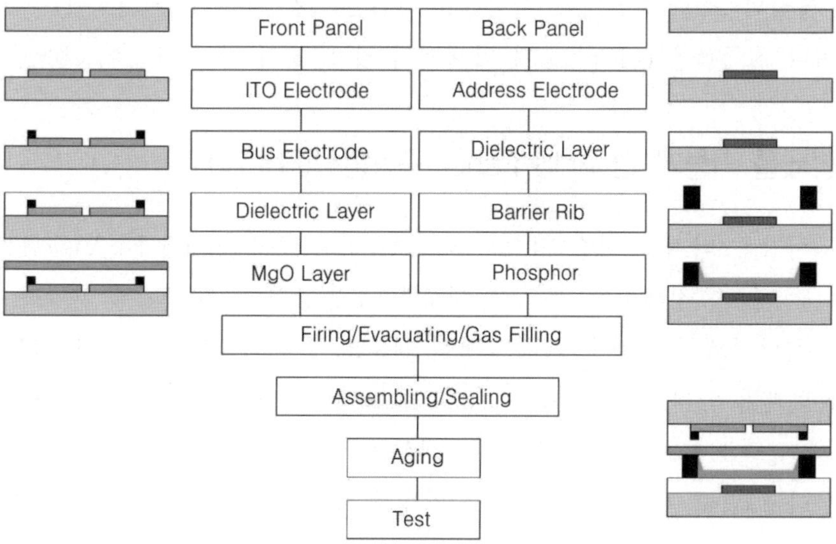

【그림 3-64】 전체 공정 과정

[그림 3-64]에서는 전체 공정을 좀 더 상세하게 나타내었다. 상판과 하판이 따로 만들어진 후 합착 과정과 aging test를 수행하게 된다.

3-14 PDP 고정세 기술

방전 Cell의 정세화 문제점은 다음과 같다.

(1) 패널 크기가 일정하다면 방전 cell 수가 증가하게 되고, 소비 전력도 거의 비례해서 증가하게 된다. PDP의 소비 전력은 표시 면적이 아니고 방전 cell 수에 거의 비례해서 크게 된다. 결국 하나의 방전 cell이 소비하는 전력은 cell이 크든 적든 변화가 거의 없다. 심할 경우 발열에 의해 패널은 파손해 버린다.

(2) 하전입자의 확산 손실이 증가하여 발광효율이 저하한다. 방전cell의 정세화로 방전 공간이 좁게 된다. 방전 cell내의 하전입자는 전계에 의해 전극 방향으로 이동하며, 이것이 방전 전류로 되지만 동시에 벽면에도 확산한다. 이 확산의 양은 방전 cell의 크기에 거의 반비례하기 때문에 cell의 정세화가 진행될수록 하전입자의 손실은 증가한다. 이 양을 보충하기 위해서는 외부에서 주입 전력을 증가하여야 하며 결국 발광효율이 저하해 버린다.

(3) 패널 제작의 요구 정밀도가 상승하고 process개선이 요구된다.

(4) 장벽이나 전극폭을 cell pitch에 비례해서 얇게 되지 않기 때문에 개구율이 저하한다.

3.14.1 고정세를 가능케 한 ALIS Panel 구동방식(FHP사)

PDP TV 시장은 디지털 방송(지상파 디지털 방송, BS digital Hi-Vision 방송)을 향해 각 사는 휘도상승, 고정세화를 목표로 새로운 구동방식 High Xe에 알맞은 새로운 방전 Cell 구조의 개발경쟁이 아직도 치열하게 전개되고 있다. PDP는 휘도와 해상도(고정세)가 trade-off의 관계가 있다. 휘도를 올리려고 Cell(화소)을 크게 하면 해상도는 올라가지 않고 (동일 면적에서 화소수는 감소하기 때문) 해상도를 올리기 위해 Cell 크기를 적게 하면 휘도는 저하한다.(Cell이 적게 되면 플라즈마의 확산손실이 증가하여 발광효율이 저하하여 자외선 방출수가 감소하기 때문이다.)

이 문제를 해결한 하나의 기술이 Fujitsu가 개발한 ALIS(Alternate Lighting of Surfaces Method)방식이다. 종래의 방식에서는 방전 발광하는데 한 쌍의 표시전극이 필요하기 때문에 512line 표시에 1,024 line(512쌍)의 표시전극이 필요하였다.

옆의 한 쌍의 표시전극 간에는 방전이 방해 받지 않도록 space를 두어야 할 필요가 있다. 그러나 ALSI방식에서는 표시전극을 Z_1 Y_1 Z_2 Y_2 Z_3 Y_3 … 순으로 배치되어 있다고 하면 Z_1 Y_1, Z_2 Y_2, Z_3 Y_3 … 를 먼저 방전시키고(기수 line간격) 그 다음 Y_1 Z_2,Y_2 Z_3, Y_3 Z_4 … 를 방전시켜(우수line간격) 이것을 조합시켜 전체화면을 표시하고 있다. 즉, 종래의 space부분도 발광시켜 표시하게 되므로 같은 구성의 전극 수(실제는 1024+1)로서 현행방식의 2배인 1024line의 고정세 표시가 가능하다.

요약히면,

(1) Scan 및 Sustain 전극을 상하 인접 Cell이 공유하도록 하여 구동 IC수를 1/2 로 감소하여 가격을 낮추는 것이 가능하게 되었다.

(2) 기존방식보다 방전 Cell의 개수가 증대하여 고정세화에 유리하게 되었다.

(3) 종래 방식에 비해 발광 duty비가 1/2로 줄어들기 때문에 수명이 약 1.8배 증가하였다.

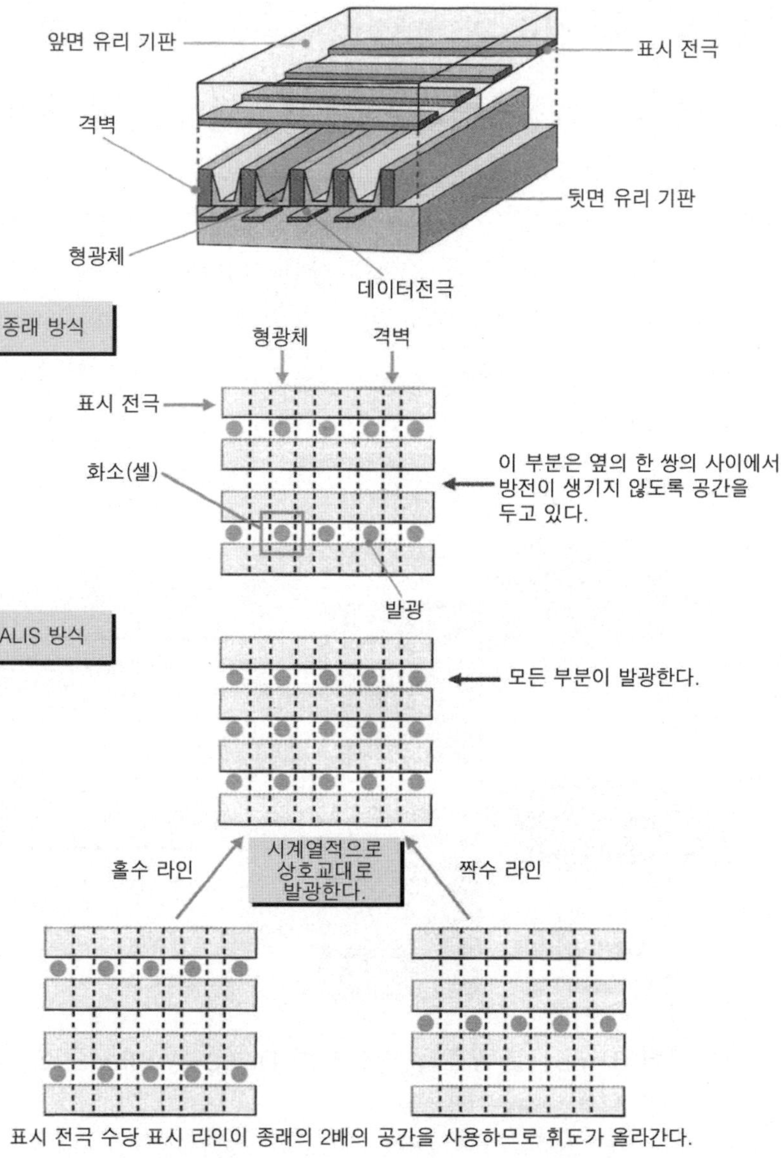

【그림 3-65】 ALIS Panel 구동방식

표시전극수당 표시 line이 종래의 두 배이고 모든 space를 사용하기 때문에 휘도가 상승한다.

3-15 발광효율 향상 기술

Pioneer사에서 발광효율을 향상시킨 Deep Waffle 구조의 Rip을 개발하였다. 종래 Stripe Cell 구조에서는 Cell(화소)간 끼리 간섭이 발생하므로 고휘도를 얻기 위해 Cell간 전극을 충분히 떨어지게 (Z_1 Y_1 - 간격 - Z_2 Y_2 - … 해야 할 필요가 있었다. 그래서 Pioneer사는 종래 Stripe상의 격벽을 Waffle Rip 구조로 하여 상하 인접하는 Cell에서 발광이 세어 나오는 것을 막고, 고효율 발광 휘도를 실현하고 있다. 최근에는 그 Waffle 구조 Rip을 더욱 깊게 하여 Deep Waffle 구조 Rip을 채용함으로써 Plasma 방전영역을 확대하고 자외선 발광량을 대폭 향상시키고 있다.

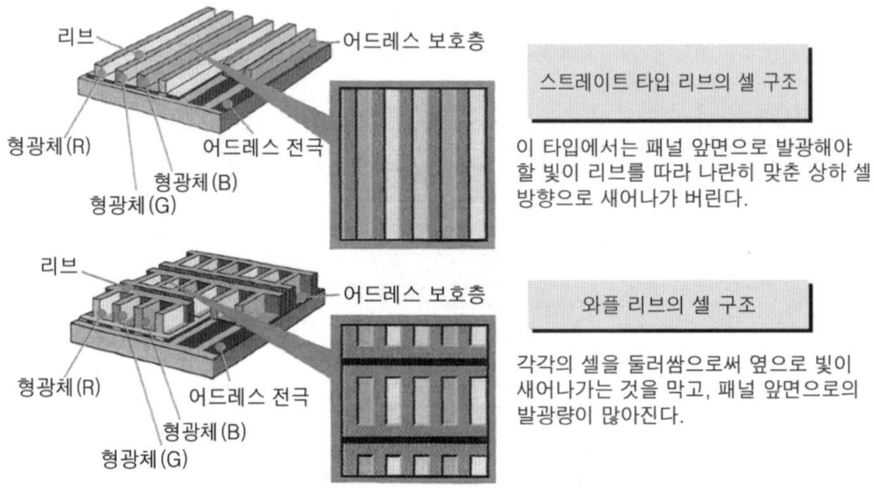

【그림 3-66】 발광효율 향상시킨 Deep Waffle 구조

3-16 고휘도 구현 기술

FHP사에서 고휘도를 실현한 Meander 구조 Rip을 개발하였다. 종래 Stripe Cell 구조보다 2배의 고휘도를 실현한 Meander 구조 Rip을 이용한 Delta (Delta·Tri-Color Arrangement) Cell Panel을 Fujitsu가 개발하고 있다.

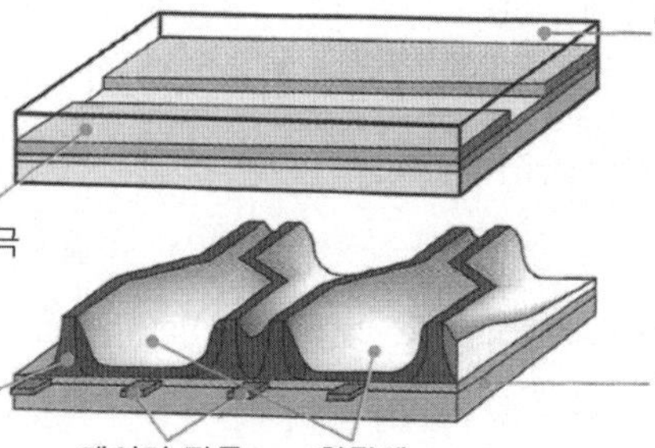

미안다 구조 리브

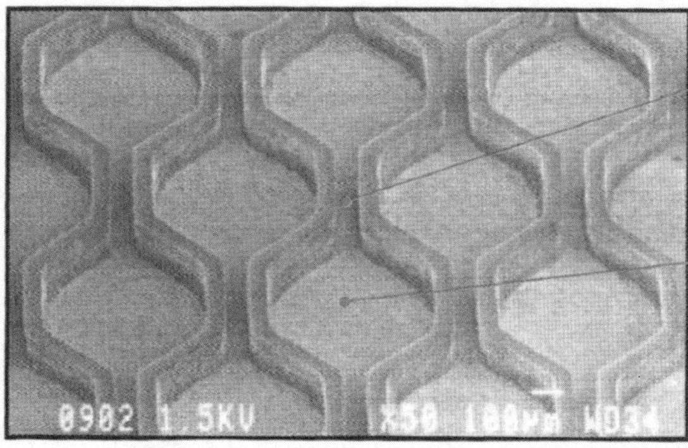

화소pitch : 1.08*1.08mm
넓은 부분의 셀 폭 : 0.53mm
좁은 부분의 셀 폭 : 0.07mm

출처 및 사진제공 : 주식회사 후지쯔연구소

【그림 3-67】 고휘도를 실현한 Meander 구조 Rip

요약하면,

(1) Meander Rip을 Delta 구조로 배치하여 발광효율을 향상시켰다. 즉, 발광면적이 종래보다 약 1.8배 증가하였으며 6 Barrier Rip에 의한 형광체 도포면적이 증가되었다.

(2) 같은 color의 Cell들을 Narrow Channel로 연결하여 가스주입과 배출이 용이하게 하였다.

3-17 색순도 향상

Color Filter를 병용하는 CCF방식으로 색순도 향상시키는 방법을 NEC사에서 개발하였다. PDP는 본래 Cell 내부에서 발광한 자외선이 형광체(RGB)에 도달하여 가시발광하는 원리이므로 발광 그 자체에 색이 들어있다. 그러나 동작 가스 자체에서 나오는 가시광은 RGB와 관계없이 방출되므로 NEC에서는 전면 발광측에 Color Filter를 같이 사용한 CCF (Capsulated Color Filter) 방식을 채용함으로써 한층 더 높은 색순도를 달성하고 있다.

발광한 광이 Color Filter에 의해 pure한 색으로 되므로 선명한 영상 표시가 가능하게 되었으며, Plasma 특유의 Ne 가스의 등색을 cut해서 높은 색순도를 얻게 되었다. 덧붙여 표시 Cell을 상하방향으로 분리하는 grid 격벽을 그림과 같이 Cell마다 설치하여 Cell간의 방전간섭을 막을 뿐 아니라 새로운 전극구조를 채용해서 유효한 방전영역을 확대하여, Cell 전체에 강한 방전을 발생시킴으로써 고휘도 및 저소비 전력을 실현하고 있다. 또, Rib위에 Black Stripe층을 설치함으로써 외부광이 비치어 반사되는 것을 크게 저감시키고 있다.

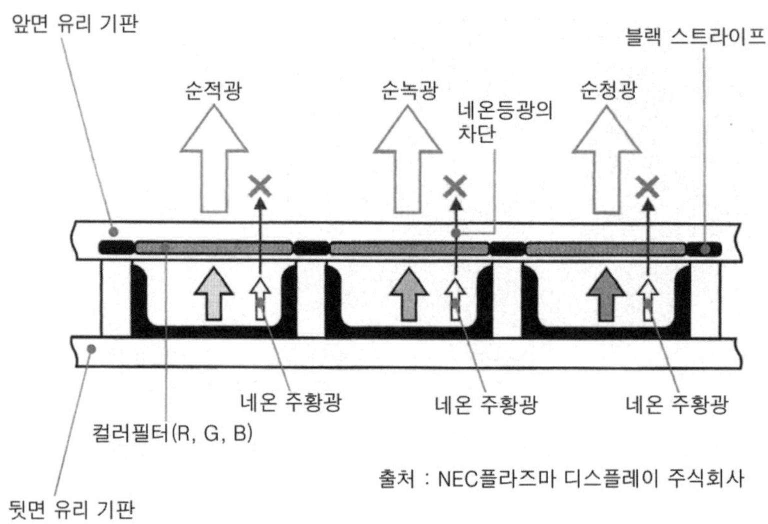

출처 : NEC플라즈마 디스플레이 주식회사

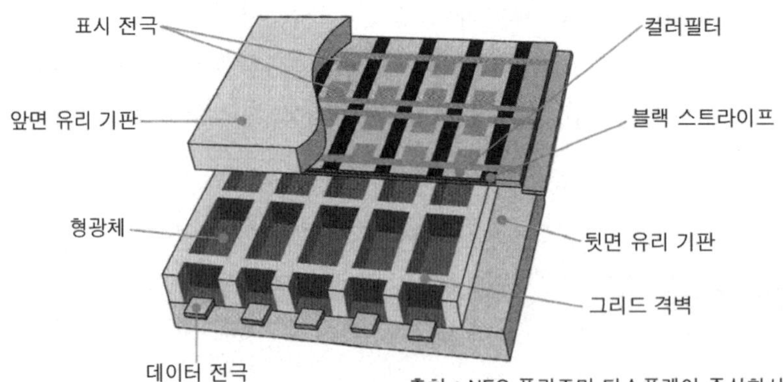

출처 : NEC 플라즈마 디스플레이 주식회사

【그림 3-68】 색순도 향상 기술

3-18 색 밸런스 실현

비대칭 Cell을 이용해서 3원색의 절묘한 발광 Balance를 실현하는 기술을 Matsushita사에서 개발하였다. 광 3원색인 RGB 중에서 청(B)색은 가장 사람이 느끼지 못하는 색이다. 따라서 사람 눈으로 보아 R이나 G처럼 강력한 색을 얻기 위해서는 청색의 발광량을 증가시켜 3원색의 발광 균형을 취할 필요가 있다.

그래서 Matsushita에서는 R,G,B Cell 크기 비율을 다르게 한 비대칭 Cell 구조를 이용해서 3원색 Balance를 실현하고 있다. 이 방법에 의해 휘도 contrast를 향상시키고 밝고 강한 Full White를 얻고 있다. 즉, RGB Cell 크기를 다르게 하여 색온도 및 색 밝기를 개선하고 contrast를 향상 시키는 방법이다.

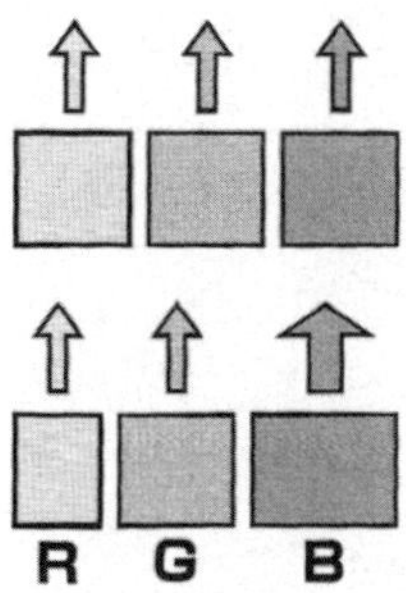

청색의 발광효율이 나빠 3색의 발광 균형이 나쁘다.

청 발광체의 비율을 크게 함으로써 절묘한 색 균형을 만들어낸다.

출처 : 마쯔시타 전기산업주식회사

【그림 3-69】 색 밸런스 실현

3-19 휘도 향상 기술

3.19.1 휘도의 포화

PDP에서는 최대 휘도가 어떤 점에서 포화해 버리는 결점이 있다. PDP에서는 pulse 수를 변화시켜 밝기가 다른 화상을 실현하고 있다. 즉, 어느 subfield를 선정해 점등시키는가에 의해 유지 pulse 수가 결정된다. 그 범위는 zero pulse인 흑색에서 255 pulse 까지 선정 가능하다. Pulse 수가 증가하는데 따라 비례하여 밝기가 증가해 간다. 그러나 pulse 수가 255에 달하면 그 이상 밝기는 증가하지 않는다.(pulse 수는 255가 선정 가능한 최대값이다.) 이와 같은 특성을 가진 PDP에 그림과 같은 밝기의 분포를 가진 화상신호가 입력되었다 하자. 이 화상은 주변이 어둡고 중앙부가 돌출해 밝은 화상, 즉 화면의 중앙에 spot light를 받고 있는 인물이 서 있는 화면이다.

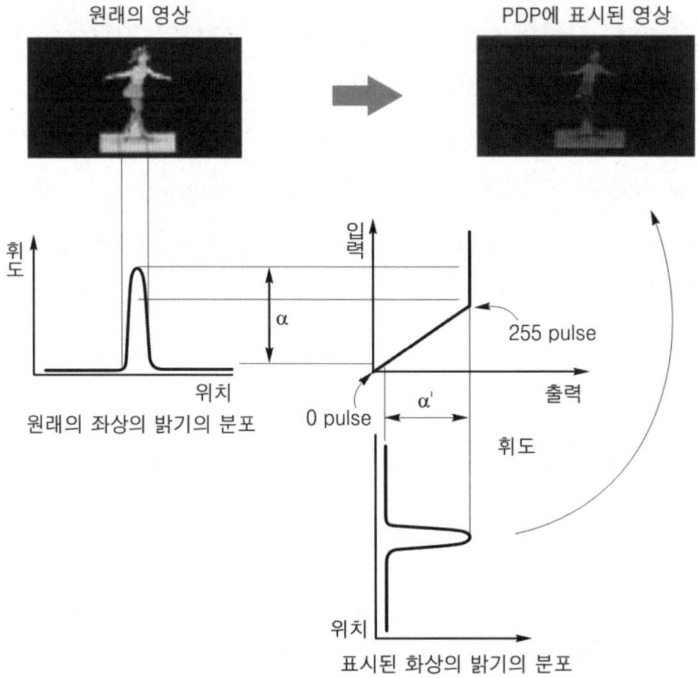

【그림 3-70】 PDP에서 화상 밝기의 포화

PDP의 특성은 그림과 같이 어떤 밝기 level까지는 입력 신호에 비례해서 표시 휘도도 증가하지만 일정값 이상의 밝기신호가 되면 그 이상 표시휘도는 증가하지 않는 특성이 있다. 결국 유지 pulse 수가 어떤 최대값에서 포화해 버리는 것이다.

원래 화상이 PDP를 거쳐 표시된 화상을 오른쪽에 나타내었다. 그림처럼 spot light를 받고 있던 사람의 밝기가 줄어들고 말아서 원래 화상보다 어둡게 되어버리고 만다. 최대의 휘도가 낮게 되어버리는 것뿐만 아니라 원래 화상에서는 a라는 dynamic range 즉, 밝기의 폭이 있는데 비해 PDP로 표시된 화상에서는 dynamic range가 a'로 되어(a>a') 박력 없는 화상이 되어 버리는 것도 과제이다.

3.19.2 화상의 특징을 살려 휘도를 향상시킨 기술 (Matsushita사)

PDP는 휘도가 포화하는 경향이 있다. 그렇다면 최대 pulse 개수를 증가시키면 될 것 아닌가 하고 생각할 수 있다. 이것은 하나의 해결방법이지만 또 다른 문제가 발생한다. 즉, 이 방법은 소비전력이 너무 크게 되어 버린다는 점이다. PDP는 Device 자체가 얇고(6mm정도) TV Set의 전체 두께도 벽걸이 TV를 의식해서 10cm 이하로 설계하는 것이 일반적이므로 너무 소비전력이 크게 되면 남는 열을 방열하기 어렵게 된다. 그래서 다른 해결방법이 고안되었다. 즉, 원래 화면이 전체적으로 밝은 분위기인 경우는 (주간의 해안가 혹은 대낮의 풍경 등) 최대휘도를 낮게 하더라도 전체 분위기는 잘 재현된다. 화상의 어느 부분이라도 최대값에 가까운 휘도로 빛나고 있기 때문이다. 한편 앞 page 그림에서와 같이 화면 중앙부분만 밝을 경우 이와 같을 때는 최대휘도를 높게 해준다. 결국 pulse 주파수를 높게 하여 최대 유지 pulse 개수를 증가시켜 주는 것이다. 그 결과 밝기가 포화되는 문제는 해결되어 또렷또렷한 화상이 재현되게 되었다. 원래 이 경우 밝은 부분의 면적은 적기 때문에 소비전력은 적으며, 또 전체적으로 밝은 화면일 경우 전체 휘도를 낮게 하여 소비전력이 감소하였으므로 TV 자체로서 소비전력은 증가하지 않게 된다.

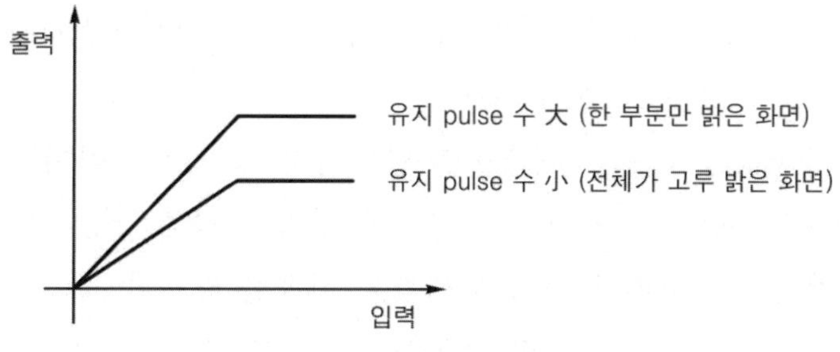

【그림 3-71】 휘도 향상 기술

이상과 같이 control 함으로서 최대 휘도가 CRT보다 낮다는 문제점이 거의 해결 되었다. 모든 신호를 디지털 처리 하고 있는 PDP에서는 이와 같은 제어를 간단히 실현할 수 있는 것도 큰 특징 중의 하나이다.

3-20 Contrast Ratio 향상 기술

3.20.1 Contrast Ratio를 향상시킨 새로운 구동파형의 개발

reset 기간에 4각 Pulse가 사용되지 않고 서서히 증가하거나 감소하는 ramp 전압을 사용함으로써 contrast ratio를 향상시킬 수 있다.

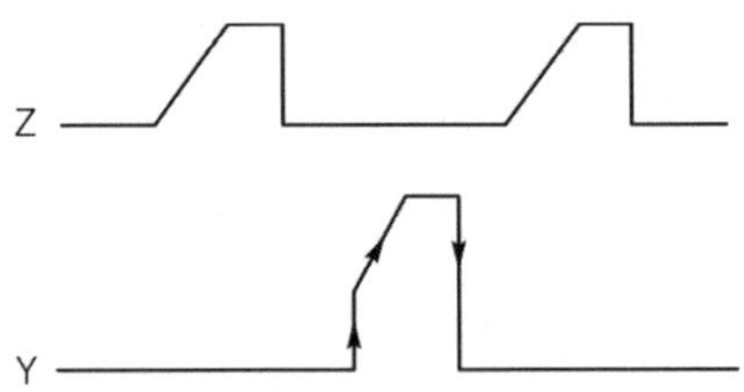

【그림 3-73】 Reset 기간의 파형

[그림 3-73]을 4각형 구동파형과 비교하면 4각파 대신 ramp형 전압이 사용되고 있음을 알 수 있다. Z의 ramp파형은 42절의 소거방전 항에서 설명한 바와 같이 ramp 파형으로 Erase 방전이 가능하며 OFF시킬 수 있는 파형임을 알 수 있다. 4각파형에서와 같이 2번에 걸쳐 Erase(OFF)시키고 있음을 알 수 있다.

Y 파형은 4각파와 ramp 파형의 조합으로 만들어져 있는 파형이며, 처음 아래쪽 4각형 부분까지 상승할 동안은 방전이 일어나지 않도록 전압을 정해준다. (일반적으로 약 180V) 그 이상으로 가면 전압이 서서히 증가하게 되므로 미세한 방전이 계속되며 4각형 파형에서 갑자기 높은 선압을 줄 경우에 비해 방전광이 거의 나오지 않아 배경광이 줄어들게 되고 결과적으로 contrast ratio는 증가하며 그림(화상)이 선명하여 화질이 개선된다. 특히, 이 경사면 ramp전압의 경사(기울기)를 급하게 할수록 강방전이 발생하며 reset 시간은 짧아진다. 그러나 기울기를 완만하게 주면 약방전이 일어나 유리하지만 reset 기간이 길어지게 되어 화면 밝기가 저하하는 문제점이 있다. 현재 전체 구동파형이 차지하는 시간 비율에 대한 방전유지기간은 대략 30%뿐이어서 가능한 reset 시간과 Address 시간을 줄이고 방전유지시간을 많게 할 수 있는 여러 방법이 제안되어 실시되고 있다. 방전유지시간 비율이 많아질수록 화면은 밝아지기 때문이다.

3.20.2 Contrast Ratio를 향상시킨 기술

최대 휘도를 높이는 것이 가능하게 되었으므로, 이제는 최소휘도 즉 black level을 낮게 하는 방법에 대해 생각해 보기로 하자. black level을 더욱 낮게 한다는 것은 묘한 표현이지만 PDP의 동작원리에서 논한 예비방전을 생각해 보자. 예비 방전은 Address 준비기간으로 앞의 화면에서 형성된 벽전하를 지우기 위한 방전 과정을 거쳐 각 cell이 동일초기조건을 갖게 한다. 결국 방전이므로 작게 빛나게 된다. 이 때문에 본래 화상은 Real Black이더라도 PDP의 화면상에서는 적기는 하지만 빛나고 있는 것이다. 종래에는 확실한 초기조건을 확보하기 위하여 폭이 좁은 pulse 전압을 가해 큰 방전전류(발광)를 발생시켰다.

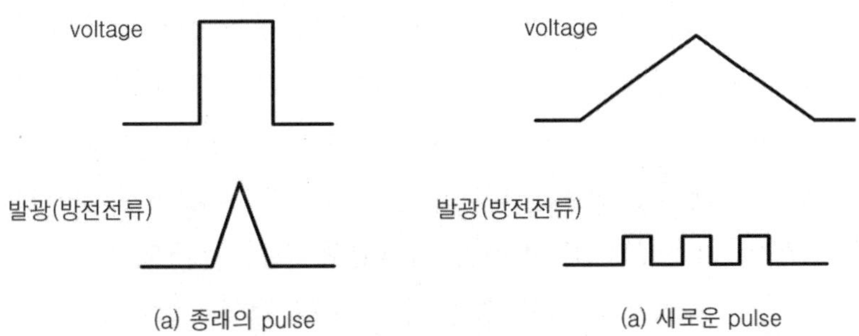

【그림 3-74】 Contrast를 향상시킨 pulse 파형

그러나 종래 square(구형) pulse에서는 불씨가 너무 커서 Real Black이 더욱 어려웠다. PDP에서는 최대밝기와 Black level 밝기의 비를 contrast ratio (PDP최대밝기/Black level 밝기)라 한다. 이 값이 클수록 화면이 선명하게 된다.

일반으로 contrast ratio는 500 : 1이 필요하지만, 예비방전에서 Black 부분이 광이 나는 PDP에서는 100 : 1 이하로 되어 화면의 선명도가 좋지 않았다. 만일 예비방전용 pulse 전압을 낮게 하여 방전을 약하게 하면 그 발광 강도가 낮게 된다. 그러나 약한 방전은 불안정하게 되고 더욱이 각 cell이 각기 다른 초기조건이 되어 오방전의 원인이 되고 화질은 저하한다. 그래서 그림(b) 와 같은 초기화 파형(예비방전 전압파형)이 제안되었다. 이 파형에서는 전압이 천천히 변화하고 있다. 이 전압변화에 따라 연속적으로 적은 방전이 계속 일어나게 되며 종래 큰 방전에 의한 밝기의 1/10 이하로 할 수 있게 되었다. 더욱이 이 방법에 의해 확실한 초기조건이 확립되었다. 좀 더 자세히 설명하면 방전전류는 전압경사에 비례하는 값으로 연속적으로 흐른다. 예로서 방전 cell용량을 C(F), 전압의 경사를 m(V/s)라 하면 정상전류 I=mC(FV/s)=mC(A)로 된다. 왜냐면 Q=CV(FV)이고 (FV/s)=(Q/s)=(A) 로 되기 때문이다. 이 전류는 아주 안정하며, 또 전압의 기울기 m을 완만하게 할수록 적게 된다. 방전전류는 적지만 전압이 가해져 있는 기간 동안 계속해 흐르므로(pulse 전압의 경우는 한꺼번에 큰 전류가 흐르고 큰 빛이 난다.) 초기조건도 확실히 확립된다. 이 방법에 의하면 contrast ratio를 1000:1 이상으로 할 수 있다.

3-21 해상도 향상 기술

PDP의 해상도는 원래 패널이 모두 몇 개의 화소로 구성되어 있는가에 의해 정해진다. PDP가 가지고 있는 해상도를 충분히 발휘시키기 위해서는 수신한 TV 신호를 표시하여 원래대로 재현시킬 필요가 있다. 얼마 전까지만 해도 TV와 같은 Analog 신호를 증폭 처리해서 표시했던 때는 도중에 noise가 첨가되어 원래대로 재현시키기 어려웠다. 신호가 변화하면 해상도가 나쁘게 되어 버리고 만다. 결국 화상이 흐리게 되어 섬세한 부분을 판별하기 어렵게 된다. PDP에서는 모든 단계에서 신호를 디지털 처리하므로, Analog시대와 같은 신호가 변화할 걱정은 없다. 더욱이 최근에는 TV방송이 디지털화 되어 보내오는 신호자체가 디지털로 되어 있으므로 아주 좋은 해상도를 접할 수 있다. 더욱이 해상도를 패널 본래가 가지고 있는 능력이상으로 개선하려는 노력이 진행되어 왔다. PDP에서는 점(Dot)의 집합으로 matrix식으로 화상을 만들고 있기 때문에 자세히 보면 윤곽이 들쑥날쑥 되는 것을 피할 수 없다. 그림에 그 예를 나타내었다. 'A'라는 문자의 윤곽은 비스듬한 경사선으로 구성되어 있다. PDP의 화면을 구성하는 dot는 가로세로로 정확히 분포하고 있으므로 경사선을 자세히 보면 그림과 같이 계단상으로 빛나는 점이 배치되어 경사선의 윤곽이 들쑥날쑥하게 된다. 이와 같은 들쑥날쑥은 해소하기 위해서 문자와 배경의 경계에 중간 밝기의 dot를 추가해 주는 것이 해상도 향상의 기본개념이다. 다음 그림에서 그 처리결과를 나타내었다. 윤곽이 들쑥날쑥하게 발생하는 부분에는 하나의 dot를 반반씩 나누어 흑백으로 분할해 주면 된다. 그러나 실제에는 PDP의 dot는 표시의 최소단위이므로 반반씩 나눌 수 없다. 그래서 그림에서 나타낸 바와 같이 흑백밝기의 평균을 취해 중간밝기의 dot로 한 것이다. 원래 'A'의 화상에는 이와 같은 중간밝기의 부분은 없었으나 극히 일부분의 dot에 실제에는 없는 중간밝기를 첨가해 줌으로써 들쑥날쑥의 정도가 개선되어 해상도를 향상시킬 수 있게 되었다.

여기에 설명한 이외에도 PDP화질을 향상시키기 위해 여러 가지 방법이 제안되고 있다. 이들을 더욱 발전시켜 panel능력을 최대한 발휘하게 하면 PDP의 화질은 더욱 개선되어 나갈 것이다.

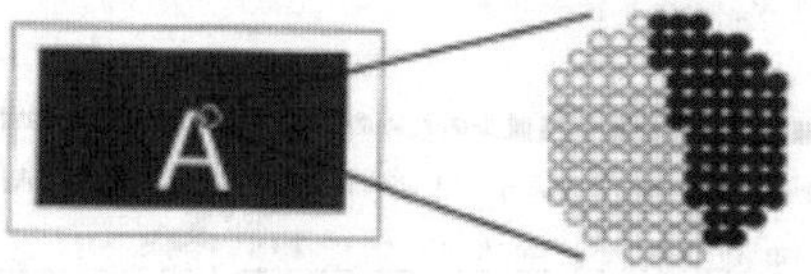

(a) 기존의 방식으로 선을 표시 할 때에 톱니모양이 된다.

(b) 해상도 향상 방법의 예

【그림 3-75】 해상도 향상 기술

제4장 유기발광다이오드(OLED)

4-1 OLED의 개요

4.1.1 OLED의 역사

유기 EL의 역사는 1950년대부터 시작되었다. Bernanose가 유기 색소를 함유한 고분자 박막에 높은 교류 전압을 인가하여 유기 박막으로부터 발광을 관측하였으나, 이는 방전에 의한 이차적인 발광으로 이해 되고 있다. 하지만, 이때 사용된 Alq_3(알루미키노리놀 복합체)는 오늘날에도 유용하게 사용되는 재료이다.

1963년에 현재의 유기 EL 소자의 원형인 아트라센 단결정에 고전압을 인가하여 전류를 흘릴 경우 청색 발광이 일어남을 관찰하였다.

1967년에는 단결정으로서 테트라센을 첨가한 안트라센 결정에서 EL 현상에 대한 연구가 이루어졌다.

1970년대에 와서 단결정에서 박막 형태로 연구 대상이 변화되기 시작했으며, 1982년에 기판 위에 안트라센 박막을 진공 증착으로 형성함으로써 유기 박막을 이용한 EL 소자 제작에 성공하였다.

이후, 유기 EL은 저분자 재료 뿐만 아니라 고분자 재료를 이용한 소자도 개발되어 현재까지 비약적인 발전을 거듭하고 있다.

4.1.2 EL 디스플레이란 무엇인가?

EL 디스플레이는 전압을 가하면 그 자신이 발광한다. 즉 자발광 물질을 이용한 디스플레이이다. 따라서 액정과 달리 backlight를 필요로 하지 않고, 저소비전력, 경량, 슬림화(slim) 등의 특징이 있다. 휴대 전화기용 등의 분야에 큰 기대를 걸고 있다.

EL 디스플레이는 화상 표시 장치로서 극히 최근 특히 각광을 받고 있다. 가볍고 얇고 적은 휴대용 기기나 얇은 TV가 성행하고 있는 요즈음 EL 디스플레이는 눈으로 보기에는 액정 디스플레이와 아주 닮아있다.

그러나 크게 다른 점은 자발광 한다는 점이다. 자기 스스로 발광(자발광)한다는 것이 EL 디스플레이 의 최대 특징이다.

액정 디스플레이가 backlight에서 나오는 광을 액정 switch에 의해 ON/OFF 제어하는 구조와 비교해, EL은 스스로 발광하는 것이다.

따라서, 액정 디스플레이와 비교해 보면 높은 contrast, 넓은 시야각 및 빠른 응답성 등 몇가지 큰 이점을 갖고 있다. 더욱이 크기면에서도 backlight가 필요 없는 만큼 얇게 되며 (약1.5mm), 초소형의 휴대용 기기에 특히 적합하다.

그러나 EL 디스플레이는 아직 개발중인 기술이며, EL 소자가 나타낼 수 있는 모든 능력을 충분히 발휘하지 못하고 있다. 특히, 발광 효율(소비전력에 대한 화면의 밝기)과 수명(휘도가 반감 하는데까지 시간) 사이에는 서로 역비례하고 있어 절충(Trade-off)이 필요하며, 본격적인 양산화가 늦어지고 있는 실정이다.

4.1.3 EL 디스플레이의 종류

EL 디스플레이는 Electroluminescence 현상을 이용한 디스플레이이다. EL 소자는 무기 화합물(탄소를 포함하지 않는 돌, 광물 등, 단 탄소를 포함하는 간단한 화합물인 CO_2 등도 무기물이다.)을 사용하는 무기(無機) EL과 유기 화합물을 사용하는 유기 EL 의 2종류가 있다. 유기 EL은 원리가 발광 diode인 LED(light Emitting Diode)와 닮았다 해서 OLED(Organic LED)라 부르고 있다.

무기 EL은 발광체로서 유화아연(ZnS) 등의 무기물을 glass 기판에 증착하고, 100~200V의 교류 전압을 가해 동작시킨다. 구동에는 고전압이 필요하다든가, color화에 필수적인 3원색 중 청색 재료에 적당한 재료가 없다는 점 등의 문제점이 남아 있으며, 유기 EL 정도로 제품 개발이 되고 있지 않은 실정이다. 실용화 된 것으로는 산업용 기기, 의료 기기 등에 사용되고 있는 Monochrotype이 있다.

한편, 유기 EL은 color화가 용이하고, 더욱이 무기 EL과 비교하여 훨씬 저전압으로 동작이 가능한 특징을 가지고 있으므로 휴대 기기 등의 평판형 디스플레이로서 응용이 크게 기대되고 있다.

현재는 주로 유기 EL 표시 장치 개발이 앞서고 있다. 또, 유기 EL에서 이용되는 유기 화합물의 분자량 차이로 분류하여 분자량이 적은 저분자계와 분자량이 많은 고분자계의 2종류가 있다.

[그림 4-1]에 EL 소자의 구성 물질에 따른 구분을 나타내었다.

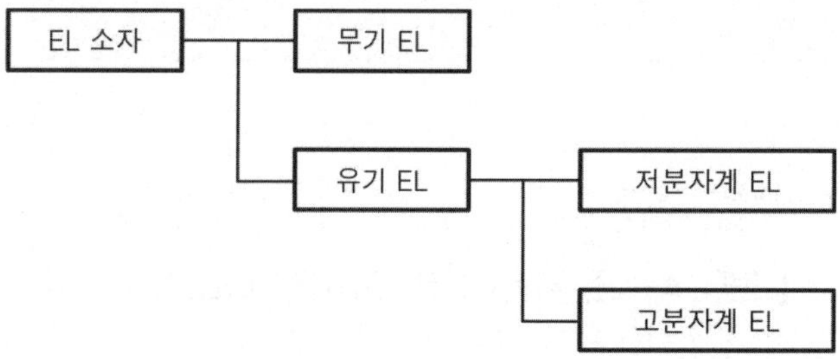

【그림 4-1】 EL 소자의 구성물질에 따른 구분

[표 4-1]에 저분자(Sm : Small molecule) OLED 및 고분자(Polymer) OLED의 장단점을 비교하여 나타내었다.

[그림 4-2]에 저분자와 고분자 OLED의 구조를 나타내었다. 저분자 OLED의 다층막은 진공증착에 의해서 주로 형성되며, 고분자 OLED의 경우는 증착물질이 용액 상태로 존재하며, 스핀 코팅 등의 방법에 의해서 증착된다.

【표 4-1】 저분자 및 고분자 OLED의 특성 비교

	Sm-OLED	PLED
장점	높은 발광효율 풀칼라 다층막 형성 용이 픽셀화 용이 대면적화 가능	저전압구동 높은 기계적 강도 편광발광 가능 대면적화 가능 박막 공정 용이
단점	결정화 낮은 기계적 강도 다층막간의 interdiffusion	픽셀화이 어려움 다층막 형성의 어려움

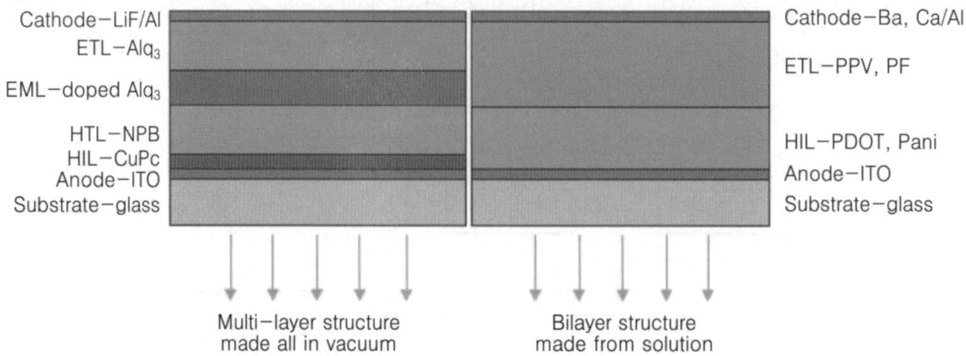

【그림 4-2】 저분자 및 고분자 OLED의 구조

4.1.4 Luminescens란 무엇인가?

EL은 Electroluminescence의 줄인 말이다. Luminescence란 물질이 광, 전자 빔, 혹은 전계 등의 에너지를 받아들여 그 에너지를 광으로 재방출하는 현상을 말한다. 야광 시계와 같이 광을 쪼였을 때 광을 방출하는 것이 photoluminescence 이며, 전자 빔을 주입하였을 때 광을 방출할 경우가 cathodeluminescence, 그리고 전압을 가했을 경우 광을 방출하는 경우가 Electroluminescence(EL)이다.

4.1.5 유기 EL의 기본 구조 및 발광 원리

유기 EL 소자는 유기 박막층을 양측에서 전극(양극, 음극)으로 에워 싼 sandwich 구조를 하고 있다. 유기 박막층은 전자수송층, 발광층, 정공수송층으로 구성되어 있다. 또 외부에 광을 방출해야 함으로 발광측은 광투과성이 있는 투명 전극(ITO)이 필요하게 된다.

이 구조에서 양극에 (+), 음극에 (-)의 직류 전압을 걸게 된다. 이것으로, 유기 박막 중에서 각각의 전극과 유기막의 경계에서 정공(P형 반도체에 상당함)이 양극에서 정공수송층으로 향하고, 전자가(N형 반도체의 주 carrier에 상당함) 전자수송층을 거쳐 양극으로 향해 진전하게 된다.

또, 서로의 대향 전극을 향해 가기까지의 유기 분자(수송층) 내에서 정공이나 전자의 거동은, 반도체 Si 단결정 중에서 거동과는 달리, 꽤 이동하기 어려운 것이다.

실제는 유기 박막의 수송층 분자간을 hopping 하면서 이동하게 된다.

따라서, 이 수송층은 정공이나 전자가 발광층까지 도달하는 동안에 에너지를 잃어 버리지 않도록 극히 얇게 할 필요가 있다. 단 너무 얇게 하면 pin-hole이 되기 쉽고, 그 결과 유기 박막층이 short 되어서 동작 불능으로 된다. 유기 EL은 일반적으로 수십~수백 nm의 두께를 가지고 있다.

주입된 전자와 정공이, 정공수송층과 전자수송층 중간에 위치하고 있는 발광층에 도달하면, 서로 만나 결합하게 되는데 이것이 Carrier 즉, 정공과 전자의 재결합이라 한다.

그런데, 발광측의 전극은 외부로 광을 이끌어 내기 위하여 광 투과성이 있는 투명 전극이 사용되고 있다.

정공과 전자의 재결합에 의해 유기 박막층(유기 분자)의 전자 에너지가 안정한 기저 상태에서 불안정한 높은 에너지 상태인 여기 상태를 거쳐 다시 안정한 기저 상태로 돌아오게 된다. 이때 유기 박막층의 여기 상태에서 기저 상태로 천이될 때, 여기상태와 기저상태 두 에너지 준위의 차이만큼 광 에너지로 방출하게 되는데 이것이 유기 EL에서의 발광이다.

[그림 4-3]에 EL의 기본적인 구조를 나타내었다.

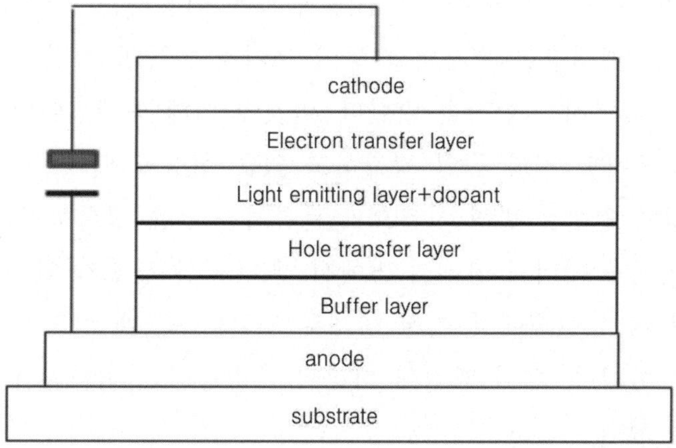

【그림 4-3】 OLED의 기본 구조

유기 EL 물질이 전계에 의해 에너지를 받으면, 물질의 전자 상태가 변화해서 기저 상태(안정한 에너지 상태 준위)에서 여기 상태(에너지가 높은 불안정한 상태)로 밀려 올라가게 된다. 이 불안정한 여기 상태에서 다시 안정한 기저 상태로 돌아 올 때 두 에너지 차에 해당하는 에너지가 광으로 방출된다. 이 발광 현상을 형광 혹은 인광이라 하며 Electroluminescence 의 기본 원리가 되고 있다.

그림에 OLED의 발광 원리를 나타내었다.

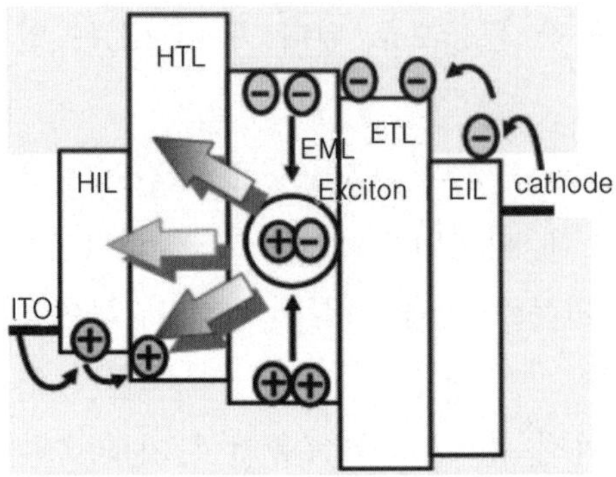

【그림 4-4】 OLED의 발광원리

- 형광과 인광

유기 EL의 발광에는 형광과 인광 2종류가 있다. 현재 유기 EL은 주로 형광을 이용하고 있으나 발광 효율을 향상시키기 위해 인광을 이용하는 연구도 진행되고 있다.

여기서 형광이란 백색광이나 자외선 등이 쪼여지는 동안만 발광하고 쪼여주지 않으면 즉시 발광이 없어지는 현상을 말한다. 이것에 대해 백색광이나 자외선을 쪼여주고(조사하고) 난 후에도 얼마 동안 발광하고 있는 현상을 인광이라 한다.

그러나 이 형광과 인광을 발광 시간으로 분류하는 것은 정확하지는 않다. 유기 EL 발광 원리에서는 전자 에너지 상태의 면에서 생각해 볼 필요가 있다. 또, 전자와 정공의 재결합에 의해 여기 상태에서 기저 상태로 되돌아 올 때 반드시 발광(형광, 인광)이 일어나는 것은 아니다. 천이 과정에 따라서는 발광이 일어나지 않고 열 에너지로 방출되는 경우도 많다.

그림에 형광과 인광이 발광에 대해서 비교해서 나타내었다.

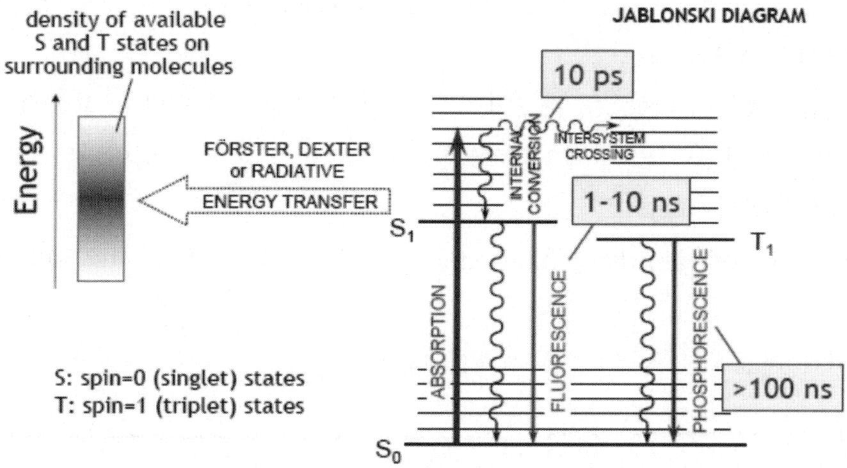

【그림 4-5】 형광과 인광 비교

4-2 OLED의 주요 재료

4.2.1 유기재료의 요구 특성

저분자 유기재료는 기본적으로 고순도 재료여야하며, 손쉽게 진공증착이 가능하여야 한다. 또한, 열에 대한 안정성이 좋아야 되며, 전자와 정공의 주입 및 전달이 원활할 수 있도록 적절한 MOMO, LUMO Level을 가지고 있어야 하며, 인접한 다른 층과의 높은 접착력 및 다른 층으로의 확산을 방지할 수 있는 우수한 계면 특성을 보유하여야 하며, 산업화를 위해서 간단한 제조 방법 및 저가 생산이 가능하여야 한다.

4.2.2 정공 주입재료(HIL : Hole Injection Layer)

ITO Anode(양극) 위에 증착되는 재료로, ITO와 계면 접착력이 우수하며, 양극으로부터 정공 주입을 용이하게 해주는 재료로 정공 주입 장벽을 낮추기 위해서 양극인 ITO와 이온화에너지가 비슷하고, 정공 전달재료보다는 낮아야 하며, 외부 양자효율을 높이기 위해 가시광영역에서의 흡수가 가능한 재료가 요구된다.

대표적인 정공 주입재료로는 CuPc(Copper Phthalocyanine)와 CFx, 및 star burst anines, PEDOT가 있다.

CuPc의 장점은 열적 안정성을 가지며, ITO와의 접착성도 우수하고 화학적으로 안정성을 가질 수 있는 분자량이 큰 물질이다. 또한, 정공의 수송 능력도 뛰어나다. 가시광영역을 흡수하는 단점이 있다.

PEDOT(Poly(3,4-ethylenedioxythiophene)는 스핀주조에 의해서 제조되며, 진공증착공정과는 상이한 점이 있다.

[그림 4-6]에 대표적인 정공 주입 재료를 나타내었다.

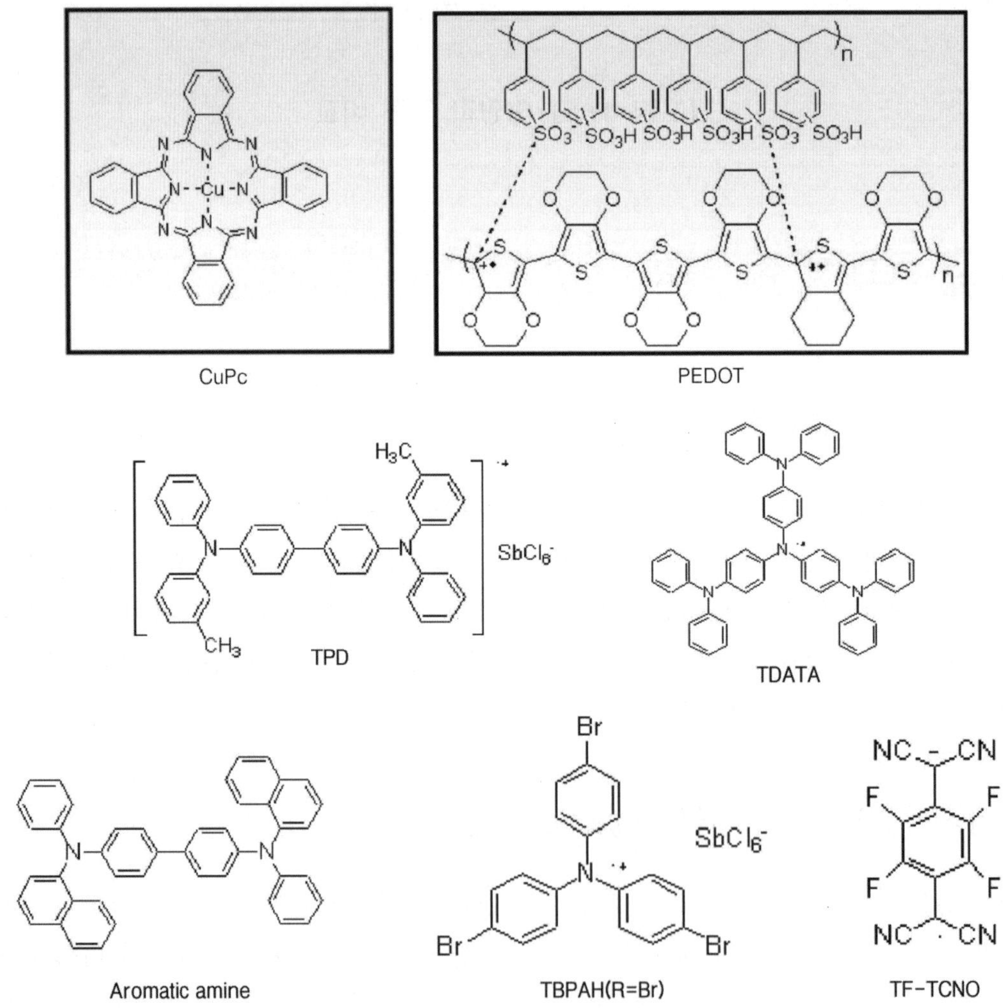

【그림 4-6】 정공 주입 재료

4.2.2 정공 전달재료(HTL : Hole Transfer Layer)

정공 주입 재료 위에 위치하며, 정공을 이송할 수 있어야하며, 정공을 발광층(Emission layer)로 전달할 수 있어야 된다.

고순도여야 하며, 진공 증착이 가능하여야 하고, 양극과의 HOMO Level이 조화를 이루어야한다. 높은 정공 이동도를 가져야 하고 높은 LUMO level,을 가지고 있어 발광층에서 넘어오는 전자를 차단할 수 있어야 한다.

무정형으로 소자 작동시 발생되는 Joule 열에 의한 결정화에 의한 소자의 파괴를 방지할 수 있어야 한다. 즉 열적인 안정성이 있어야 한다.

다른 재료와 마찬가지로 인접한 다른 층과의 접착력이 좋아야하며, 다른 층으로의 확산이 일어나서는 안된다.

최기에는 TPD가 사용되었으나, 유리전이온도가 약 60℃ 정도로 불안정하여, 유리전이온도가 높은 재료가 개발되고 있다.

다양한 정공 전달 재료 분류별로 그림으로 나타내었다.

- Bulk aromatic group을 갖는 amine

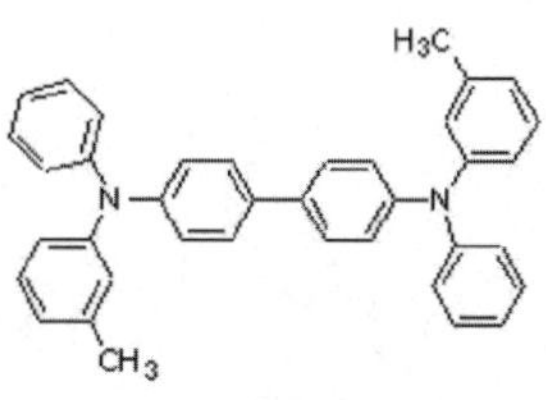

TPD
Tg=60℃

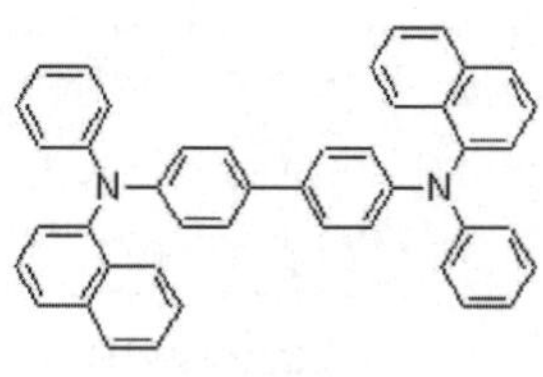

α-NPD
Tg=95℃

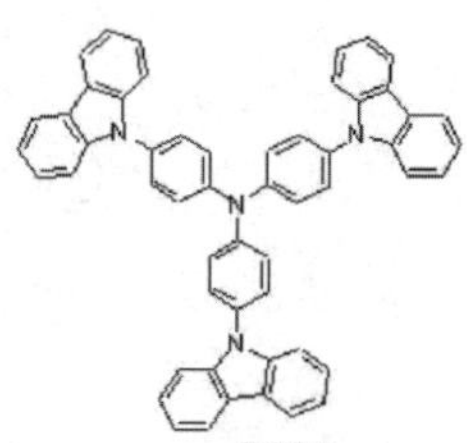

TCTA
Tg=151℃

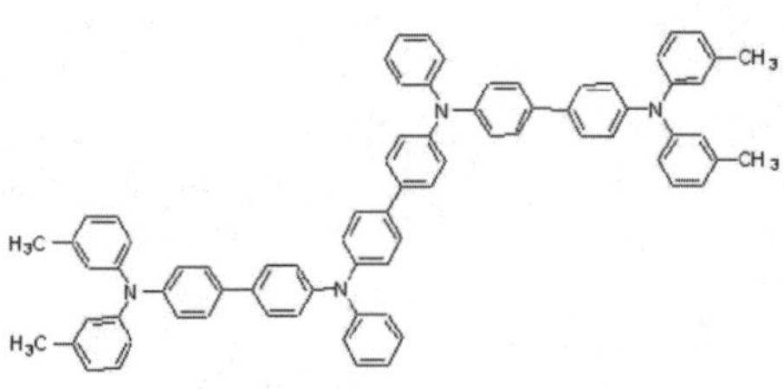

TPTE
Tg=130℃

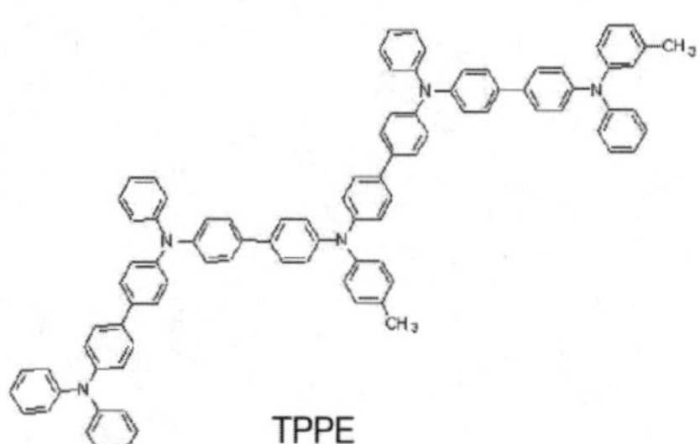

TPPE
Tg=145℃

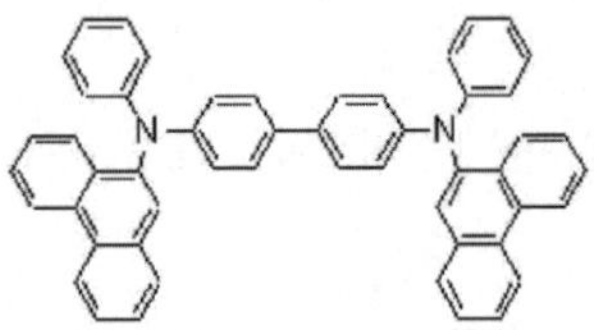

PPD

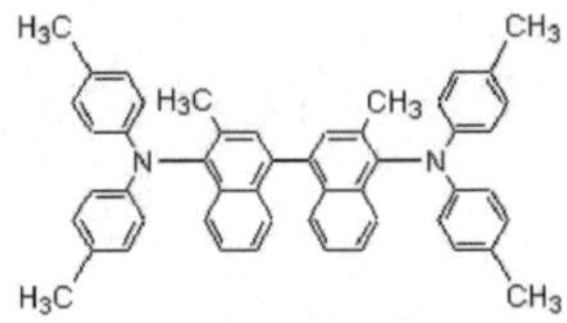

TTBND

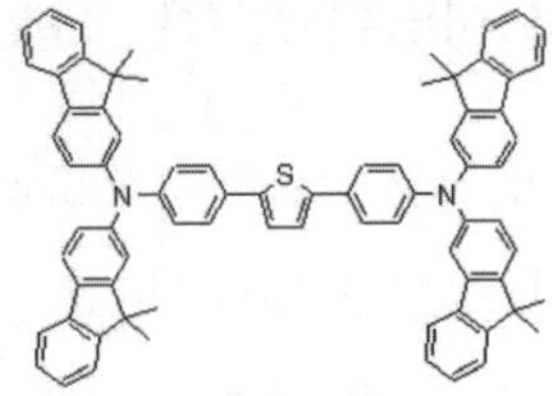

BFA-1T

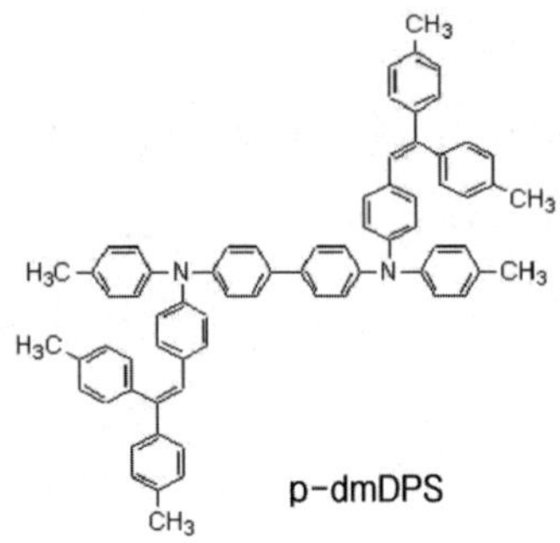

p-dmDPS

- Starburst aromatic amine

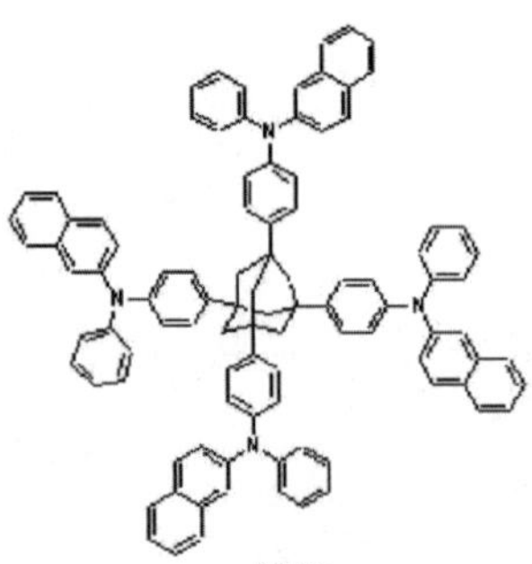

HTM
Tg=155℃

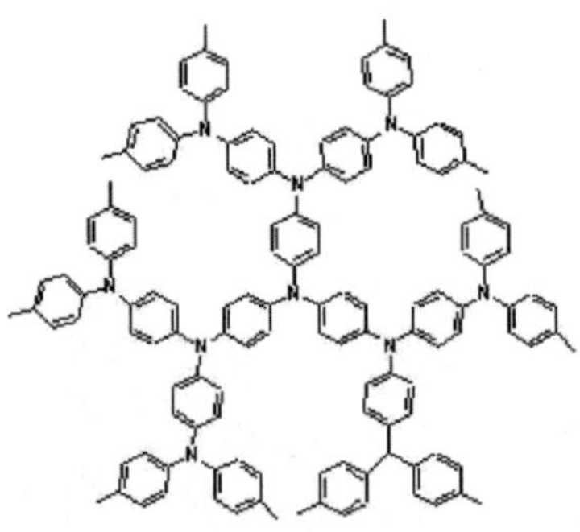

Starburst HTM
Tg=169℃

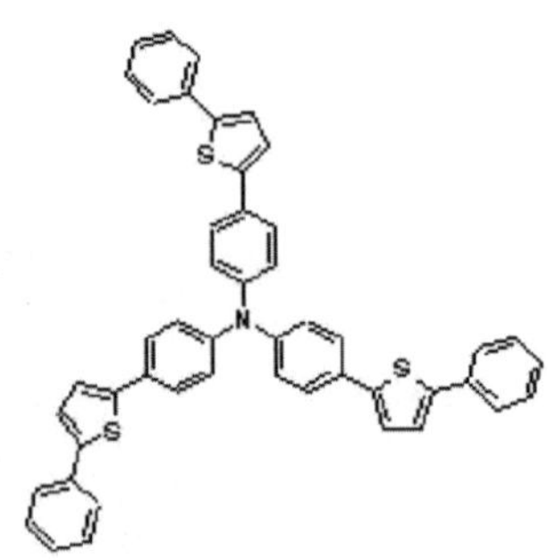

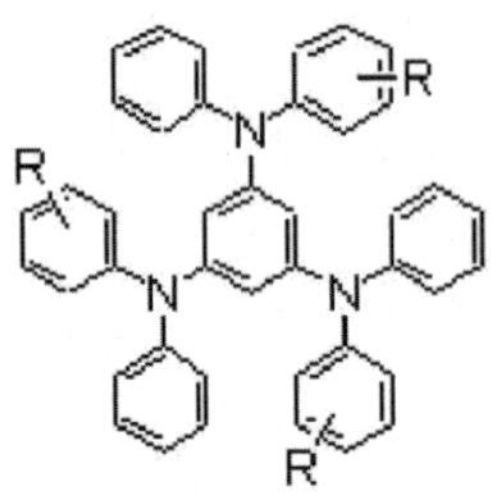

TDAB

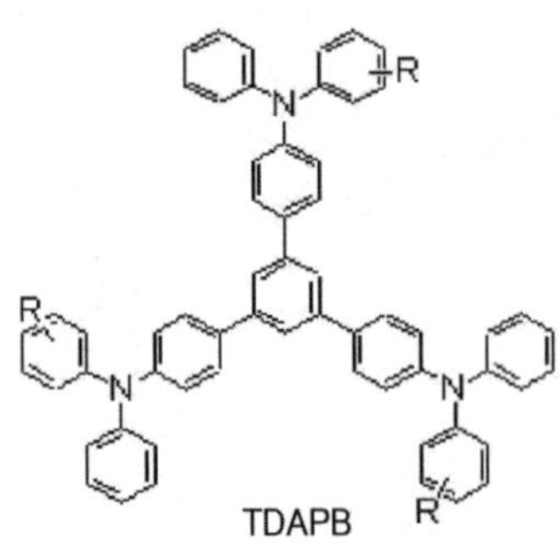

TDAPB

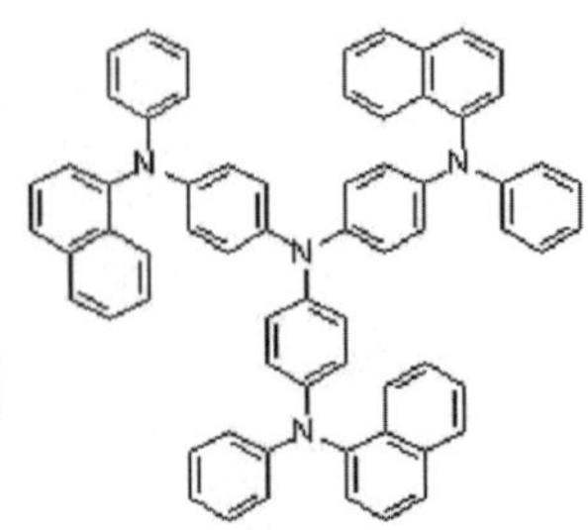

TNATA

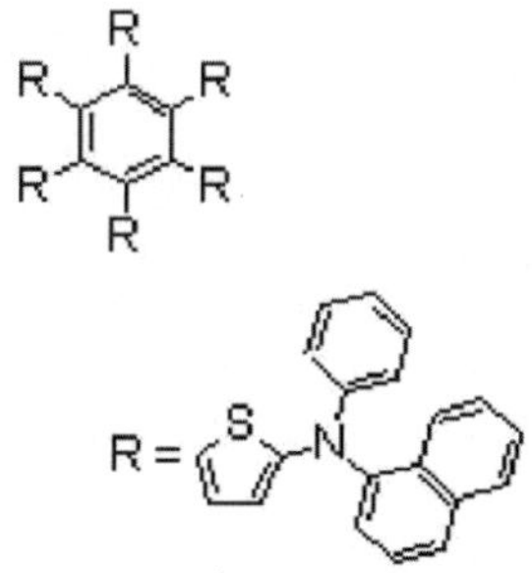

1

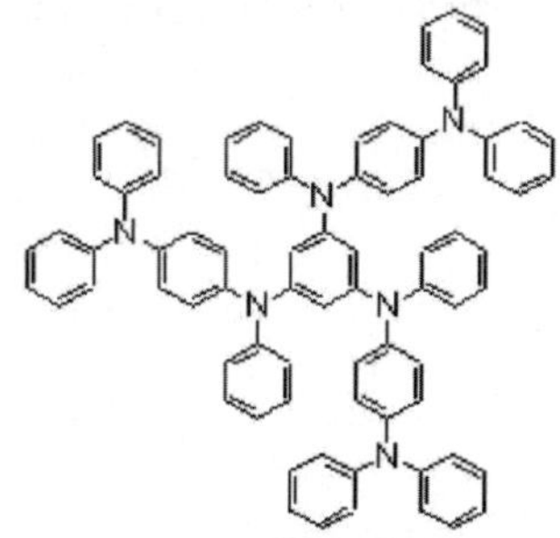

p-DPA-TDAB

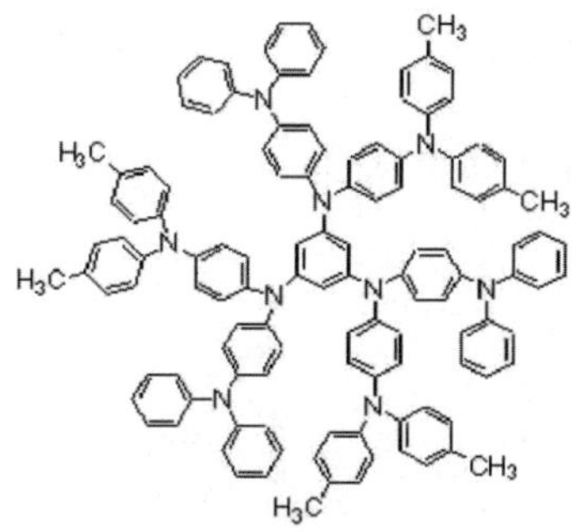

MTBDAB

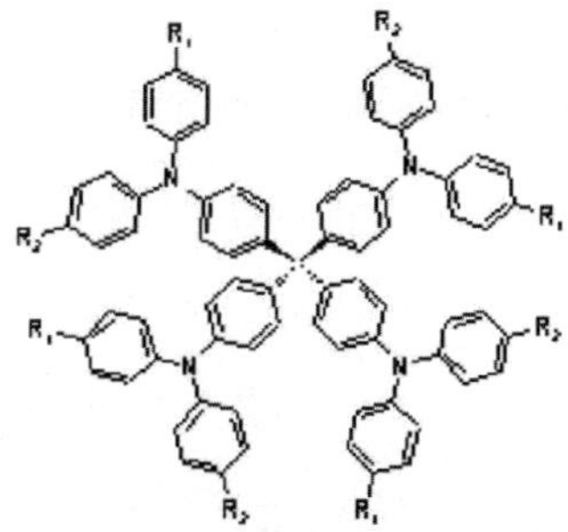

(R1=R2=OMe)
(R1=OMe, R2-tB1)
(R1=R2=TB2)

- Spirofluorene을 갖는 amine

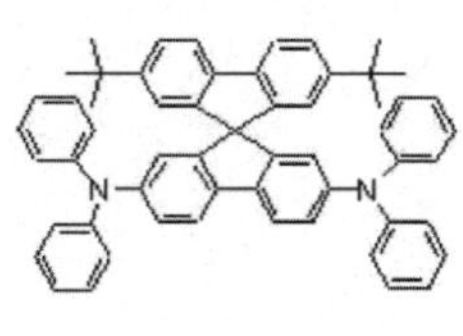

Spiro-2
Tg=116℃

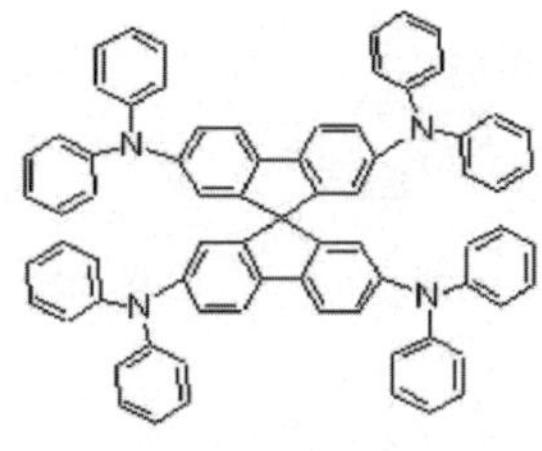

Spiro-TPD
Tg=133℃

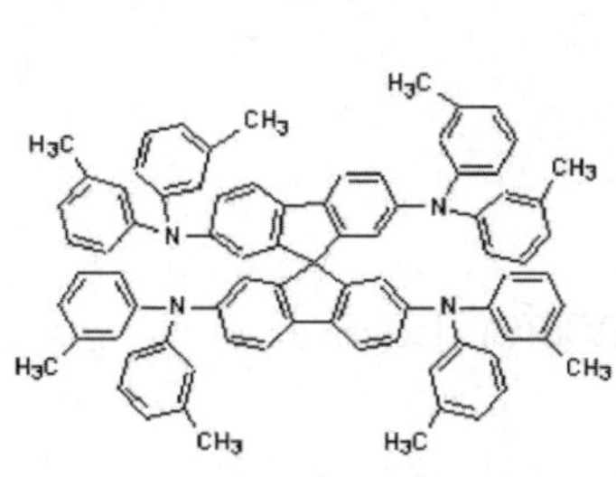

Spiro-mTTb

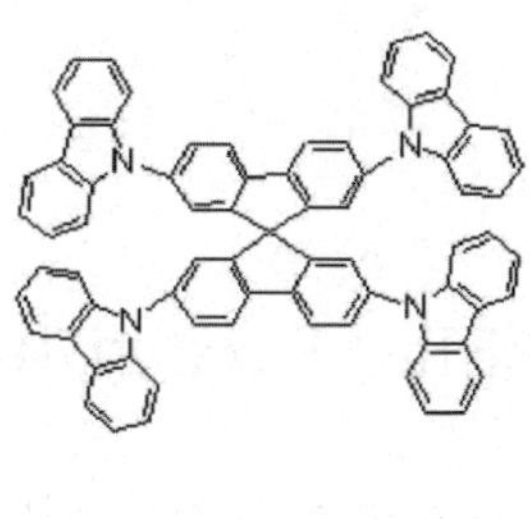

Tg=213℃

- 사다리형 amine, crosslinked amine

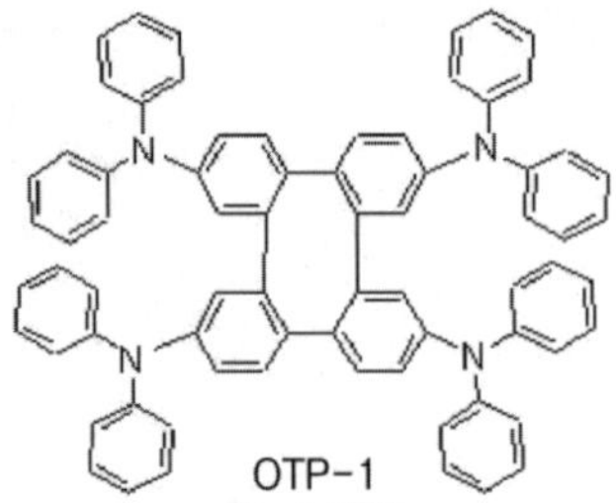

OTP-1
Tg=143℃

- Triaryl amine기를 갖는 Polyimide

 건식공정을 통한 높은 박막 안정성과 열안정성을 갖고 있다.

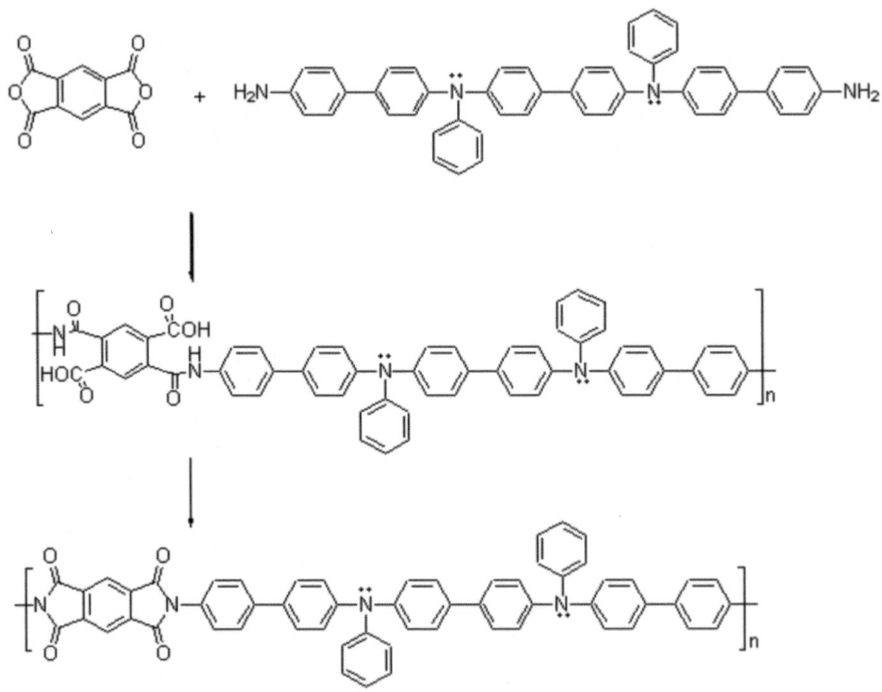

4.2.4 전자 전달재료(ETL : Electron Transfer Layer)

전자전달재료는 발광층 위에 증착이 되며, 전자 수송재료부터 넘어온 전자를 발광층으로 전달하는 역할과 함께 발광층의 정공이 넘어오지 못하게 하는 역할을 동시에 수행한다.

전자전달재료의 요구 특성은 고순도이면서, 진공증착이 가능하여야하며, 음극과 LUMO level이 조화를 이루어야 하고, 높은 전자 이동도와 높은 HOMO level을 가지고 있어야 한다.

또한, 다른 재료와 마찬가지로 소자 작동시 발생하는 Joule 열에 의한 결정화가 일어나지 않도록 무정형이어야하며, 높은 열 안정성과, 안정적인 라디칼 음이온을 형성하여야 한다.

- 전자 당김체를 보유하고 있는 화합물

  시안기, 옥사디아졸, 트리아졸과 같이 공명에 의해 전자를 잡아당기는 작용기를 포함하고 있는 화합물

  아래에 전자 전달재료를 종류별로 나타내었다.

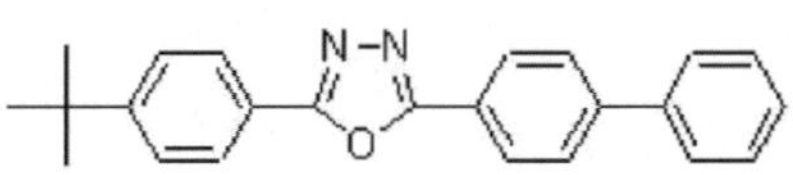

PBD

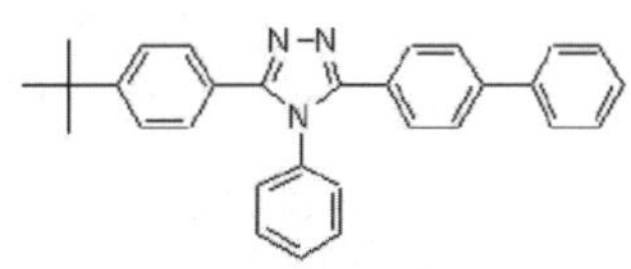

TAZ

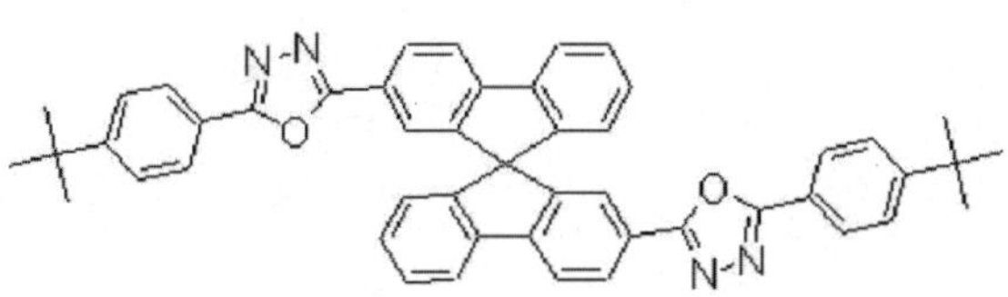

Spiro-PBD

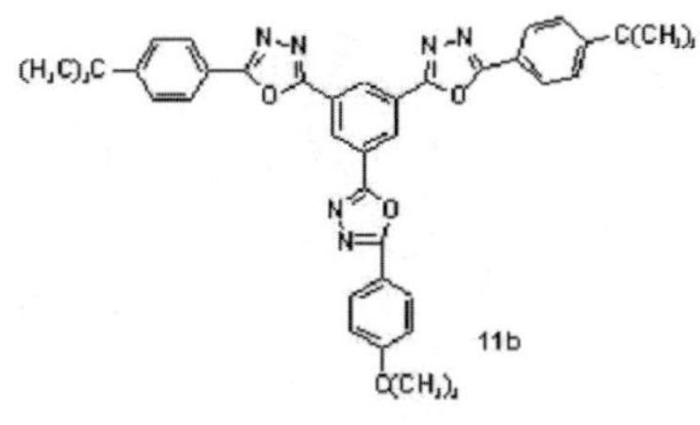

11b

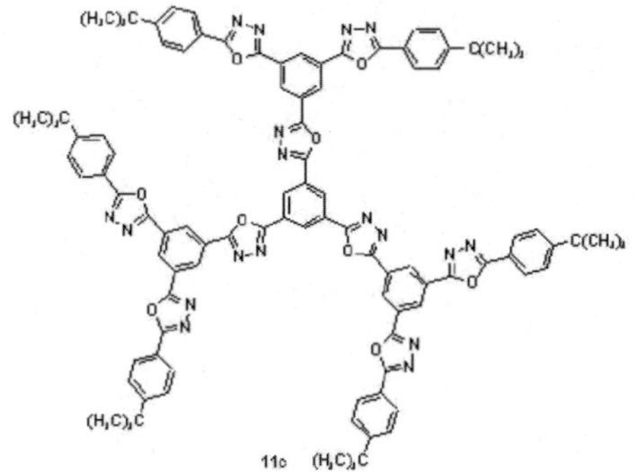

11c

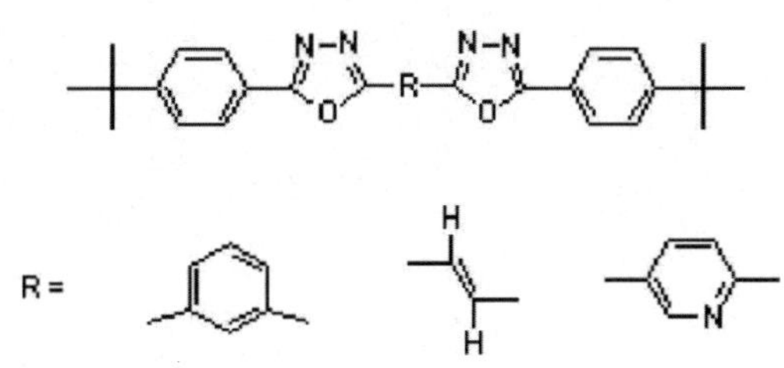

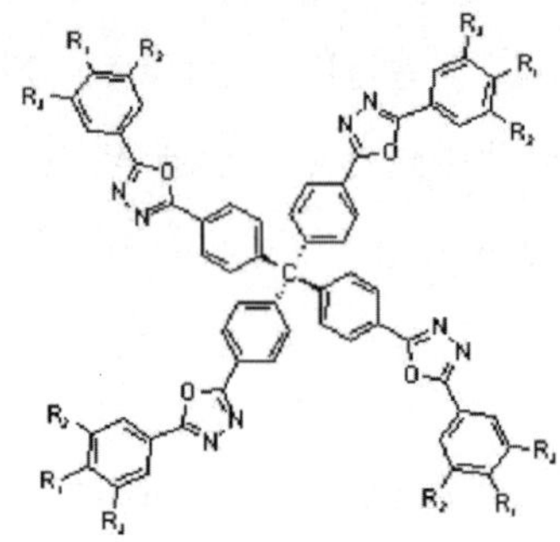

	R_1	R_2	R_3
a =	H	$C(CH_3)_3$	$C(CH_3)_3$
b =	OCH_3	OCH_3	H
c =	H	CF_3	H

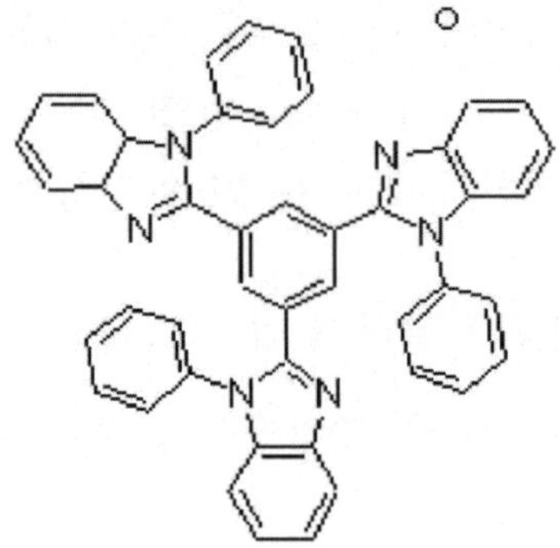

TPBI

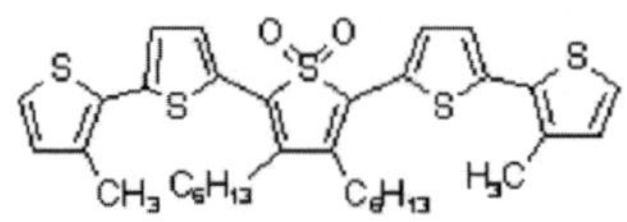

SSOSS

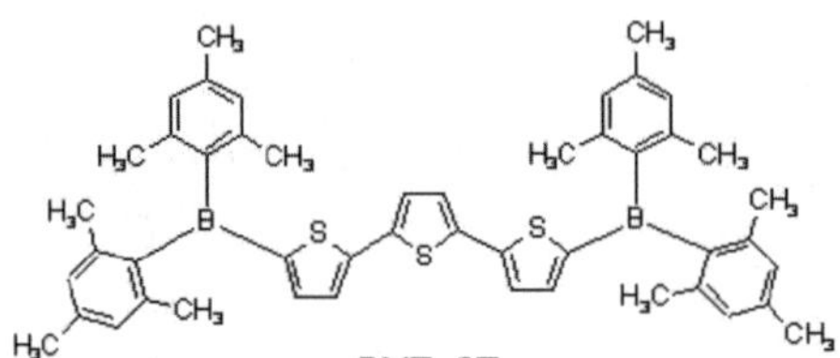

BMT-3T

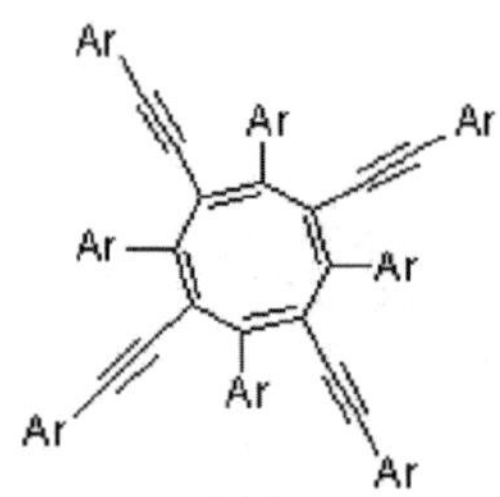

COT

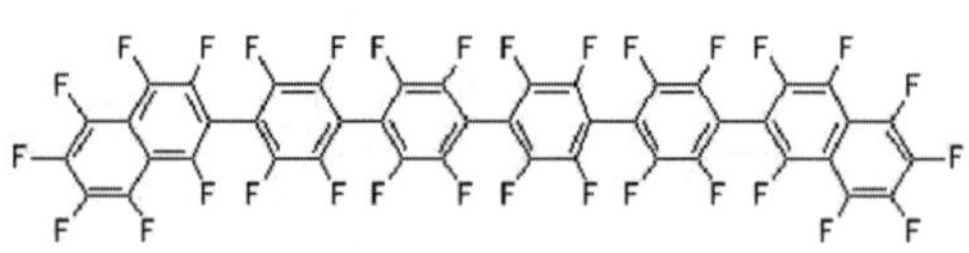

PF-6P

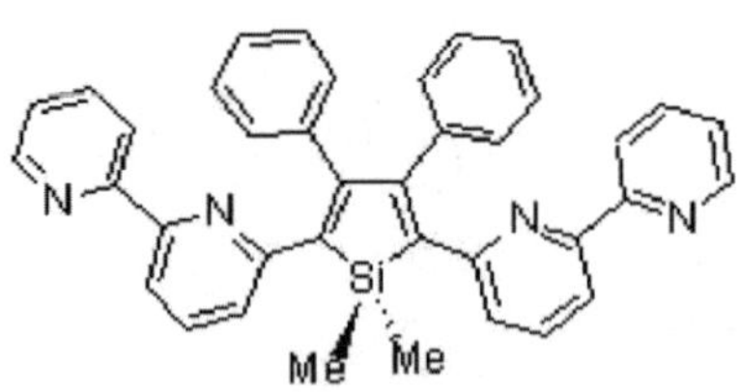

PyPySPyPy

- 전자를 잘 수송할 수 있는 유기 금속 화합물

  다른 층으로의 확산이 문제가 되고 있음

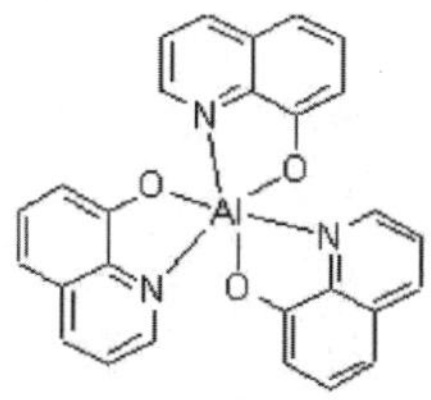

Alq_3

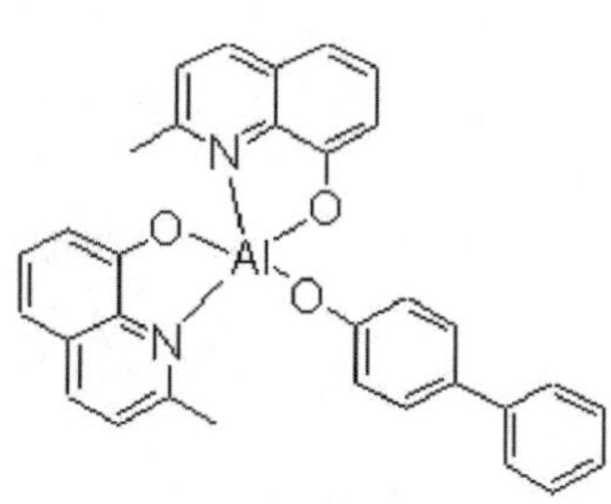

BAlq

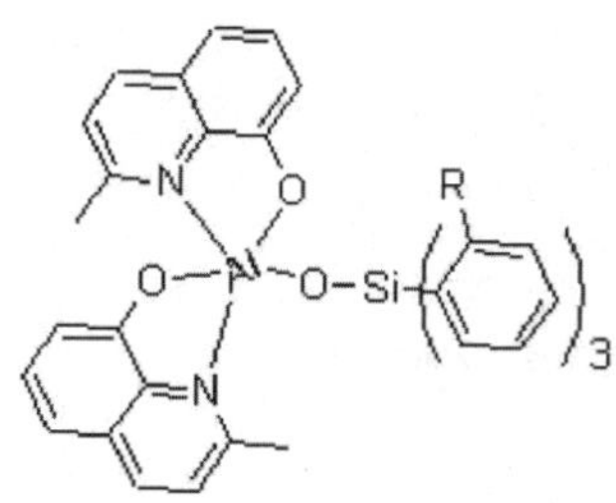

SAlq

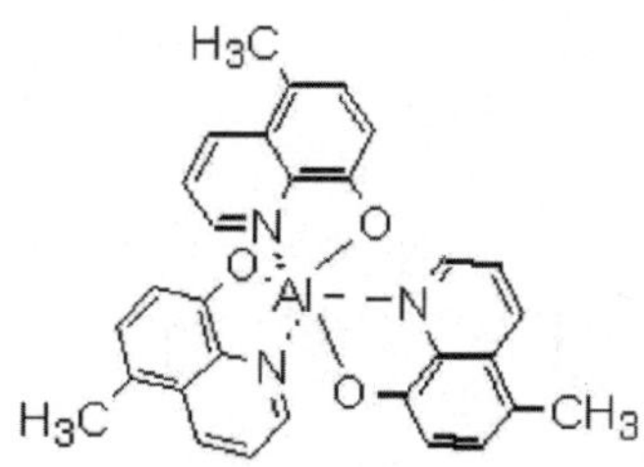

$4MAlq_3$

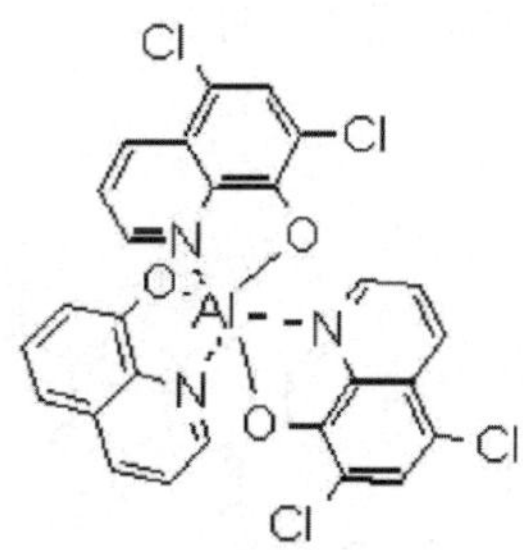

$Alq(Clq)_2$

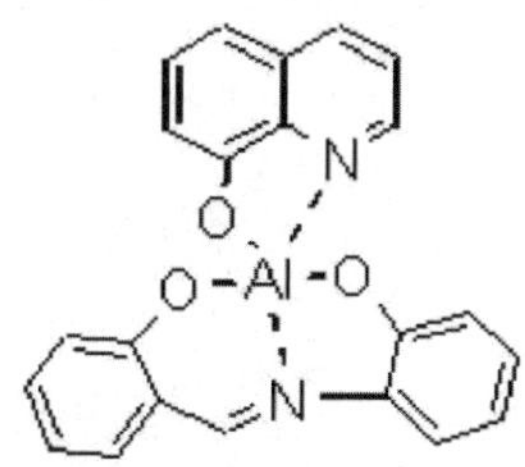

Al(Saph-q)

4.2.5 발광재료(EL : Emitting Layer)

캐리어 수송재료와 발광재료의 근본적인 차이는 캐리어 수송층은 주로 단극성을 가지고 있는데 반해, 발광층은 여기자를 형성하기 위해 양극성 성질과 강한 형광성을 나타내어야 한다. 또한 기능적인 측면에서 크게 호스트와 게스트용으로 구분되며, 이들은 자체만으로는 발광 효율이 좋지 않아 호스트재료에 게스트재료를 첨가하여 발광층을 만들게 된다. 호스트용 재료로는 DPVBi, Alq_3 CBP, DPA(Diphenyl Anthracene) 유도체 등이 사용되고, 게스트용 재료로는 Qd-2, C540, DCJTB, Perylene, PtOEP, $Ir(ppy)_3$,가 주로 사용된다.

- 발광 메카니즘에 따른 분류
  - 형광재료 : 단일항 여기상태에서 유래
  - 인광재료 : 삼중항 여기자에서 유래

- 발광색에 따른 분류
  - 기본 삼원색 : 적색, 청색, 녹색 발광재료
  - 추가색 : 노락색, 주황색 발광재료

- Doping system
  - host
  - dopant(guest)

- 녹색 발광재료

Alq3가 가장 먼저 개발되어 사용되고 있으며, 최대 효율은 15cd/A 이상이다. Diphenyltetracene, coumarin, quinacridone 등도 사용된다.

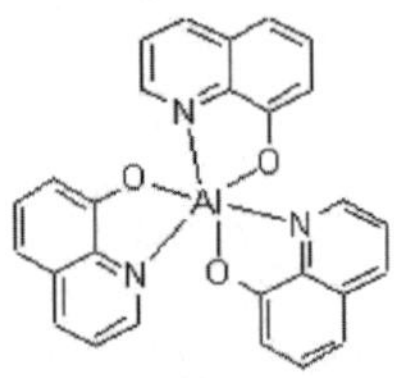

Alq_3

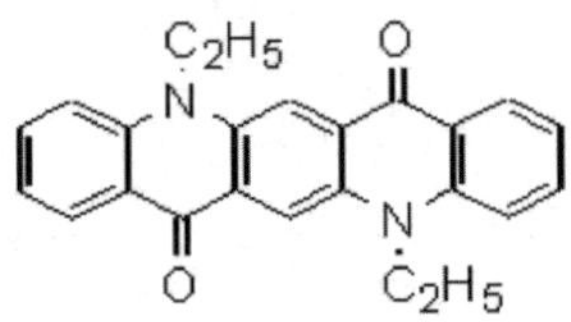

DEQ

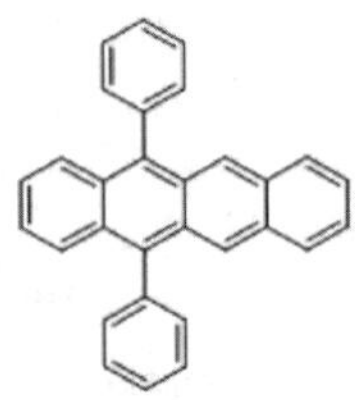

DPT

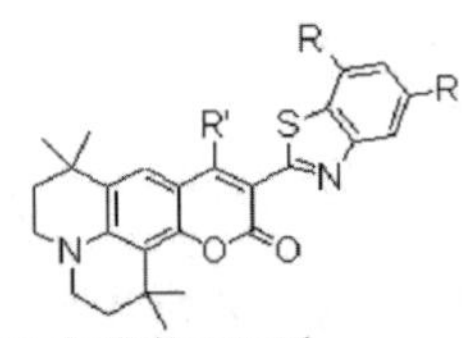

C-545T(R=R'=H)
C-545TB(R=t-butyl ; R'=H)
C-545MT(R=H;R'=CH_3)
Coumarin

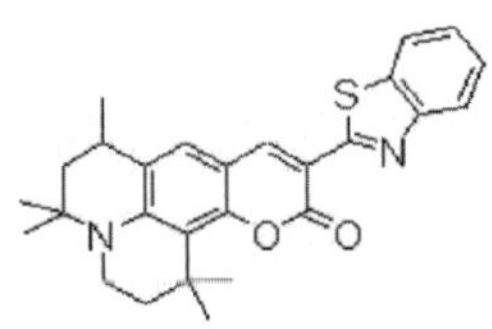

C-545T, EL : 514nm

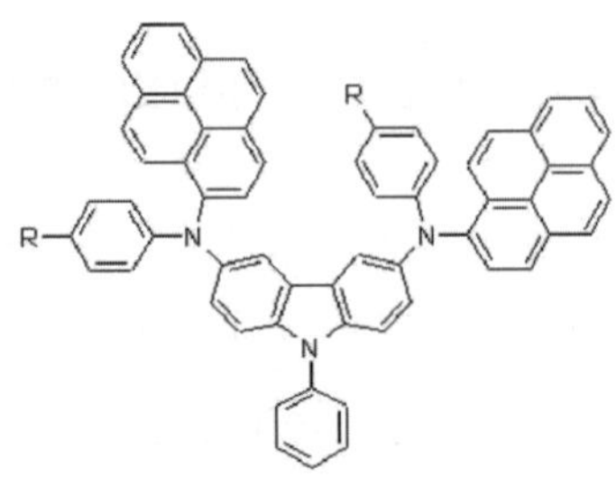

BDAC

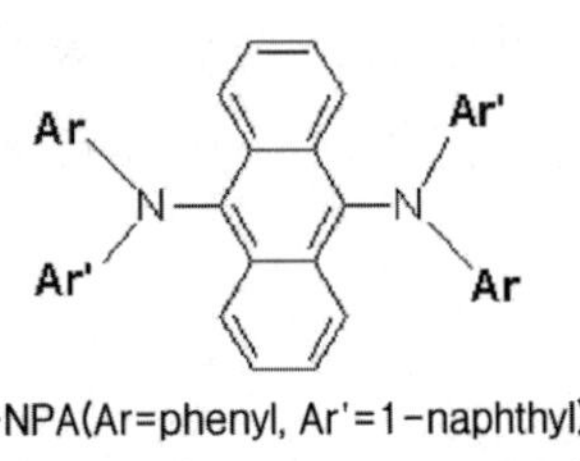

α-NPA(Ar=phenyl, Ar'=1-naphthyl)
β-NPA(Ar=phenyl, Ar'=2-naphthyl)
TPA(Ar=phenyl, Ar'=m-tolyphenyl)
PPA(Ar, Ar'=phenyl)

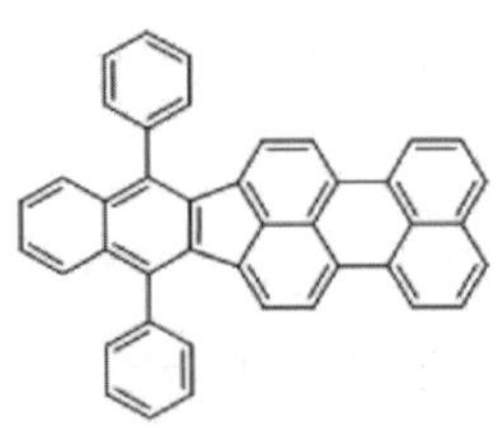

Indeno[1,2,3-cd]perylene

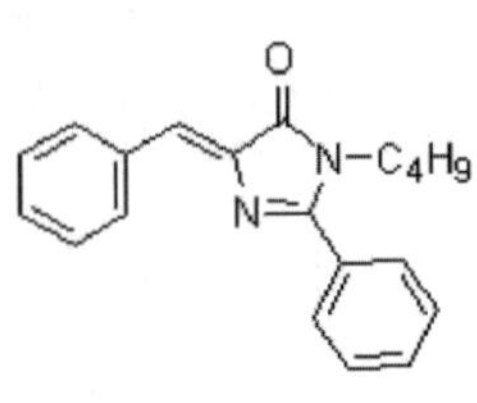

PAQ-NEt2
EL : 514nm

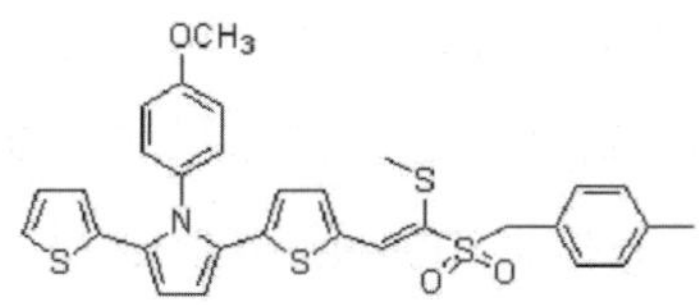

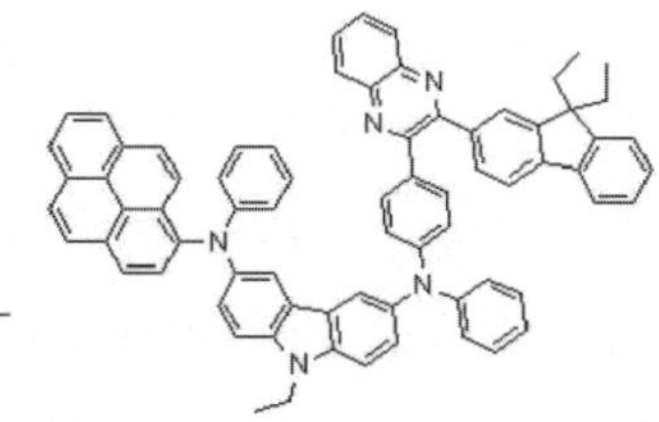

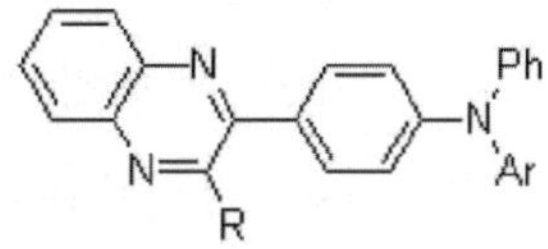

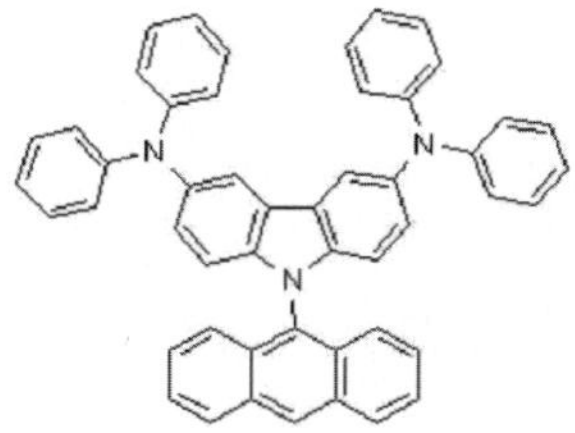

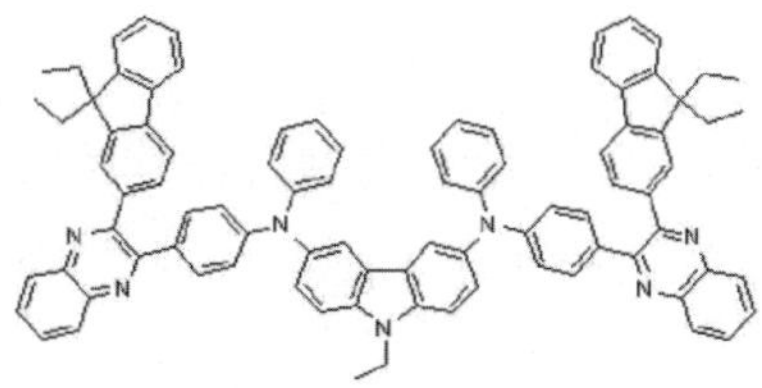

- 변형된 Alq_3

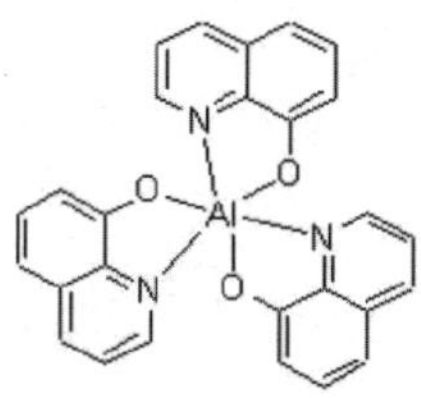

Alq_3

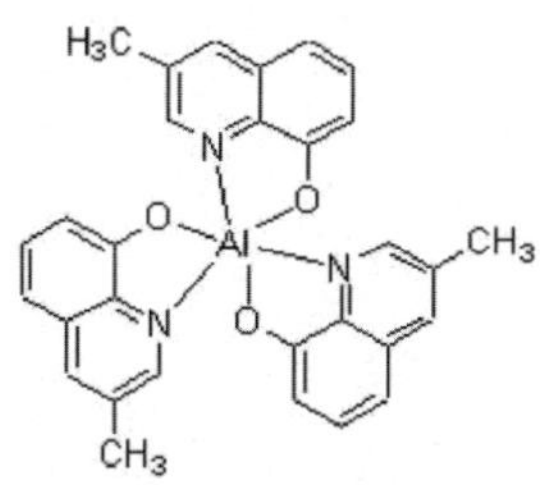

$3Meq_3Al$

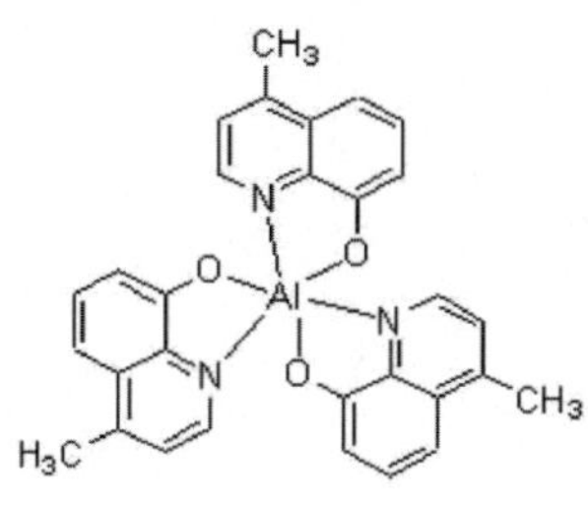

$4Meq_3Al$

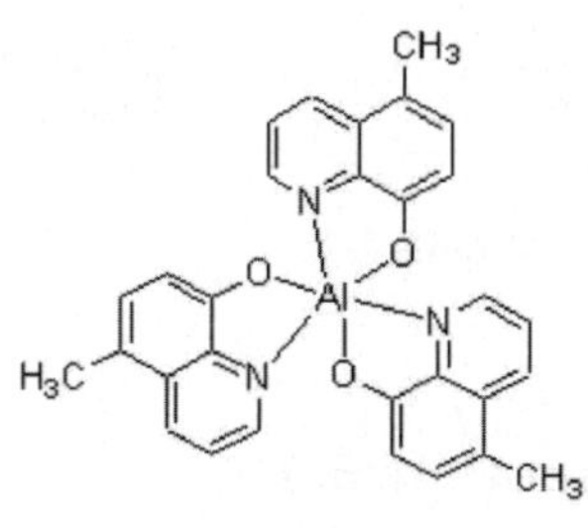

$5Meq_3Al$

- 청색 발광재료

청색 발광재료는 색순도 및 효율의 장기적 열안정성의 문제와 고휘도시 넓은 발광파장대로 인한 백색화 등의 단점이 있다. 최근 BAlq가 보고되었고, ZnPBO(Bis-[2-(2-benzoxazolyl)phenolato]Zinc), ZnPBT(Polybutylene Terephthalate)등이 사용되고 있으나, 색순도와 낮은 효율 및 장기적인 열안정의 불안에 따른 소자의 수명 단축 등이 문제가 되고 있다.

① 유기 금속 화합물

화학적 안정성이 떨어지고 고순도로 정제하는 것에 대한 어려움이 있으며, 낮은 색순도, 고 휘도시 넓은 발광 파장대로 인한 백색화 현상 발생

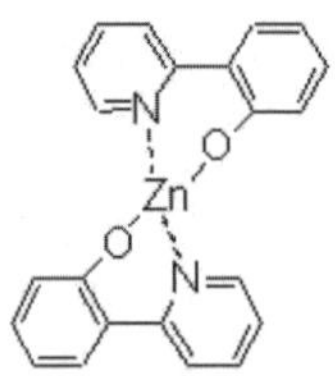

$Zn(PhPy)_2$

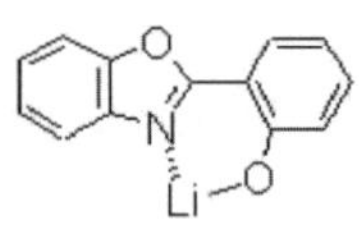

LiPBO

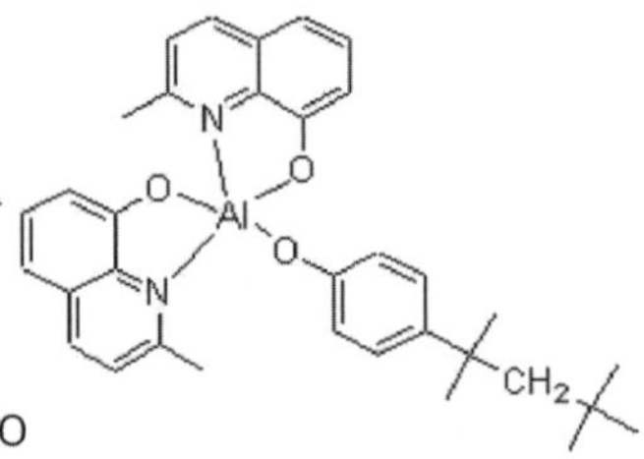

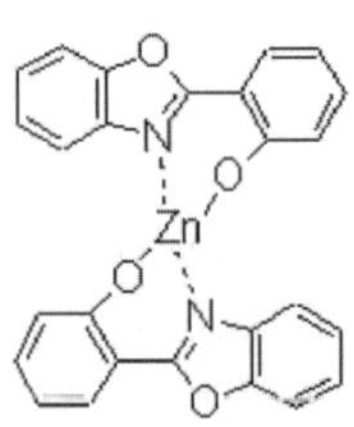

$Zn(BOX)_2$

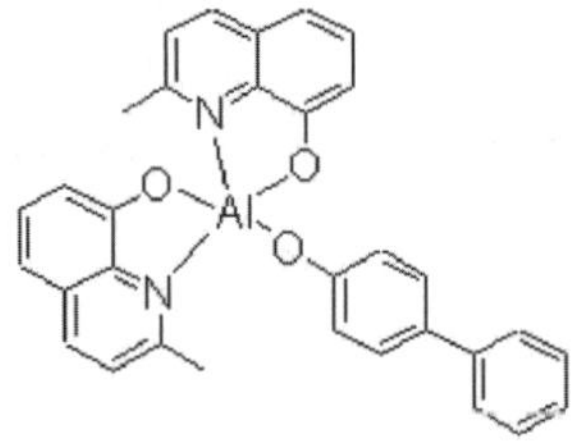

BAlq

② Bis(phenylstyryl)arylene 유도체

- DPVBi
- 변형된 DPVBi계 화합물
- Sony 청색발광재료

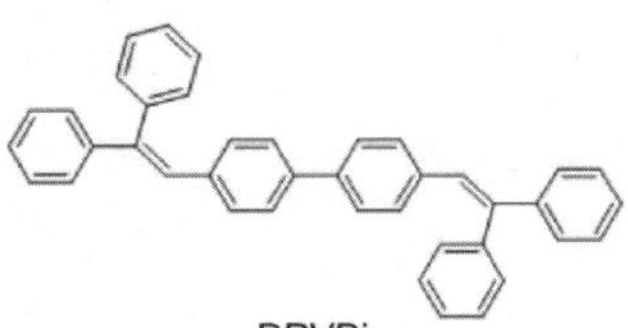

DPVBi

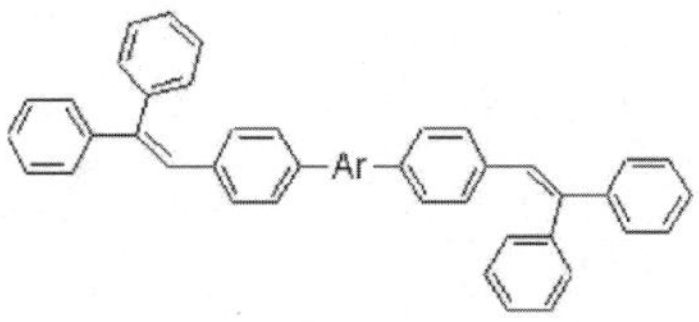

Modified-DPVBi

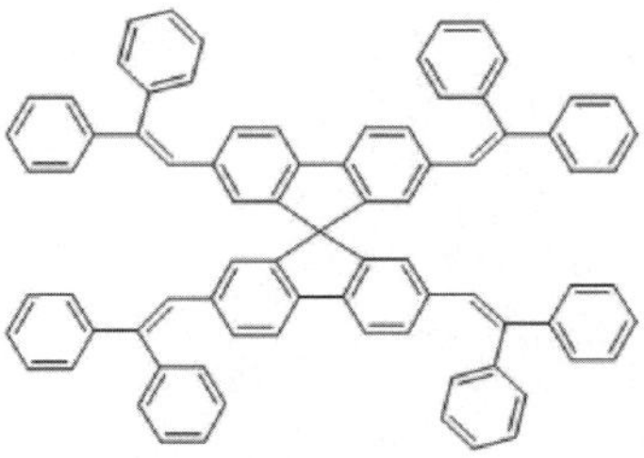

Spiro-DPVBi

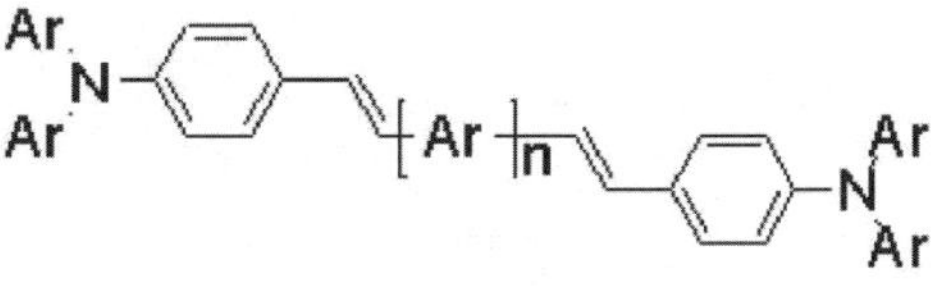

DSA-Amine

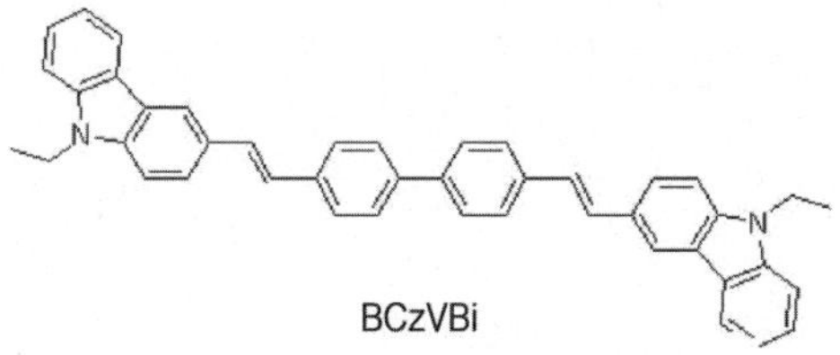

BCzVBi

③ Twisted bis(aromatics)

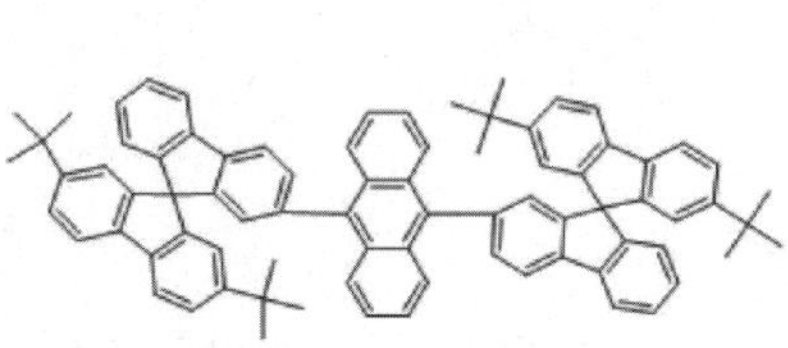

TBSA

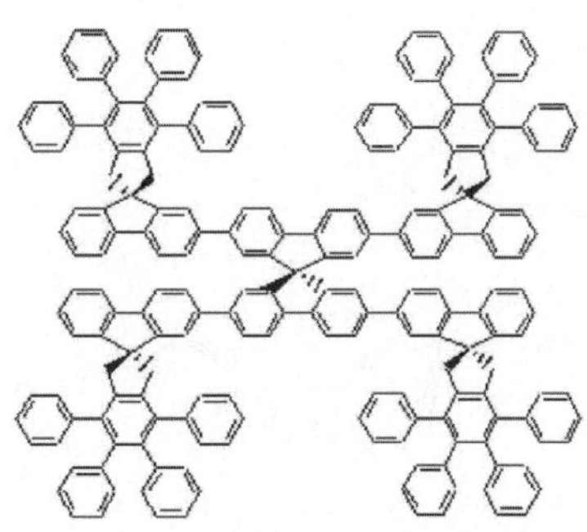

ter-fluorene

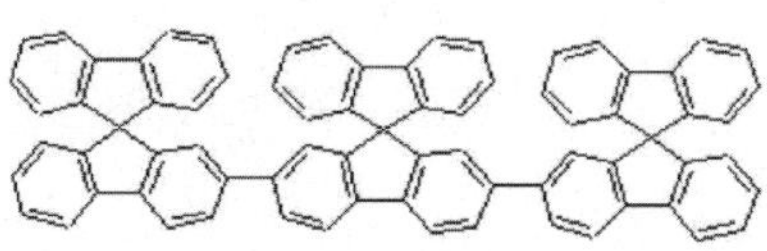

ter-spirobifluorene

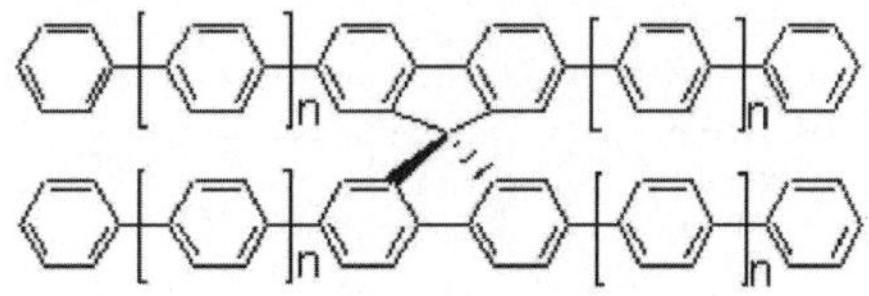

(n=0, 1, 2, 3)
spiro-oligo(phenylene)

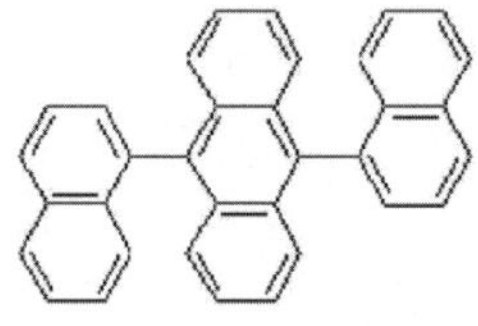

α-DNA

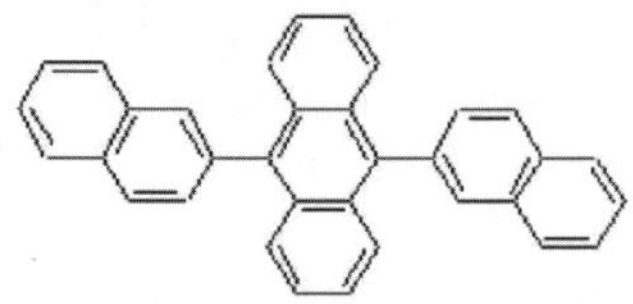

β-DNA

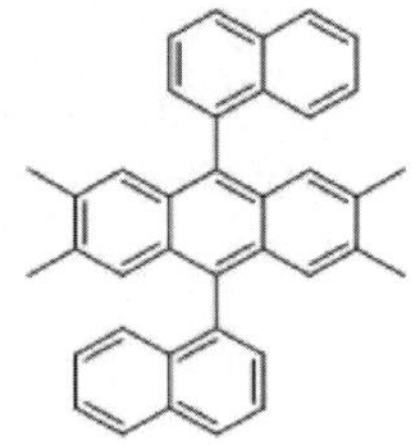

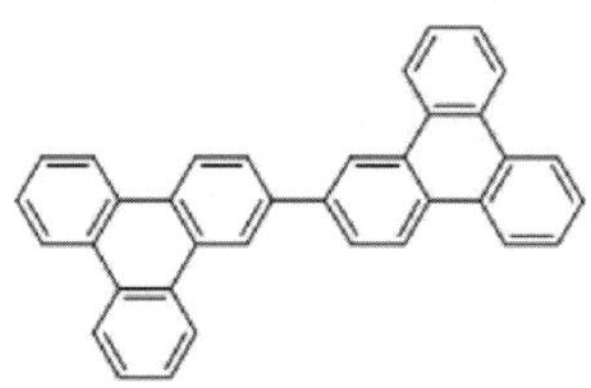

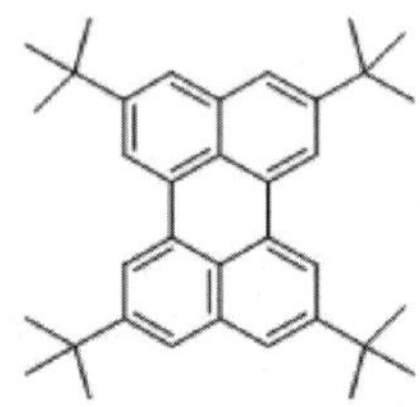

TBPe

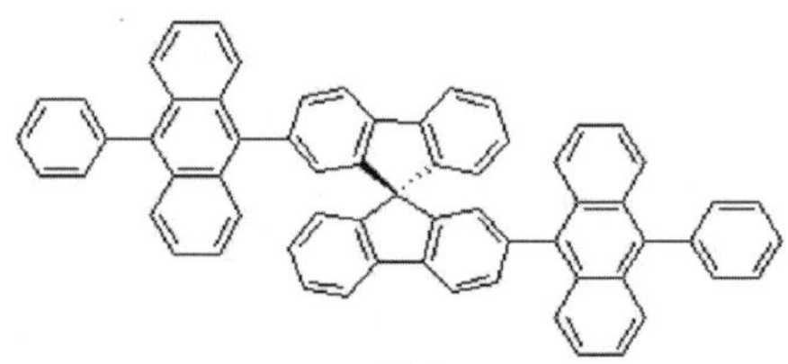

spiro-FPA

④ Bipolar aromatics with short conjugation length

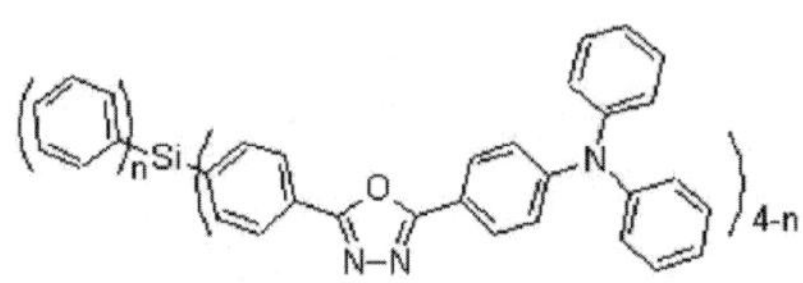

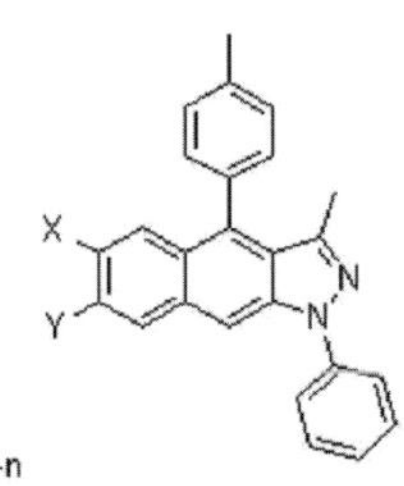

MeOPAO

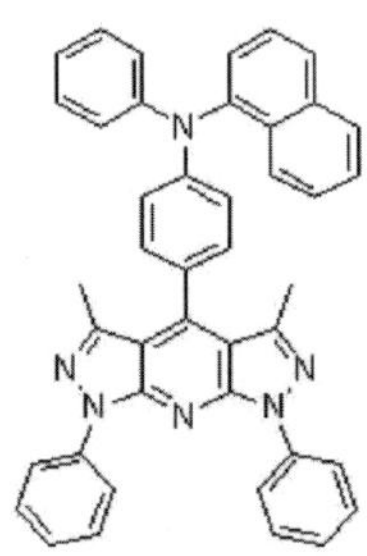

PAP-NPA

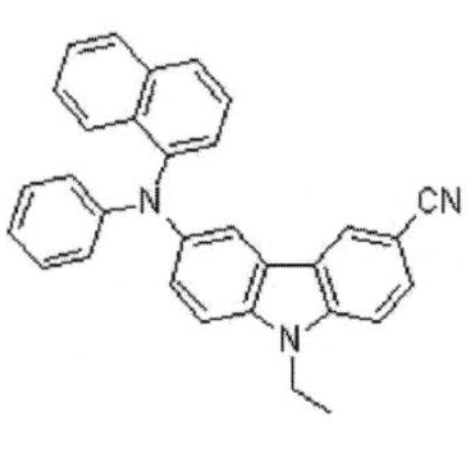

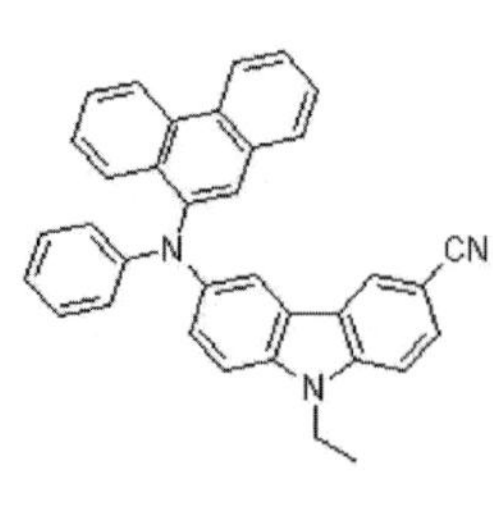

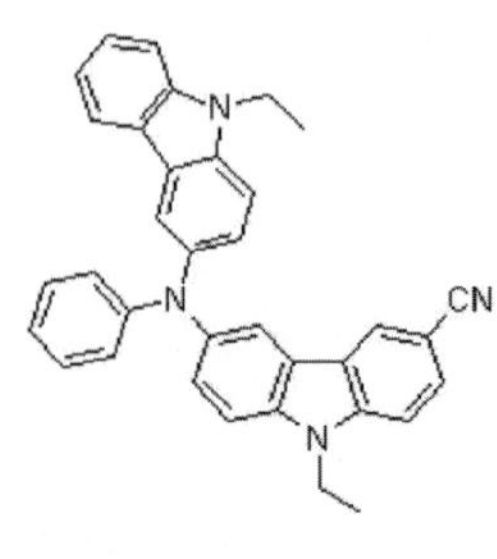

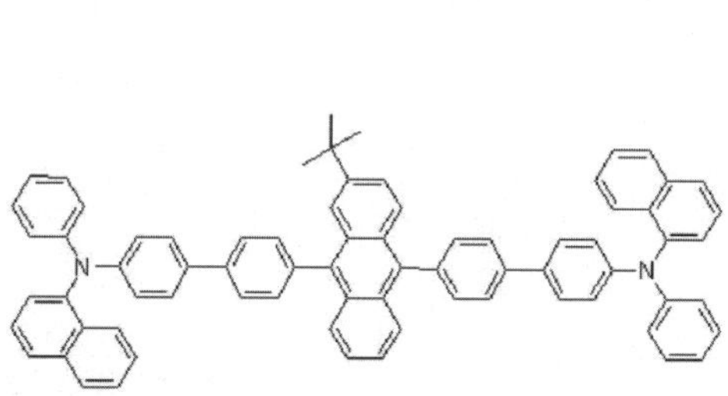

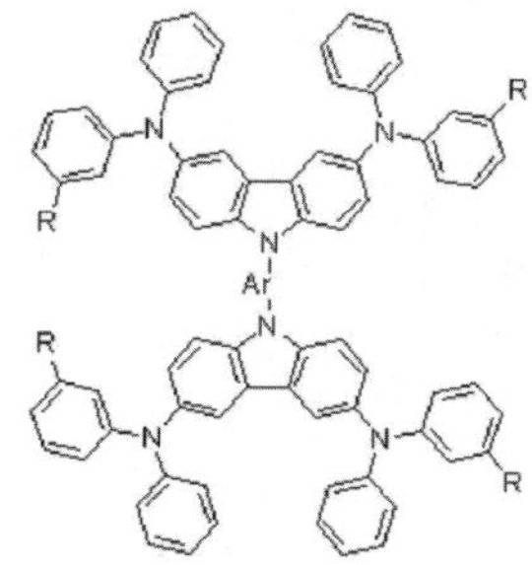

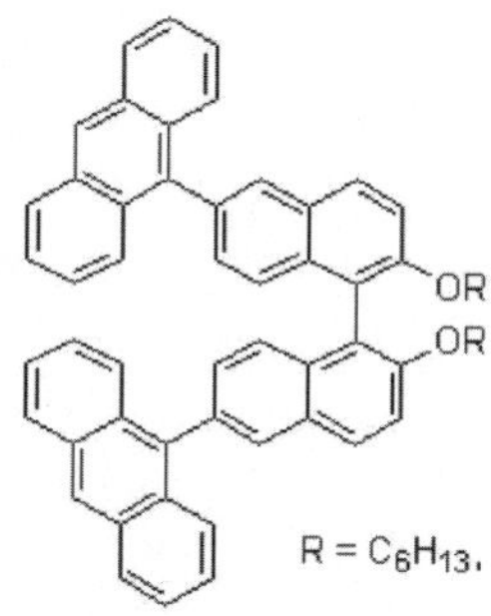

R = C_6H_{13}, CH_3

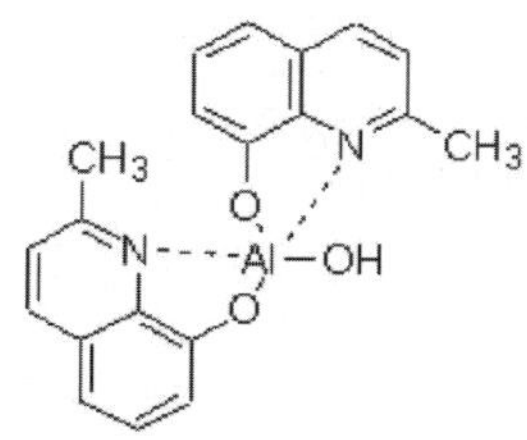

- 적색 발광재료

발광층의 효율을 높이기 위해 호스트 물질에 게스트 물질을 주입하여 에너지전이를 이용함으로써 효율을 높이는 방법을 사용하고 있으나, 높은 전압에서 적색 발광재료의 경우 트래핑 효과의 증가로 인해 실용화가 가장 어려운 재료이다.
적색 발광재료는 본질적으로 낮은 발광효율을 가지고 있으며, 분자간 상화작용에 의한 발광 감새 효과 및 넓은 발광대역으로 인한 색순도의 저하 등이 있다.

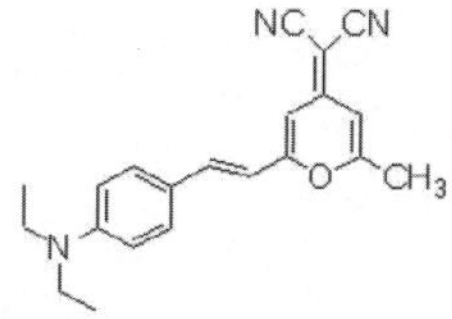

DCM
EL : 650nm

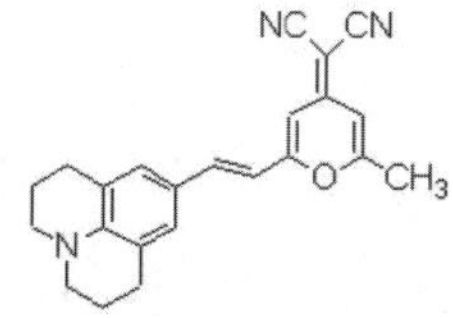

DCM2
650nm, CIE(0.64, 0.36)
Kodak(1988)

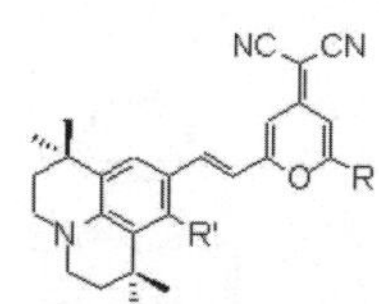

DCJTB(R=t-Bu;R'=H)
DCJTI(R=i-Pr;R'=H)
DCJMTB(R=t-Bu;R'=OCH_3)

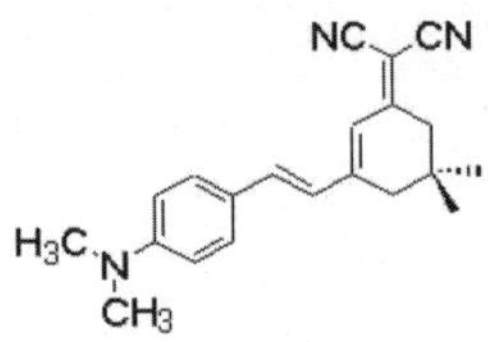

DCDDC

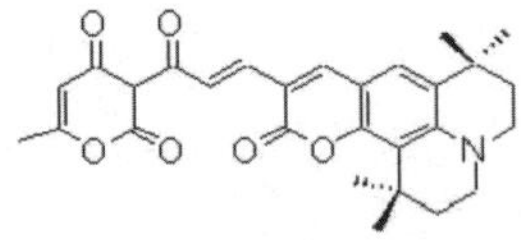

AAAP

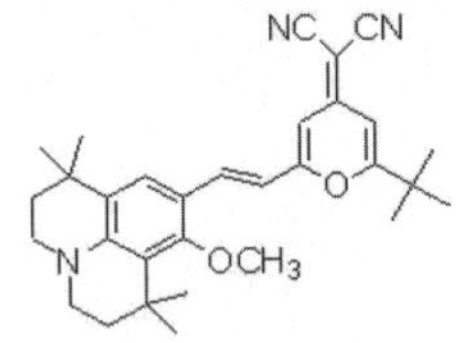

DCJMTB
624nm, CIE(0.63, 0.36)

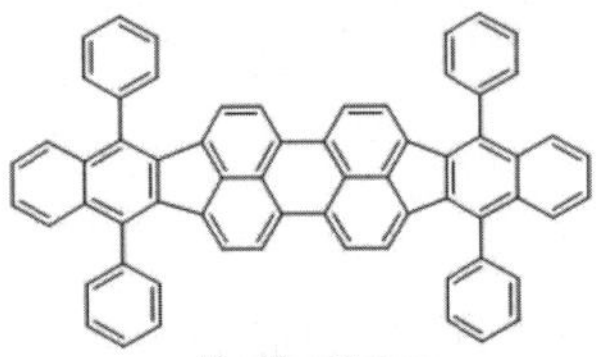

Periflanthene

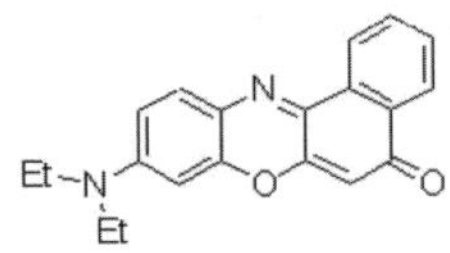

Phenoxazone9
(Nile Red)

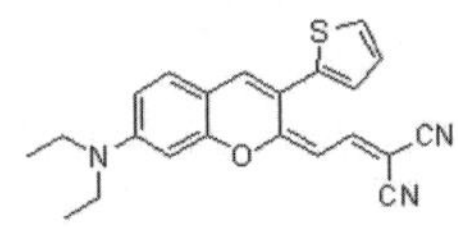

ACY

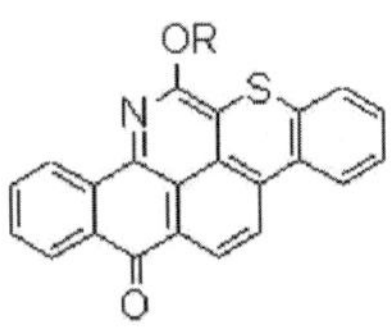

ABTX
630/30

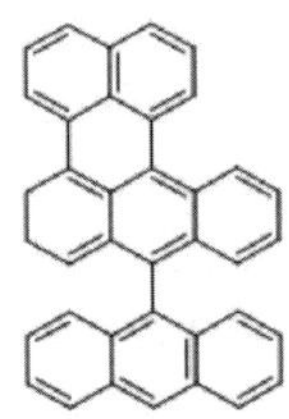

pAAA
EL : 616nm

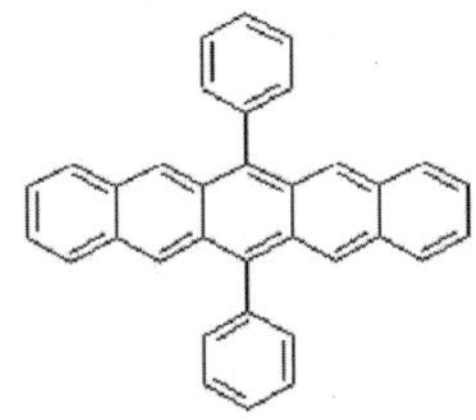

DPP

- 황색 및 주황색 발광재료

유기 및 유기금속화합물로써 황색 발광재료는 Rubrene이 Mitsubishi 사에 의해서 개발되었고, 주황색 발광재료는 BTX가 있다.

Rubrene

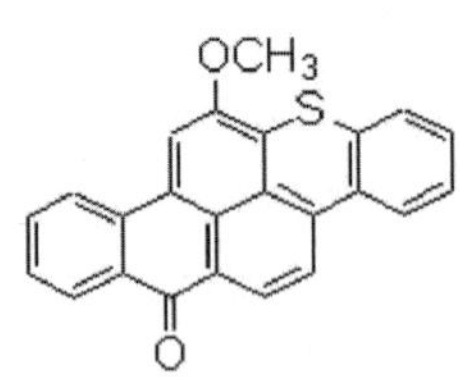

BTX

• Host와 dopant간 에너지 전이를 이용한 발광재료

host-dopant system은 에너지전달을 통한 발광효율을 올리기 위해서 사용된다. 단독 발광물질의 경우, 분자 간 상호 작용에 의한 excimer의 생성과 그로 인한 붉은색의 이동(red shift)를 초래 할 수 있다. 또한 색순도의 저하 및 결정화문제, 효율감소 등의 제반 문제가 발생할 수 있다.

host와 dopant의 조합을 맞추기 위해서는 UV-Visible spectrum으로 host와 dopant를 측정하여 host의 방출과 dopant의 흡수가 일치하는 경우인지를 확인하는 가장 좋다. 일치하는 경우가 가장 이상적인 조건이 된다.

아래 그림에 host와 dopant의 흡수와 발광 스펙트럼과 host/dopant system을 나타내었다.

또한, 포에는 R, G, B에 따른 다양한 host 재료와 dopant 재료를 나타내었다. host와 dopant의 양은 실험적으로 결정하여야 하며, 대체로 host에 비해서 약 0.5~5%내외로 사용하며 특수한 경우 10% 정도까지 사용하는 경우도 있다.

kod마의 Alq_3는 그 유도체에 따라서 3색의 다양한 스펙트럼을 구현할 수 있다.

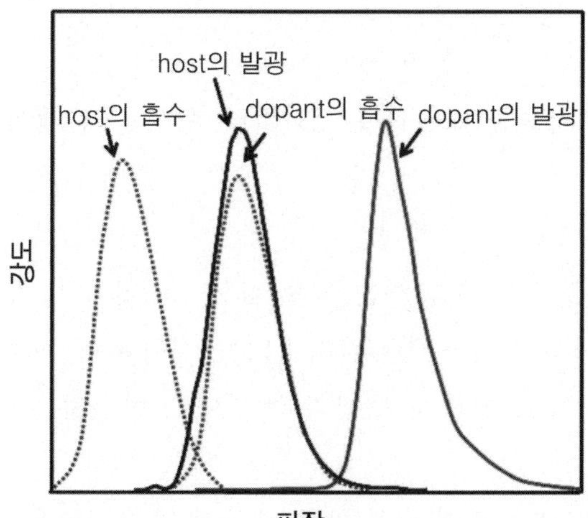

【그림 4-7】 Alq_3에 함유된 유도체에 따른 3색 스펙트럼 구현

- host와 dopant의 흡수와 발광 스펙트럼

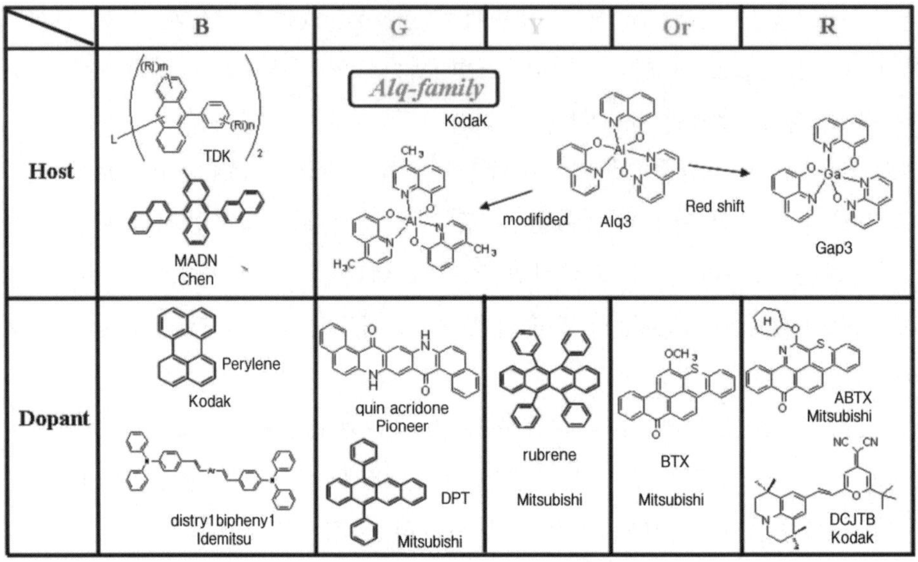

host/dopant system

4.2.6 컬러구현 방법

OLED 소자와 관련된 기술중에서 R, G, B 컬러 형성을 위해서는 주로 5종류의 방식이 적용되고 있다.

① R, G, B 각각이 발광층을 이용하는 방법(side-by-side 방법)
② 백색 발광층을 형성하고 R, G, B 컬러필터를 사용하는 방법
③ 청색 발광층을 형성하고 청색을 녹색과 적색으로 변화하는 색 변환 물질을 사용하는 방법
④ 넓은 색 스펙트럼을 갖는 발광층에 대해 광학적 메커니즘을 사용하여 R, G, B로 변환시키는 방법
⑤ 한 개의 sub-pixel이 R, G, B를 선택적으로 생성시키는방법이 있다.

일반적으로 사용되는 방식은 3가지로 아래에 그림으로 나타내었다.

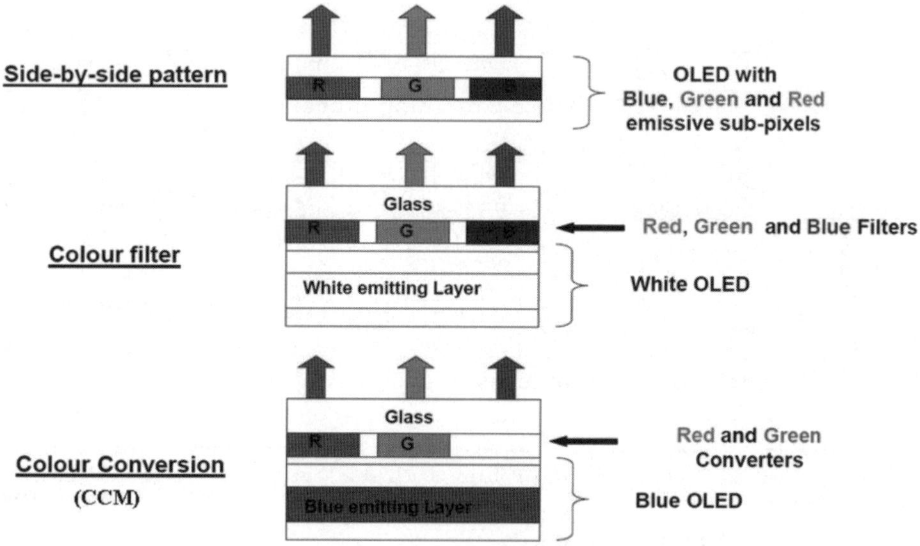

【그림 4-8】 컬러구현 방법

4-3 OLED의 제조 공정

4.3.1 OLED 제조 공정의 전체 흐름

OLED 제조 공정은 크게 기판 패턴공정, 패널 제조공정, module 공정으로 나눌 수 있다. 좀더 세부적으로 살펴보면, OLED의 제조는 기판(glass)으로부터 시작한다. 기판이 준비되면 초기 세정을 습식과 건식방법으로 식각을 행할 수 있고, 그 이후에 ITO와 금속을 sputtering 방법으로 증착을 한다. 사진 식각공정을 이용하여 금속막과 ITO를 식각하기 위한 패널을 형성한 후, 증착의 순서와 반대로 금속과 ITO를 차례로 습식 식각한다. inter-insulator 증착한 후, 사진 식각공정을 수행하여 insulator층을 패터닝한다. 그리고 separator를 패터닝한후, plasma 처리를 하여 유기막과의 계면특성을 개선시킨다. 이후에 유기막들을 차례대로 shadow mask를 이용하여 증착하고 cathode 막을 열증착한다. 그리고, 유기물질은 공기와 접촉하면 기능에 손상이 감으로 봉지공정을 진행하는데, 먼저 봉지제를 세정하고, 봉지제에 getter를 붙여 습기등을 제거할 수 있도록 하고 seal제를 발라 붙여 UV로 경화하여 완성한다.

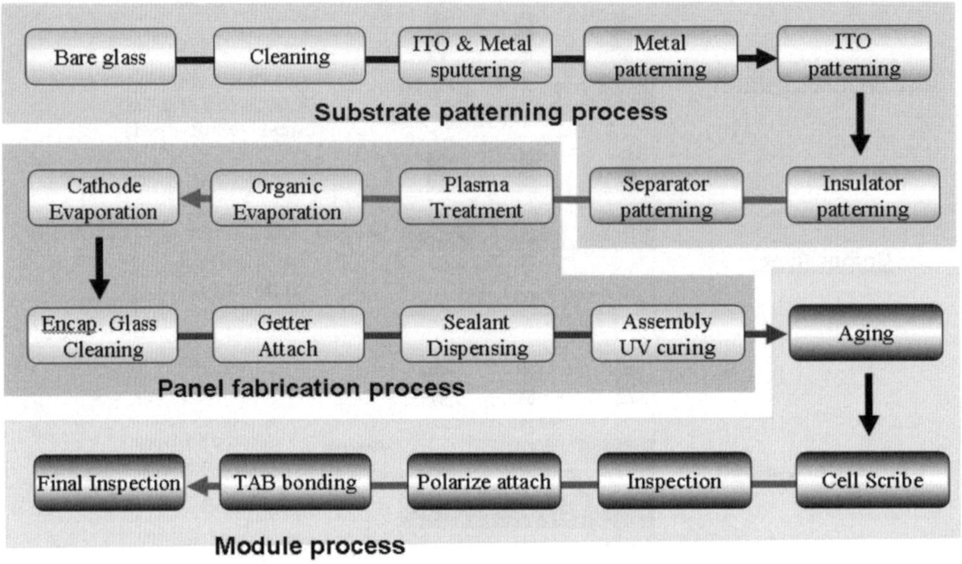

【그림 4-9】 OLED의 전체 공정 흐름도

4.3.2 OLED 제조 세부 공정 흐름도

① 세정된 기판에 ITO와 금속막(Cr)을 sputtering 방법으로 증착한다.

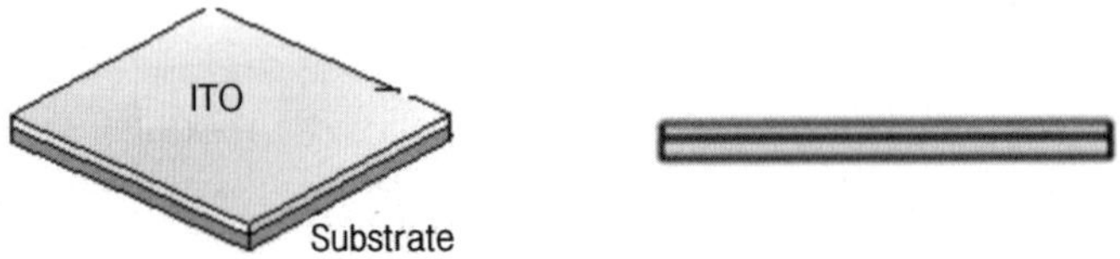

② ITO와 Cr 금속을 사진 식각공정을 이용하여 패턴하고 차례대로 식각한다.

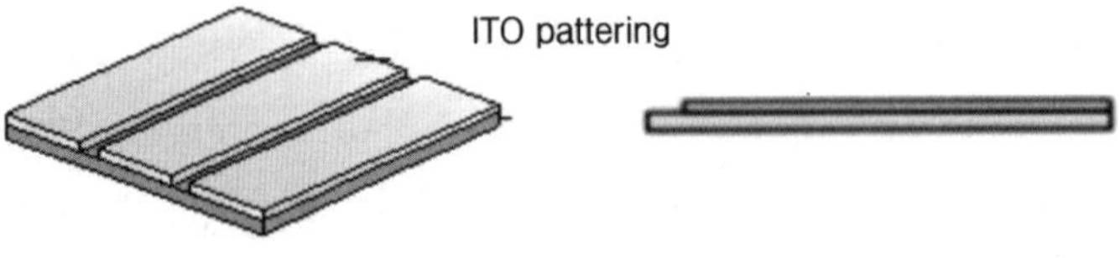

③ insulator 층을 증착하고 사진 식각공정을 이용하여 패턴하고 식각한다.

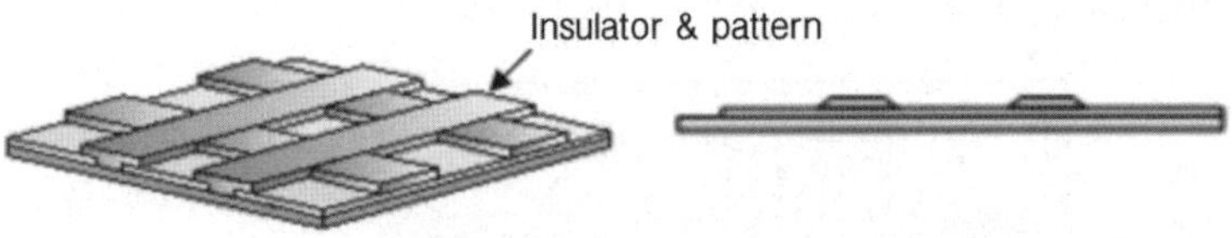

④ 쉐도우 마스크를 이용하여 separator 층을 형성한다.

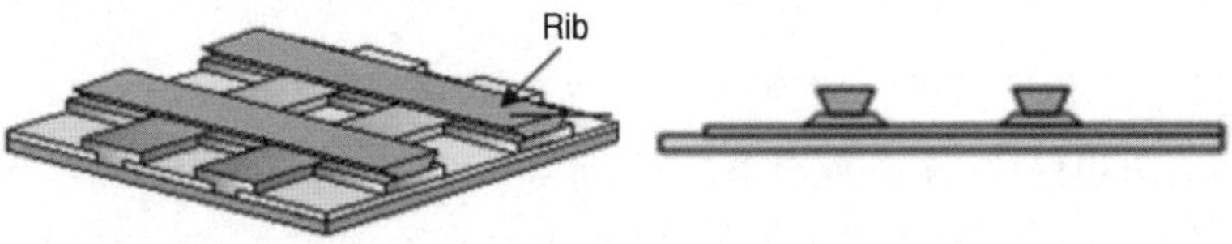

⑤ 쉐도우 마스크를 이용하여 유기물층을 차례대로 하나씩 증착한다.

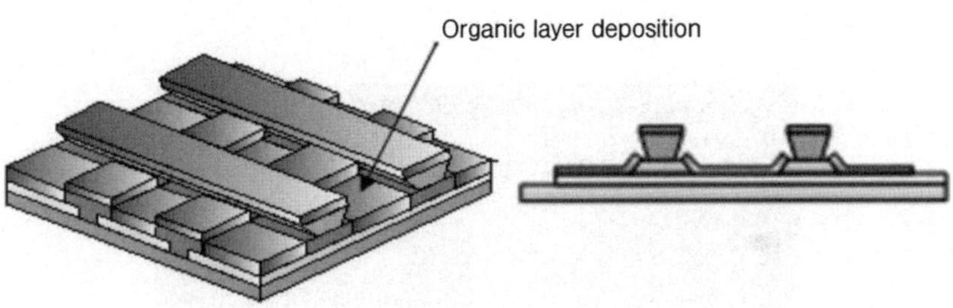

⑥ 쉐도우 마스크를 이용하여 열증착기로 cathode 금속을 증착한다.

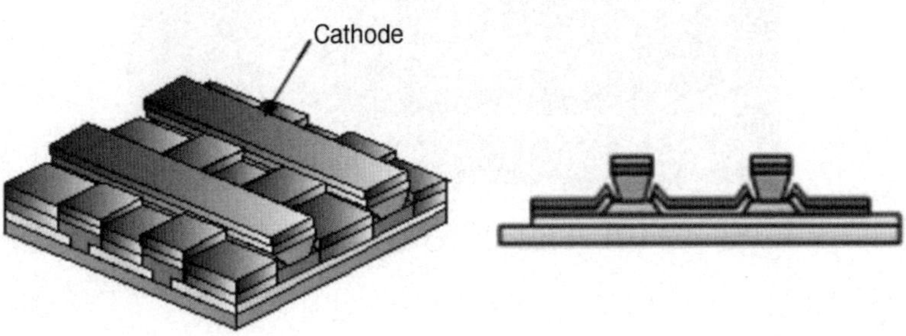

⑦ 봉지제로 봉지하고 검사한다.

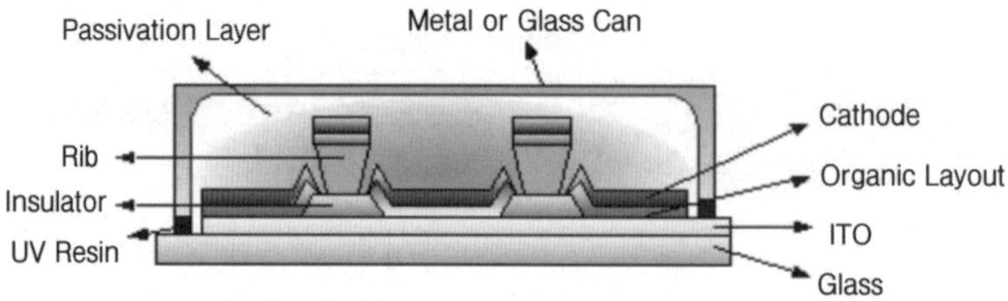

• 쉐도우 마스크를 이용한 유기물 증착 방법

유기물의 경우는 증착후, 공기와 접촉하면 그 특성의 변화가 일어나 정상적인 소자의 동작 특성을 얻을 수 없고, 엄청난 수명의 단축이 일어난다.
따라서, 금속막이나 ITO를 패턴하기 위해서 사용한 사진식각공정은 사용할 수가 없다. 사진 식각 공정이 없이 유기물을 증착과 동시에 패턴을 형성할 수 있는 방법이 쉐도우 마스크를 사용하는 것이다.
사진식각공정에 일반적으로 사용되는 마스크는 수정기판에 증착되어 있는 Cr을 원하는 패턴 형태로 식각한 것을 사용한다. 아래에 그림으로 나타내었다.

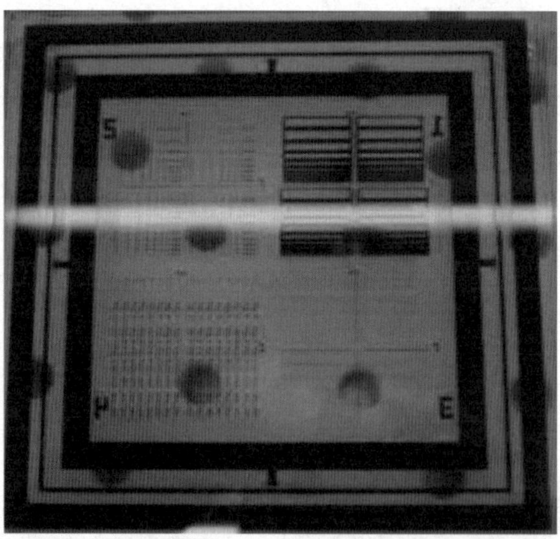

【그림 4-10】 사진식각공정에 사용되는 마스크

쉐도우 마스크는 일반적으로 금속재질로 제조되며 막이 증착되어 할 부분이 식각되어 있는 구조를 하고 있다. CRT에 있는 쉐도우 마스크라고 생각하면 된다.

아래에 쉐도우 마스크를 이용하여 막을 증착하는 과정을 나타내었다. 증착하고자 하는 영역의 위에 쉐도우 마스크가 열려 있는 부분이 위치학 증착을 진행하여 각 화소마다 다른 물질을 사진식각공정없이 증착 할 수 있다.

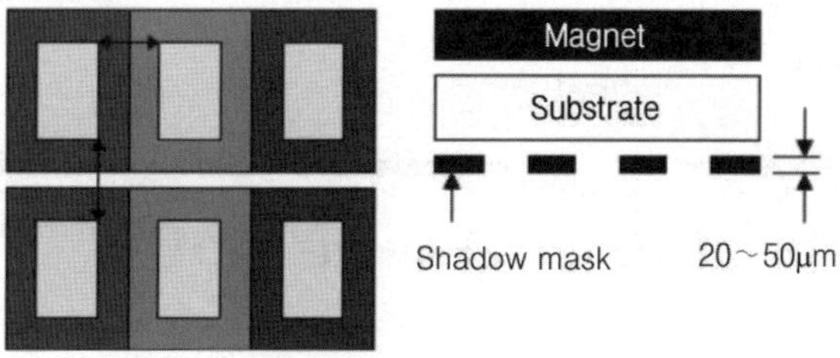

쉐도우 마스크

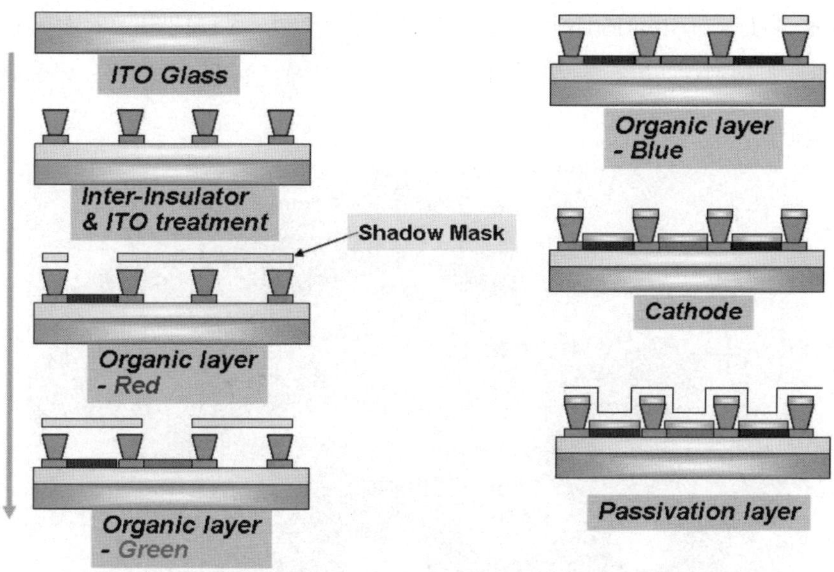

【그림 4-11】 쉐도우 마스크를 사용한 박막 증착 공정

- in-line 형태의 OLED 증착 시스템

  in-line 시스템은 사진 식각공정 필요없는 공정부터 마지막 봉지공정에 이르기까지를 진공상태에서 모두 진행할 수 있도록 제조된 설비를 말한다.

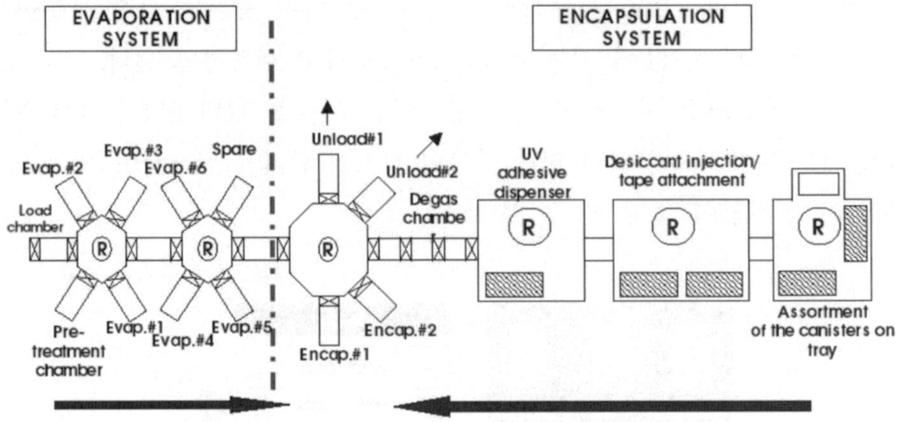

【그림 4-12】 In-line 시스템

그림에서 볼 수 있듯이 ITO에 대한 플라즈마 처리 및 쉐도우 마스크를 이용한 유기물 증착, 이후 봉지(Encapsulation)에 이르는 전공정을 한 장비내의 다양하게 구성된 방(chamber)에서 진행하여 소자를 완성한다. 아래에 실제 In-line 장비를 나타내었다.

【그림 4-13】 In-line 시스템 실제 사진

【그림 4-14】 In-line 시스템 실제 사진

• 장비 구성별 세부 구성 요소

① evaporation 장비부분

OLED가 다양한 기능을 하는 유기물을 다층으로 증착을 진행하여야 함으로, 유기물 증착 chamber의 내부를 보면 여러개의 유기물을 증착할 수 있는 effusion cell을 가지고 있다.
반도체 공정에서 열증착기와 유사한 구조를 하고 있으며, 아래에 모식도, effusion cell 및 실제 chamber의 모양을 보여주고 있다.

• 반도체

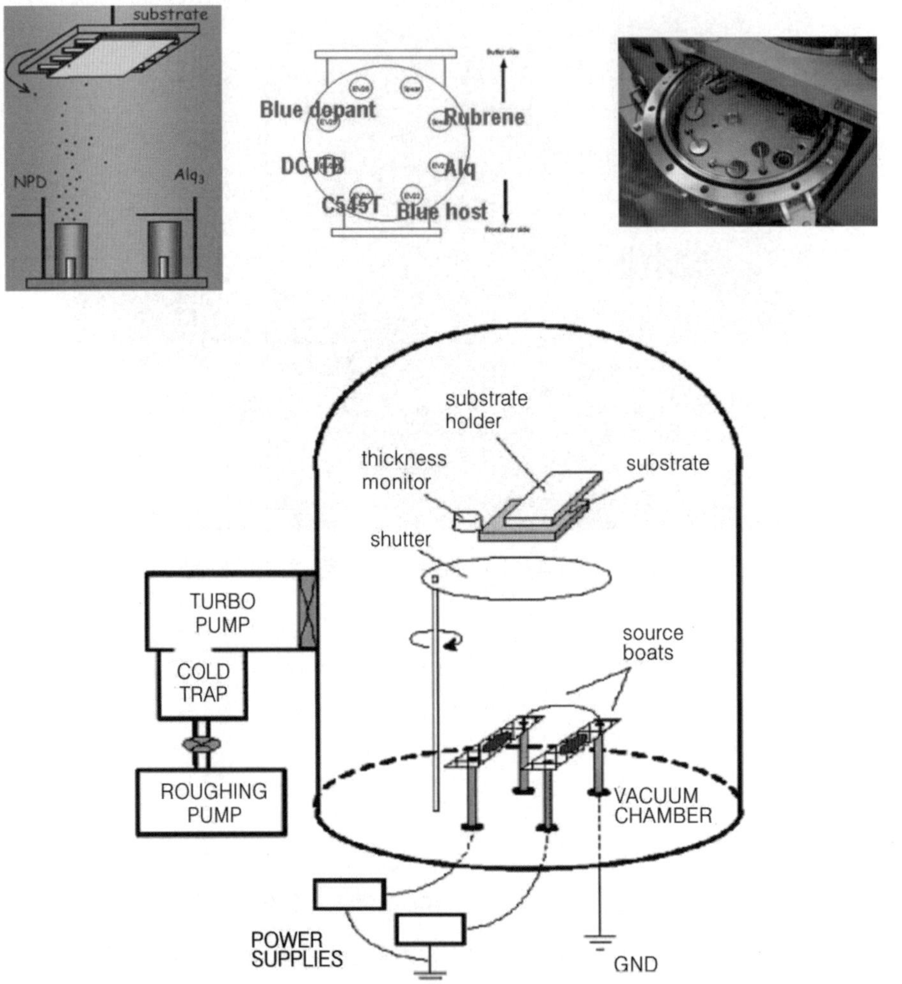

【그림 4-15】 반도체 공정에서 사용되는 일반적인 thermal evaporator

4.3.3 Passive Matrix와 Active Matrix OLED의 특성 비교

아래 그림에 두 개의 두조를 나타내었다. LCD와 마찬가지로 화소를 제어하고 동작시키기 위한 TFT 유무로 능동형과 수동형 OLED를 구분할 수 있다.

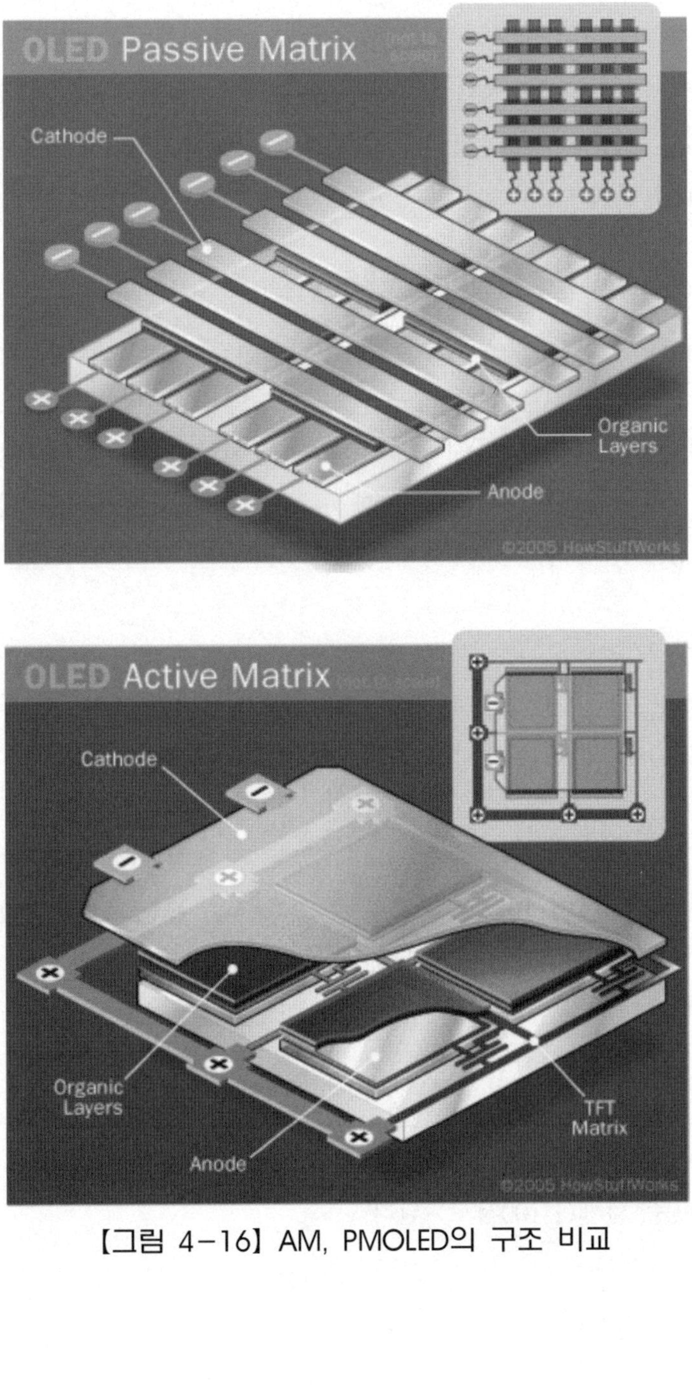

【그림 4-16】 AM, PMOLED의 구조 비교

- 발광시간

Passive Matrix 방식의 화소 동시 발광기간은 X전극(주사선)에 전압이 가해져 있는 기간인 것에 비해, Active Matrix 방식은 X전극에 전압이 가해져 있지 않는 시간도, Capacitor 기억 작용에 의해 Data 구동 전압이 유지되어 모든 화소가 항상 발광하고 있는 상태로 된다. 따라서 Passive Matrix 방식의 발광 시간은 Active Matrix 방식과 비교하여 1/주사선수로 된다.
예를 들면 주사선수가 480개의 VGA Type 해상도의 경우에는 발광 시간은 1/480로 되어 휘도도 1/480 로 된다. 이것을 보상하기 위하여 Passive Matrix 방식에서는 큰 전류를 필요로 한다.

- 개구율(화소 전체에 대한 발광 유효 면적 비율)

Passive Matrix 방식에서는 화소 = 전극 = 배선전극 이므로 화소 구동용 배선은 필요 없고, 발광하는 화소부분 즉 개구율을 크게 할 수 있다. 그러나 Active Matrix 방식에서는 화소 중에 EL 소자 구동 회로와 이것을 구동하기 위한 배선전극 (Data line, 주사 line, 전류공급선)이 필요하기 때문에 실효발광 부분은 적게 되고, 개구율은 Passive Matrix 방식의 1/3 ~ 1/4로 된다.

- 단일 화소 휘도

발광시간, 개구율을 고려하면 Passive Matrix 방식의 휘도는 Active Matrix 방식의 1/120 ~ 1/160 로 된다.

- 소비 전력

Passive Matrix 방식에서 단일 화소의 휘도를 Active Matrix 정도로 보상해 주려면 Data line에 가해전 전압이 약 10배로 되야 한다. 그 결과 소비전력(전압 x 전류)도 10배 필요하게 된다.

- 수명

유기 EL은 유기 화합물이다. 따라서 만약 같은 재료(유기 박막층)로서 대전류를 흘리면 수명은 아주 짧게(1/100정도) 된다.

• Passive Matrix 방식 : Active Matrix 방식

	수동형	능동형
휘도	○	◎
대화면 고정세화	△	◎
소비전력	△	○
수명	△	○
소자구조(cost)	◎	△

Passive Matrix 방식은 구조가 비교적 간단하고, 더욱이 제조 장치 등에 설비 투자가 적은 점도 있어 가격이 낮게 된다. 따라서, 현재 상품화 되 있는 Car Audio나 휴대전화용의 EL 디스플레이의 대부분은 Passive Matrix 박식이 채용되고 있다.

유기 EL의 Passive Matrix 형은 앞서 논한 바와 같이 기본적으로 액정 디스플레이와 같은 구조로 되어 있다. 액정 디스플레이에서는 Passive Matrix 방식과 Active Matrix 방식을 비교하면, 화질 등의 점에선 압도적으로 Active Matrix 방식이 우수하다.

그러나 액정 디스플레이가 back light 광을 액정 SW 에 의해 ON/OFF 하는 것에 대해, 유기 EL 디스플레이는 발광 소자가 스스로 발광하므로, Passive Matrix 방식이라도 소형 패널 경우에는 충분히 아름다운 화질을 얻을 수 있다.

따라서 유기 EL 디스플레이에서는 Passive Matrix Type가 모두 저화질이고 가격이 싸다고 말할 수는 없다. 그래서 양산에는 상품용도나 가격 계산을 하여, 2개 Type에서 선택해야 한다.

• 액정 디스플레이와 비교

유기 EL 디스플레이가 휴대전화기 등의 양산제품에 탑재되기 위해서는 액정 디스플레이 정도의 성능이 필요하다.

액정 디스플레이 기술도 발전을 계속하고 있지만 유기 EL과 액정 디스플레이를 비교하면 다음과 같다. 현재 유기 EL의 최대과제는 휘도를 상승시키면 수명이 짧게 된다는 점이다.

유기 EL은 지금 한참 각광을 받고 있다. 자발광으로 반짝이는 느낌이 있고, 고휘도,

고 contrast 이기 때문이다. 그러나 현재에는 EL을 탑재한 전자기기의 양산화는 당초 예상보다 늦어지고 있다.

휴대전화기 용으로 일시적으로 유기 EL이 채용된 적도 있으나 현재는 액정 디스플레이로 바뀌고 말았다. 이것은 유기 EL이 우수했던 부분마저 액정 디스플레이가 개량하여 가고 있다. 양산에 임하고 있는 지금이 EL 로서는 가장 중요한 시점이라고 할 수 있다.

4.3.4 OLED와 액정 디스플레이의 특성 비교

유기 EL 디스플레이와 액정 디스플레이를 비교하면 다음과 같다.

- 고휘도, 고 contrast 와 반짝이는 느낌

유기 EL은 자체 발광형이므로 휘도의 필요성에 따라 구동전류(전압)을 증가하여, 휘도를 올릴 수 있다.

또 전류(전압)을 Zero로 하여 완전한 black 으로 하는 것도 가능하다. 그러나 액정은 광의 투과, 차단을 액정 SW로 행하기 때문에 back light 의 휘도를 올리면 SW OFF 시에 광누설이 있고, black 이 잘 되지 않게 된다. 이것이 유기 EL이 액정보다 반짝이는 감이 있는 고휘도, 고 contrast가 얻어지는 이유이다.

액정 mode를 STN 방식에서 MVA 방식 등으로 하여 액정 자체로서도 휘도, contrast의 개선이 시도되고 있다. 그 외 구동방식 등도 조합하여 개선하고 있다. 예를 들면 Impulse 구동방식이 있다. backlight 의 휘도를 올림으로써 black 표시가 희게 되는 영향을 제거하기 위하여 화상 교체 사이에 회로와 동기된 backlight 를 한 순간 제거하는 것이다. 이런 방법으로 발광형 유기 EL의 black 상태를 만들어 내고 있다.

- 시야각

액정은 비스듬히 위에서 보면 색조나 contrast 등이 급히 저하한다. 그러나 유기 EL은 액정이 갖는 특유의 시야각 제한성을 받지 않는다. 이것은 유기 EL의 큰 장점이다.

최근의 액정은 종래의 STN 형 대신에 MVA 형 등의 시야각이 170도 되는 제품도 등장하고 있다. 따라서 액정도 발광형의 유기 EL에 필적하는 시야각을 갖게 되었다.

• 소비전력

유기 EL은 스스로 발광하는데 비하여 액정은 back light 를 이용하고 있다. 원리적으로는 유기 EL쪽이 유리하지만, 현재는 아직 유기 EL의 발광효율이 나빠서 거의 비슷한 상태로 되고 있다. 장래 이 소비전력에 관해서는 유기 EL 이 액정에 비해 절대적으로 유리하리라고 생각되고 있다.
back light 개량과 함께, 반사 sheet, 광확산판 등 전체 효율을 향상시켜 가고 있다.

• 수명

액정의 수명은 back light 의 수명(5 ~6만 시간)으로 된다. 유기 EL은 3원색 RGB의 휘도 열화가 수명을 좌우한다. (Full Color라면 균일한 열화가 요구된다.) 현재 유기 EL의 수명은 수 천시간이다. 휴대전화기 등의 아름다운 화면 경쟁에서 액정의 휘도가 상당히 올라가 있으므로 유기 EL 액정 정도로 하려면 소비전력이 상승하며, 더욱이 수명도 짧아지는 것이 최대의 문제로 되고 있다.

• 외형 Size

유기 EL은 back light 가 없고, 또 박막구조로 이므로 상당히 유리하다. 모바일 기기나 전자종이 등에는 최적인 장치라 할 수 있다. 유기 EL에서는 유기박막층의 두께는 0.1 ~ 0.2 um 이므로 기판을 포함한 디스플레이 Module로서 1.5mm 정도가 가능하다. 또, 얇기 때문에 구부리든가 동그랗게 할 수 있는 flexibility 를 가질 수 있다.

• 동화상 특성 (응답 Speed)

유기 EL의 응답 특성은 수십 μs이고, 액정에 비해 1000배 정도 빠른 응답특성을 가지므로 절대적으로 유리하다.
액정에서도 응답시간이 16μs 이하의 제품도 개발되어 있고 Impulse 방식 구동 등을 채용하면 동화상 대응에 있어서도 어느 정도 개선될 것으로 생각된다.

4.3.5 OLED의 앞으로의 과제

1) 유기 EL을 실용화하는데 최대 문제점은 휘도와 수명의 Trade-off

자기 스스로 발광하는 장치인 유기 EL 은 구동전류를 크게 하면 휘도를 올릴 수 있다. 그러나 이것은 유기 EL 소자의 수명(밝기가 초기의 1/2 되는 시간)을 짧게 해 버리고 만다. 이 trade-off가 현시점에서 제품화에 최대문제점으로 되어 있다.

그런데 휴대 전화에서 수명은 최저라 해도 5,000시간이 요구되고 있으나 현재 유기 EL 은 겨우 만족할 정도이다. TV응용으로 되면 30,000시간이 필요하다.

형광만으로는 발광효율(내부 발광효율)은 최대 25%인 것을 향상시키는데는 dopant (유색 색소)의 적절한 이용과 아울러 인광(발광)의 이용이 최대 과제로 되고 있다.

3중항 상태에서 기저 상태로 돌아올 때의 가시광인 인광(발광)을 이용할 수 있으면 이론적으로 형광과 인광을 합쳐보면 100%의 발광효율이 가능해진다.

따라서, 이 내부양자효율 100% 요구에 응할 수 있는 3중항 여기 상태를 경유해서 강력한 인광을 낼 수 있는 유기화합물의 개발이 시급히 필요해 지고 있다.

그 중 하나인 이리듐 금속 착체(이리듐 금속 이온과 유기물의 결합체)나, 인광과 형광이 혼재한 희토류 금속을 포함하는 인광 발광 재료의 개발이다.

이 발광 효율의 향상만이 장수명화와 저소비전력화에 기여하게 된다.

2) 유기 EL이 개발해야만 하는 기술과제의 요약

발광효율을 올리는 데는 내부 양자효율 외에 carrier 주입효율과 광을 외부로 끌어내는 효율 (외부 양자효율)이 있다.

carrier 주입 효율은 전자, 정공을 어떻게 발광측 쪽으로 효율 좋게 보내주고, 또 손실 없이 이동시킬까 하는 문제이다. 따라서, 수송층(혹은 주입층)과 전극과의 상호 성질이 중요하다.

광을 밖으로 끌어내는 효율(외부 양자효율)은 발광층에서 나온 광을 어떻게 감쇄없이 외부로 이끌어 낼까 하는 문제이다.

발광층에서의 광은 층간 굴절율 차이 등에 의해 전반사 등을 해서 출력으로 되지 못하고 감쇄해 버리고 만다.

또, 발광 화소를 구동하는 박막 Transistor가 휘도에 대응할 수 있는 충분한 전류를 흐를 수 있는 구동능력을 갖출 것 (Tr의 성능이 나오도록 carrier 이동도가 큰 저온 Ploy Si 막의 생성), 그래서 휘도 편차 등이 없도록 구동전류 균일성 (TFT 안정성)이 필요하다.

그 외에도, 유기 EL 소자는 성막 공정(박막 형성공정)후에 그대로 방치해 두면,대기중의 수분을 흡수해서 동작 불능의 원인으로 된다. 그래서 후공정에서 생산 효율을 고려한 후 얇고 충분히 외부로부터 보호가 될 수 있도록 실링(sealing) 문제도 중요하다.

3) 개구율 증가로 고휘도 고정세화를 가능케 하는 Top Emission 구조

유기 El 디스플레이 의 실용화를 위한 새로운 개발이나 발표가 계속되고 있다.
최신의 동향을 간단히 소개해두기로 한다.

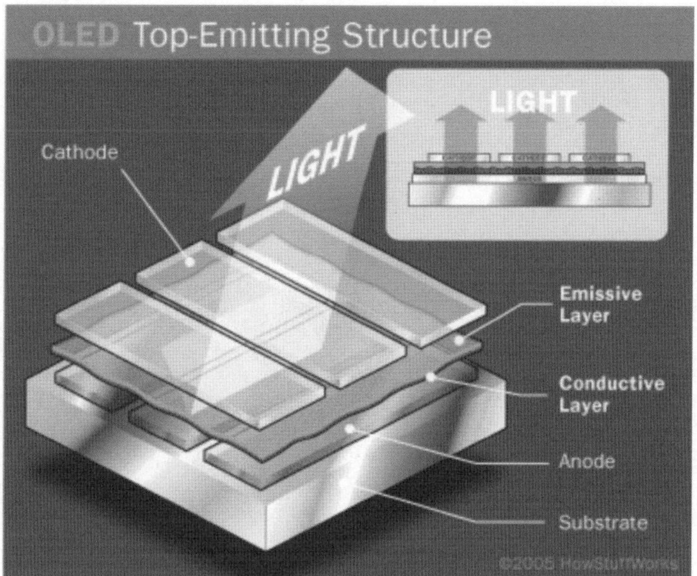

【그림 4-17】 Top emission

종래의 TFT Active Matrix 방식의 유기 EL 디스플레이에서는, TFT glass 기판 측에 발광층의 광을 출력하고 있다. 그러나 Top emission 구조에서는 종래와 역으로 기판의 상부에서 광을 출력하는 구조로 되어 있다. 이 구조에서는 화소 내에 있었던 EL 소자 Drive 회로 (SW 소자, 전류 구동소자의 TFT 등)를 발광화소의 화면에 배치함으로써, 한 화소의 거의 전 영역을 발광화소로서 사용할 수 있다.

따라서 발광화소의 개구율을 향상시켜, 고휘도화가 가능하게 되었다. 또, 개구율 향상으로 휘도를 유지하면서 각 화소를 미세화 할수 있어 화소수 증가/고정세화 실현이 가능하게 되었다. 즉, 고휘도, 고정세화가 실현되었다.

Top emission 구조에서는 종래와 역으로 아래 전극(양극)은 광을 출력 시키지 않아도 되므로 투명한 ITO도 필요 없고, 또 기판도 투명한 glass일 필요도 없다.

역으로 음극측에는 투명전극을 이용할 필요가 있다.

한편 Sony에서는 Top emission 구조에 덧붙여 종래 2개의 TFT를 이용한 EL 소자 구동회로에서 휘도의 편차가 생기는 결점을 해결한 4개의 TFT에 의한 편차보상 구성용 전류 Address 회로에 의한 TAC (Top emission Adaptive Current Drive)기술을 채용하고 있다.

또 Top emission 구조도 종래의 두께가 증가하는 원인으로 된 metal gap 등의 중앙이 비어있는 부분을 가진 구조 대신에 차단성이 우수한 보호층, 투명 seal을 중첩해서 얇게 하고 있다.

제5장 기타 디스플레이 소자

5-1 CRT

5.1.1 CRT의 역사

음극선관(CRT : Cathode Ray Tube)은 독일 스트라스부르크대학의 칼 브라운 교수에 의해서 1897년에 처음 발명되었다.

음극선관은 발명자의 이름을 따서 브라운관으로 보편적으로 많이 불리어지고 있으며, 브라운관은 전기 신호를 전자빔의 작용에 의해 영상이나 도형, 문자 등의 광학적인 상으로 변화하여 표시하는 장치로, 평판형 디스플레이가 대두되기 전인 20세기까지는 디스플레이의 대표 주자였다.

하지만, 현재는 LCD나 PDP의 대형화 및 박형화(silm)에 따라서 그 자리를 서서히 잃어가고 있는 추세이다.

아래 [표 5-1]에 그 주요 개발 역사를 간략히 나타내었다.

【표 5-1】 CRT의 개발 역사

년도	연구개발 내용	개발국 및 개발자(회사명)
1897	음극선관 발명	독일, 칼 프라운
1935	세계 최초로 TV 방송 개시	독일
1950	텐션 쉐도우 마스크 방식의 칼러 표시 CRT 개발	미국, RCA
1961	흑백 TV 방송개시	한국
1980	칼라 TV 방송개시	한국
1989	HDTV 방송	

5.1.2 CRT의 구조 및 동작원리

• 구조

아래 [그림 5-1]에 CRT의 구조를 나타내었다.

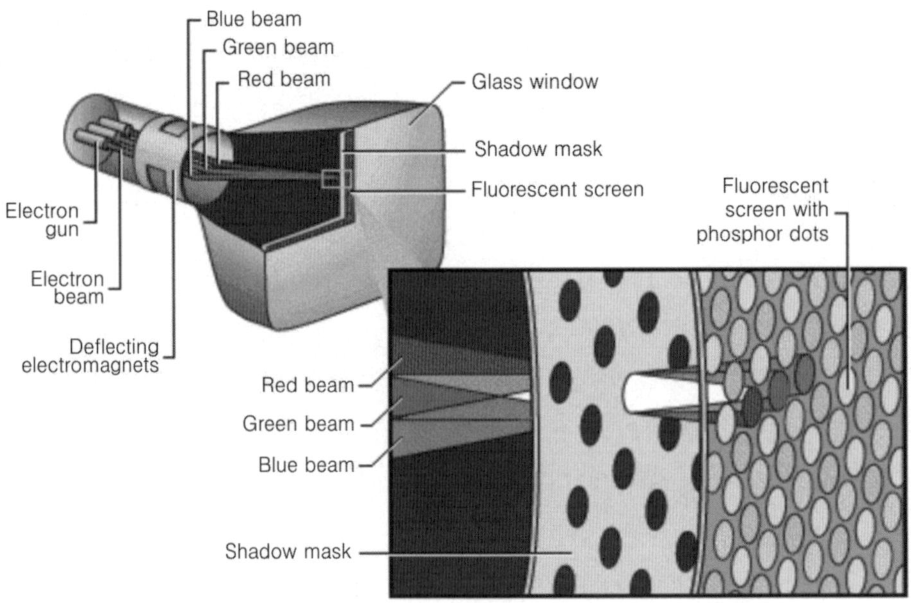

【그림 5-1】 CRT의 구조

① 전자총(Electron Gun)

칼라 영상을 재현하기 위해서 각 색깔별 형광체를 발광시키기 위한 독립적인 3개의 전자총으로 구성되어 있다. 흑백 TV의 경우에는 전자총의 구분이 필요 없으므로 1개로 구성이 되어 있다.

② 패널 글라스(Panel Glass)

브라운관의 전면 유리부에 해당하는 것으로, 패널의 안쪽에는 빛의 3원색인 빨강(Red), 초록(Green), 파랑(Blue)의 형광체(Phosphor)가 패널 내부에 형성되어 있다.

③ 쉐도우 마스크(Shadow Mask)

3개의 전자총에서 방출된 전자빔이 패널 내부에 형성되어 있는 형광체에 정확하게 충돌 할 수 있도록 하기 위한 것이다. 흑백 TV에는 쉐도우 마스크가 없다.

④ 편향요크(Deflection Yoke)

전자총에서 발생된 전자빔을 영상신호를 재현하기 위한 형광체가 위치한 곳으로 수직 및 수평으로 편향시키는 역할을 하는 부분이다.

⑤ 펀넬(Funnel)부

형광체가 형성되어 있는 패널부를 제외한 외부를 구성하고 있다.

⑥ 밴드(Band)부

CRT의 폭축을 방지해주는 방폭밴드

• **동작원리**

칼라브라운관은 전자총에서 발출된 열전자가 편향요크 혹은 두 개의 수직 및 수평편향판에 의해서 제어되어 원하는 형광체와 충돌하여 형광면을 발광시켜 화상을 재현하는 것을 그 기본 원리로 하고 있다.

5.1.3 제조과정

CRT의 제조 과정은 크게 두 단계로 분류할 수 있다. 첫 번째 단계가 전면유리(panel glass)와 후면유리(Funnel)를 액체유리(frit glass)로 붙이는 과정(sealing), 즉 도포공정과 첫 번째 단계 후 전자총을 삽입하고, 전자빔의 산란을 방지하기 위한 CRT 내부의 기체를 배기하여 진공으로 만들고, 봉지하는 배기공정 단계로 구분할 수 있다.

좀더 세부적으로 제작 공정을 설명하면,

① 전면유리(panel glass)에 쉐도우 마스크를 끼워 넣는 공정

② 전면유리의 안쪽 면에 black coating(BC)과 3색 형광체 및 알루미늄 막을 순차적으로 도포하는 공정

③ 전면유리(panel glass)와 후면유리(funnel)를 액체유리(frit glass)로 융착하는 공정
- 전면유리부의 구성 : PF connector, inner shield, getter
- 후면유리부의 구성 : 내장흑연(도전성 물질)

④ 전면유리와 후면유리 합착후, 전자총을 삽입하고 고정시키는 공정

⑤ 전자총에서 발생된 전자가 듀브내부에서의 산란없이 진행할 수 있도록 내부기체를 배기하는 공정

⑥ 튜브의 응력을 완화시키기 위한 보강용 밴드를 두르는 공정

⑦ 전면유리의 표면에서 외부광이 반사되는 것을 방지하기 위한 반사방지막 증착 공정
- LCD에서의 Black Matrix와 유사한 역할
- 광산란 방지를 위한 Anti-glare coating, 정전기 방지를 위한 anti-static coating

⑧ CRT를 정상 동작 상태로 30분 이상 유지하면서 구동시키는 aging 공정(가혹 공정)

⑨ 전자빔의 경로와 초점 등을 제어하기 위한 편향요크와 PCM(purity/convergence magnet : 색순도조절 및 전자빔의 집속기능)을 장착하고 이들의 위치와 상태를 조정하고 검사하는 ITC(Integrated Tube Components) 공정
＊ PCM : 칼라브라운관의 화질을 향상시키기 위하여 Red, Green, Blue 등 3종의 전자빔을 Lorentz Force의 원리에 의거 mechanical center가 일치하도록 집속시켜서 색순도(purity)를 보정하는 역할을 하는 Bonded magnet 조합체

⑩ 외관검사 후 스크린 손상방지를 위한 화면보호지 및 회상 상호등의 마크 등을 부착하여 출하는 packing 공정

그림에 CRT 제조공정 나타내었다.

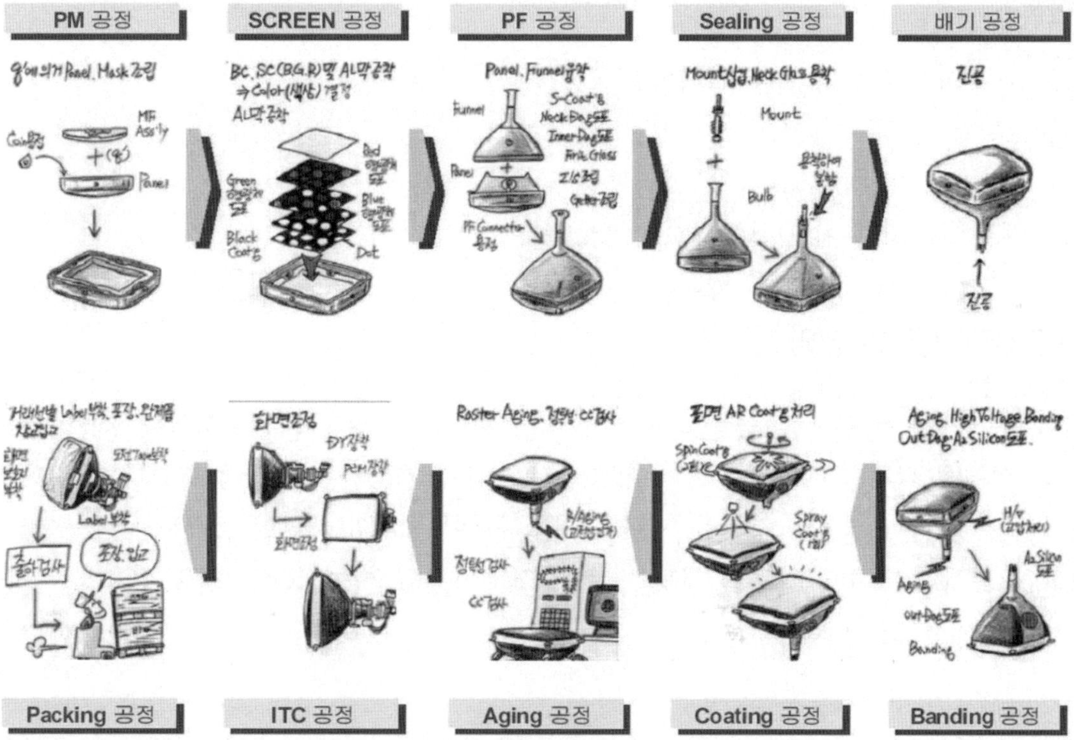

【그림 5-2】 CRT 제조 공정

5.1.4 CRT의 장단점

• 장점

① 높은 응답 속도
② 높은 콘트라스트와 고휘도
③ 저가격
④ 풀컬러 표시 능력
⑤ 높은 신뢰성
⑥ 넓은 시야각

• 단점

① 큰 부피와 무겁고 다루기 어려움
② 고전압 동작
③ 주사선의 비 직선성
④ 지자기에 의한 전자빔의 궤도 이탈

5.1.5 CRT 산업의 전망

TV는 흑백에서 컬러로, 볼록 화면에서 평면 화면으로 발전을 거듭하였고, 신호처리가 아날로그에서 디지털 신호로 발전함에 따라서 거대한 시장을 형성하여 왔었다. 하지만 앞에서 일부 설명이 되었던 것처럼, 평판형 디스플레이 장치의 개발이 급속도로 이루어지고 있고, 고전적인 CRT의 장점을 대부분 극복하고 있어 앞으로 CRT의 시장 점유율은 지속적으로 줄어들 전망이다.

5-2 발광 다이오드(LED)

5.2.1 역사

1907년에 발광현상이 발견된 이후, 1923년에 반도체에 전압을 인가했을 때, 생기는 발광현상을 관측하게 되면서 발전을 거듭하여 왔다.

1950년대에 이르러 Ⅲ-Ⅴ족 화합물 반도체를 이용한 기초 연구가 본격적으로 이루어졌다. 1952년에 실리콘(Si)과 게르마늄(Ge)이 이종접합부에서 발광현상이 되었고, 1955년에는 InP를 이용한 발광다이오드가 개발되었다.

이후 1968년에 GaAsP를 이용한 적색 LED를 개발하였고, 1969년에 GaP를 이용한 적색 LED가 개발되어 실용화 단계에 들어서게 되었다.

그 이후에, 1993년에 질화물계 화합물을 이용한 청색 LED가 개발되었고, 역시 1995년에 질화물계 화합물을 이용한 녹색 LED가 개발되었다.

적색·녹색·청색의 LED가 모두 개발됨으로써 비로소 풀컬러화 시대를 맞이하게 되었다.

하지만, 삼색을 혼합한 백색 구현이 아닌 순수한 백색 LED에 대한 개발을 갈구하게 되었고, 다양한 방식으로 백색 LED를 제조할 수 있는 기술을 확립하게 되었다. 그 첫 번째 방식이 빛의 삼색을 방출하는 LED를 독립적으로 사용하는 방법이고, 두 번째가 청색 LED에 노란색 형광체를 사용하는 방법, 세 번째가 UV LED 광원을 사용하고 삼색 형광체를 사용하는 방식이 있다.

[표 5-2]에 그 주요 개발 역사를 간략히 나타내었다. [표 5-3]에 백색 LED 구현 방법을 나타내었다.

【표 5-2】 LED의 개발 역사

년도	연구개발 내용	개발국 및 개발자(회사명)
1962	GaAsP 적색 LED 개발	GE
1969	GaAsP LED 상용제품 출시	Monsanto
1992	InGaAlP 적색 LED 개발	HP
1993	Nitride계 청색 LED 개발	Nichia
1995	Nitride계 녹색 LED 개발	Nichia
2002	고출력 백색 LED 개발	Lumileds

【표 5-3】 백색 LED 구현 방법

사용 LED	발광소재	구현원리
Red, Green, Blue LED	InGaN, AlInGaP	각각의 LED에서 나오는 빛을 혼합(빛의 삼원색의 혼합)
Blue LED	InGaN/YAG:Ce 형광체	청색 LED에 의해서 여기된 YAG:Ce 형광체에서 나오는 노란색과 청색 LED의 blue를 혼합
UV LED	InGaN/R, G, B 형광체	자외선에 의해 여기된 형광체가 백색발광(PDP의 형광체 발광원리와 동일)

5.2.2 LED의 구조 및 동작원리

LED(Light Emitting Diode)는 전기에너지를 빛에너지로 변환시켜주는 발광 반도체 소자로서 그 구조는 P형과 N형의 이종접합 구조(Diode 구조)를 가지고 있다.

[그림 5-3]에 발광원리를 나타내었다.

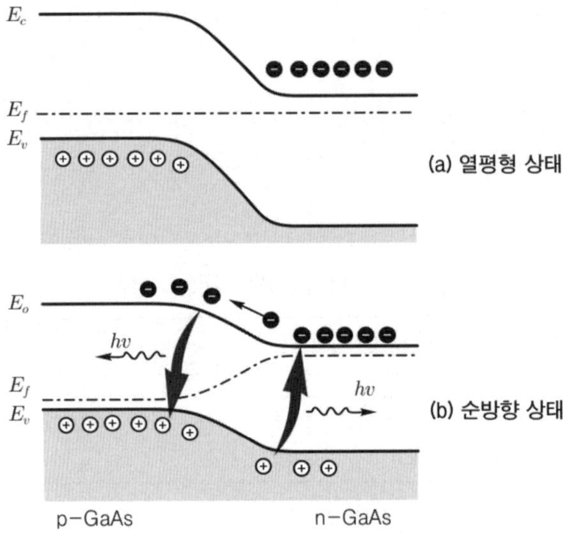

【그림 5-3】 발광원리

LED에 의해서 방출되는 빛의 파장은 사용되는 반도체 재료의 에너지밴드갭(Energy Bandgap)에 의해서 결정이 되어지며, 적외선, 가시광선, 근자외선에 걸쳐 있을 수 있음.

PN접합 다이오드에 순방향 전류가 흐를 때, 즉 P측에 +극, N측에 -극을 인가하면 P측의 정공은 N측에, N측의 전자는 P측으로 이동하여 PN 접합점에서 전자와 정공이 결합하면서 전자가 에너지를 방출하면서 빛으로 발광하는 원리이다.

에너지 밴드갭과 방출되는 빛의 파장과의 관계식을 [수식 5-1]에 나타내었다.

$$Eg = \frac{hc}{\lambda} \qquad \text{[식 5-1]}$$

여기서, Eg는 에너지 밴드갭, h는 플랭크 상수, c는 광속, λ는 빛의 파장을 나타낸다.

즉, 두 개의 상수를 제외하고 생각하면, 에너지 밴드갭의 크기가 파장과 직접적인 관련이 있으므로, 얻고자 하는 빛의 파장에 따라 특정 에너지 밴드갭을 가지는 반도체 물질을 결정할 수 있다.

그림에 반도체 재료별 방출되는 빛의 파장을 나타내었다.

Color	파장	재료
Red	635, 660	AlGaAs, InGaAIP
Orange	605, 610	GaAsP, InGAIP
Yellow	585, 590	GaAsP, InGaAIP
Y-green	562, 574	GaP, InGaAIP
Green	525, 555	GaP, InGaN
Blue	450, 470	InGaN
자외선(UV)	< 400	InGaAIN

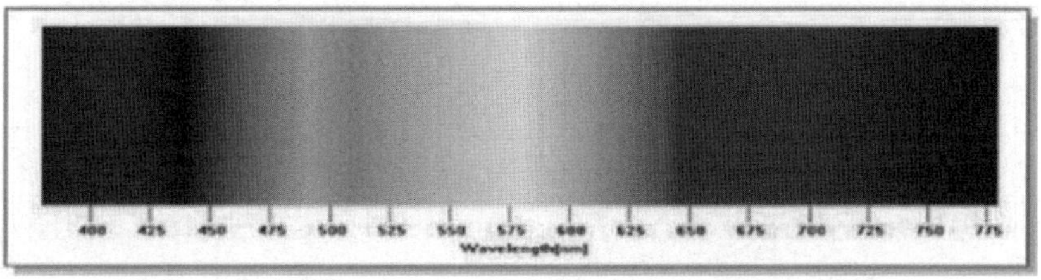

【그림 5-4】 반도체 재료별 방출되는 빛의 파장

지금부터, LED를 제조하는데 사용되는 반도체의 성질에 대해서 간략히 살펴보도록 하겠다.

• 반도체란

반도체란 불순물 주입 등의 인위적인 조작과 주변의견에 의해서 그 전기적인 성질을 변화시킬 수 있는 것으로, 저항률이 $10^{-6} \sim 10^{10}[\Omega m]$ 정도이며, 에너지갭의 크기로 설명하면 약 6eV 이하를 가지는 것으로 일반적으로 정의할 수 있다. 금속의 경우는 에너지갭이 존재하지 않으며, 부도체의 경우는 에너지갭이 정의된 반도체의 에너지갭보다 더 크다.

에너지갭의 크기에 따른 물질의 종류 비교를 그림에 절연체, 반도체, 도체에 대한 에너지갭을 나타내었다.

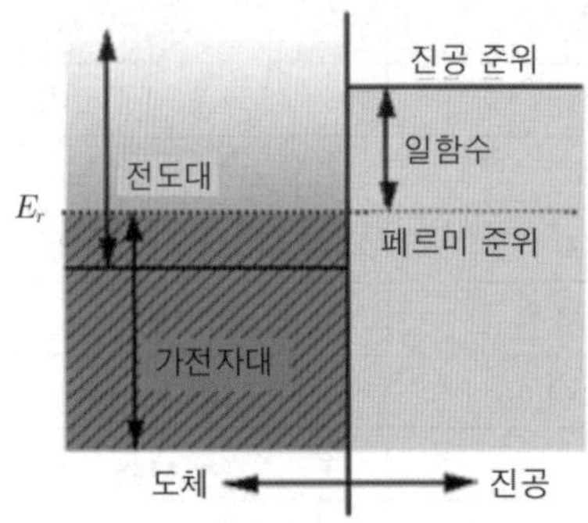

(a) 도체

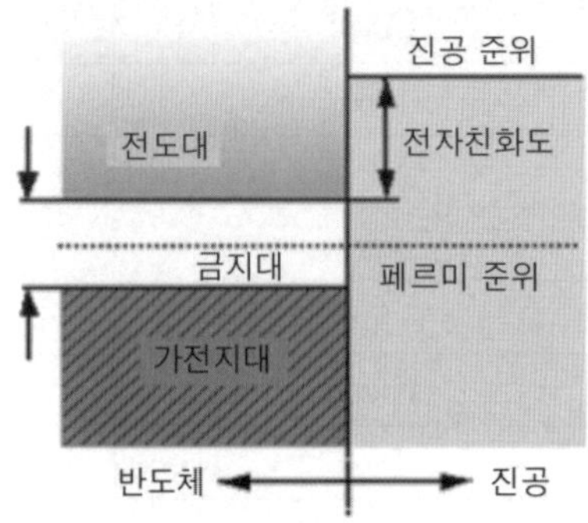

(b) 진성 반도체

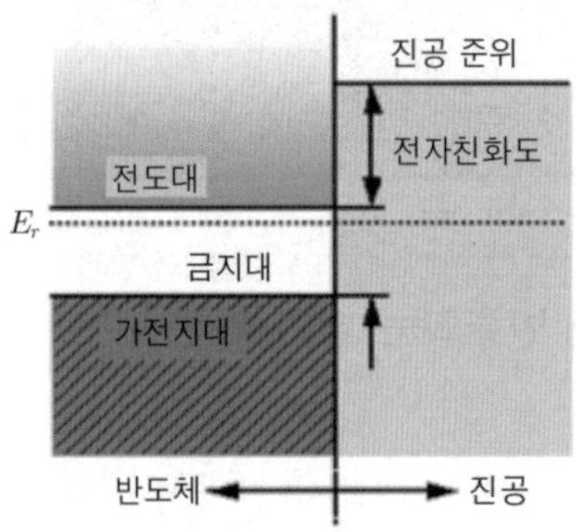

(c) n형 반도체

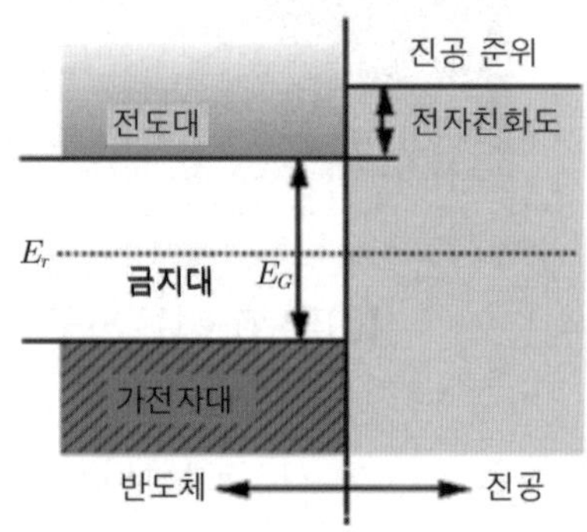

(d) 절연체

【그림 5-5】 절연체, 반도체, 도체에 대한 에너지 밴드

또한, 반도체의 불순물원의 종류에 따라서 진성반도체(intrinsic semiconductor)와 외인성반도체(extrinsic semiconductor)로 나눌 수 있다.

진성반도체는 불순물이 전혀 혼합되어 있지 않은 순수한 반도체를 의미한다. 외인성 반도체는 불순물이 혼입되어 있는 경우로, 그 불순물의 종류에 따라서 또 다시 두가지 종류로 분류된다.

그 첫 번째가 n형 반도체이다. n형 반도체의 경우는 혼입된 불순물이 자신이 원자의 최외각에 가진 전자를 반도체내에 전도전자로 제공할 수 있는 것으로, 결국 불순물로서 주입된 원자는 전자를 하나 잃어버리게 되고, 자유전자를 얻는 반도체 물질은 음의 전하를 띄게 되므로, Negative의 n을 따서 n형 반도체라 불린다.

그림에 n형 반도체 공유결합과 에너지밴드의 구조를 나타내었다.

4-10

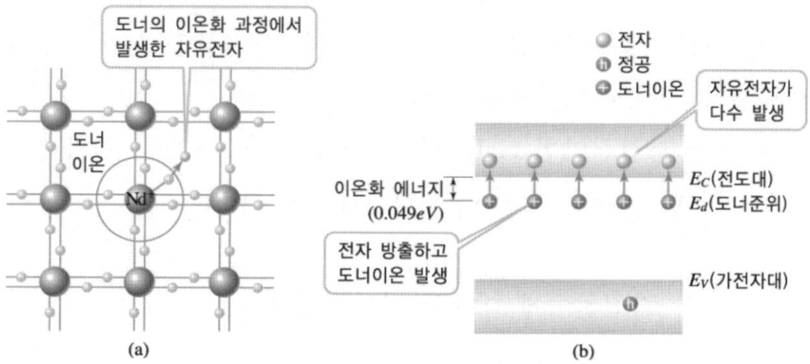

【그림 5-6】 n형 반도체의 공유결합 형태와 에너지 밴드 구조

그 두 번째가 p형 반도체이다. p형 반도체의 경우는 혼입된 불순물이 전자가 하나 적게 되므로, 양의 전하 즉 positive의 p를 따서 p형 반도체라 불린다.

그림에 p형 반도체의 공유결합과 에너지밴드의 구조를 나타내었다.

4-11

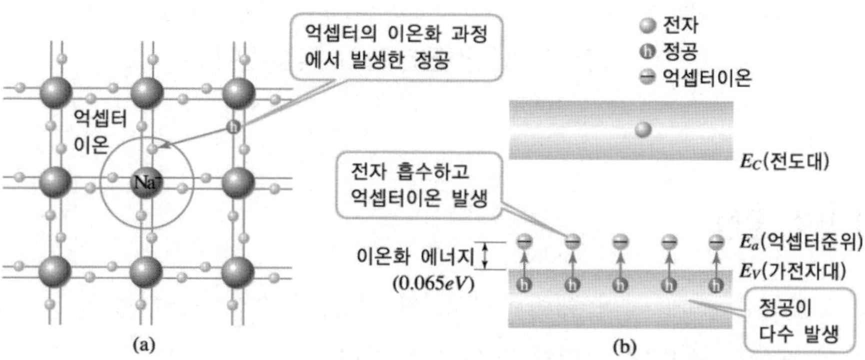

【그림 5-7】 p형 반도체의 공유결합 형태와 에너지 밴드 구조

- 직접천이형과 간접천이형

  LED 재료는 직접천이형(direct transition)과 간접천이형(indirect transition) 반도체로 구별된다. 간접천이형은 전도대의 전자가 가전대로 이동하면서 수평천이를 하면서 열과 진동으로 에너지를 소실하는 반면, 직접천이형은 모두 그 천이과정에서 발광을 하게 되므로 LED 재료로써는 좋은 재료라고 할 수 있다.

발광시키고자 하는 영역에서 직접천이형 반도체결정이 존재하지 않은 LED의 경우, 초기개발과정에서는 간접천이형 반도체에 특별한 불순물을 첨가하여 발광 파장을 어느정도 변화시켜 발광영역을 맞추어 왔었다.
그 대표적인 예가 간접천이형 GaP 반도체물질에 질소원자를 첨가하여 밝은 LED를 만든 경우로 상세한 내용은 여기서는 생략하도록 한다.

그림에 간접천이와 직접천이에 대해서 나타내었다.

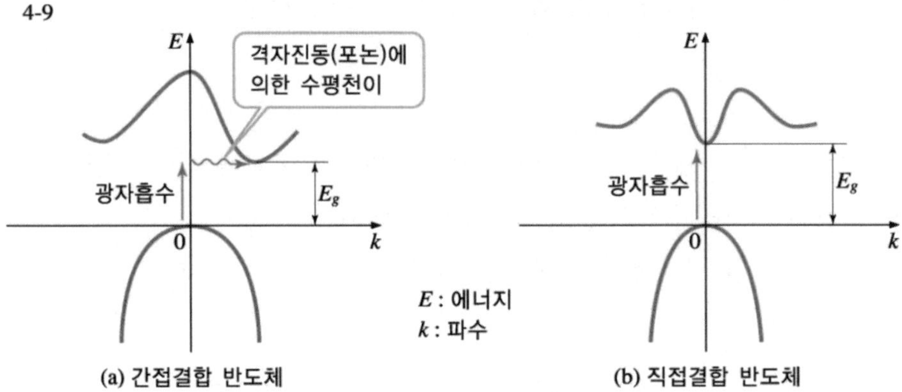

【그림 5-8】 간접천이와 직접천이

5.2.3 LED 제조 공정

LED의 제조공정은 크게 에피 웨이퍼제조, 칩 생산, 패키징, 모듈 등으로 진행됨 개별 과정에 대해서 간략히 정리하면 다음과 같다.

① 에피웨이퍼제조는 기초소재인 단결정 웨이퍼에 단결정 박막을 성장시키는 과정
- 에피텍시(epitaxy)는 일반적으로 단결정 기판에 단결정을 성장시키는 과정을 말하며, 동일한 단결정 즉, 예로 실리콘기판위에 실리콘을 단결정 성장시키는 것을 호모에피텍시(homo epitaxy : 동종 에피텍시)라 하고, 기판의 재료와 다른 재료를 단결정 성장시키는 것을 헤테로에피텍시(hetero epitaxy)라 부른다.

② 칩 생산은 전극을 형성하고 개별 칩으로 절단하는 과정
③ 제조된 칩과 리드를 연결하고 빛이 최대한 외부로 방출될 수 있도록 패키징 하는 과정
④ 패키징이 완료된 LED를 이용하여 일정한 프레임에 LED를 부착하는 과정

좀 더 세분화된 제조공정을 그림에 나타내었다.

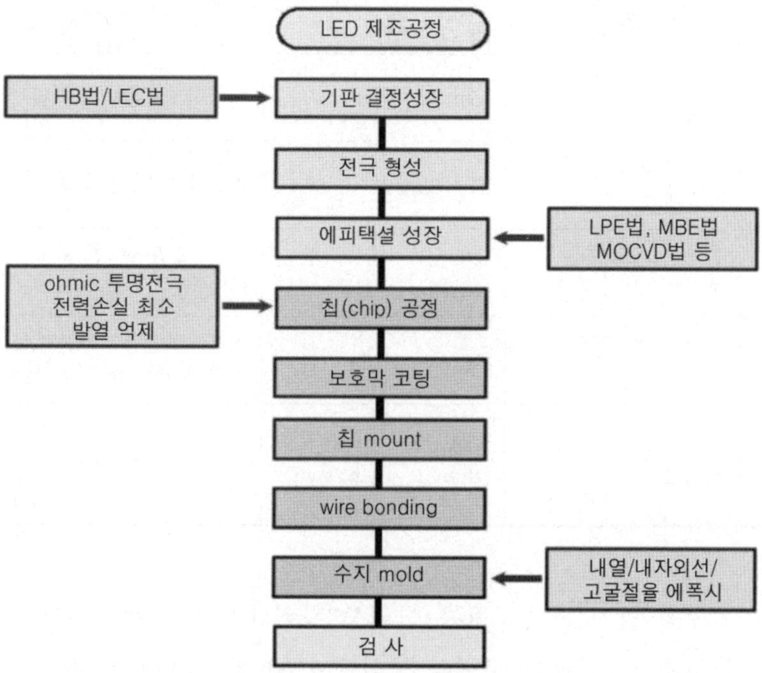

【그림 5-9】 LED 제조 공정 순서

5.2.4 LED의 특징

LED의 가장 큰 장점은 고효율에 의한 저 소비전력이다. 기타 특징을 아래에 나타내었다.

① 수명이 약 10만 시간으로 반영구적임
② 광변환 효율이 높아서 저 소비전력
③ 소형화, 박형화, 경량화가 가능
④ 예열 시간이 필요하지 않아 점등 및 소등 속도가 매우 빠름

⑤ 필라멘트나 gas 등이 없기 때문에 충격에 강하고 안전함
⑥ 환경 친화적

[표 5-4]에 다양한 광원에 대한 비교를 나타내었다.

【표 5-4】 다양한 광원에 대한 특성 비교

광원	구성	특성	특징
백열전구	텅스텐 필라멘트와 진공	15lm/W, 1khr	저렴하고, 일반광원 및 장식용
할로겐 램프	텅스텐 필라멘트와 할로겐 가스	20~30lm/W	백열등과 비해 장수명 및 소형화
방전램프	전극 전기방전과 충전물 및 안정기	150lm/W (고압나트륨램프)	높은 광효율, 긴 수명, 가장 경제적인 광원
형광등 램프	저압 방전 램프와 형광체	80lm/W, 10khr	적은 열발생, 저전력소모, 부드러운 색감과 다양한 색조 표현 가능
LED	발광다이오드와 형광체	100lm/W (이론 최대효율 300)	작은 규격, 내충격성, 높은 광효율 긴수명(최대 10만시간) 직접조명 기능, 중금속 free

- lm(lumen) : 빛의 밝기를 측정하는 단위중 광원에서 나오는 전체의 양
- 1 lumen : 반지름이 1피트인 구형의 중심에 1푸트캔들(footcandle) 밝기의 빛이 있을 때, 그 구형의 1평방피트 표면에서 얻게 되는 빛의 양을 말하며, 이때 1푸트캔들은 역으로 1루멘의 빛이 1평방피트에 골고루 퍼져 있을때의 밝기로 정의된다.
- Lux(룩스) : 우리나라에서 빛의 발기를 측정하는 단위로, 1 Lux는 1평방미터의 표면에 1루멘의 빛이 골고루 퍼져 있을 때의 밝기를 말한다.

LED는 소비전력이 적고 밝은 낮에도 선명한 빛을 낼 수 있어서 다양한 분야에 응용이 이루어지고 있다.

신호등의 등이 LED로 거의 교체가 이루어지고 있고, 가로등도 LED로 교체가 이루어지고 있다.

또한, LED도 디스플레이 소자이지만, LCD의 백라이트를 LED로 교체하여 색재현성을

월등히 향상시키는 놀라운 결과 또한 얻고 있다.

자동차의 전조등 및 실내등 및 표시판에도 LED가 주요 구성요소로 자리 매김하고 있어, 앞으로 그 쓰임새가 계속적인 확대가 이루어지리라 예상된다.

5-3 전계방출 디스플레이(FED)

5.3.1 역사

FED(Field Emission Display)는 CRT의 장점과 평판 디스플레이의 장점을 모두 갖추고 있는 표시장치로 주목을 받으며, 많은 연구가 활발히 진행되고 있는 디스플레이 소자이다.

그 발전 과정을 [표 5-5]에 나타내었다.

【표 5-5】 FED의 연구 발전과정

연도	개발내용	개발자, 회사
1897	진공용기내의 두 개의 백금 전극간의 arcking 연구과정에서 전자 방출 현상 발견	wood
1926	양자역학적 터널링 전계방출 이론 정립	
1928	전계방출 현상을 이론적으로 표현	Fowler, Nordheim
1968	spindt형 cathode array 제작	spindt(RCA사)
1993	6inch full color FED 개발	LETI사
1996	4inch full color FED 개발	삼성
2001	7inch CNT-FED 개발	삼성
2002	22inch CNT-FED 개발	삼성

5.3.2 구조 및 동작원리

스페이서에 의하여 유지되는 작은 진공갭을 가운데 두고 위쪽은 형광체로 도포된 anode 판이며, 아래쪽은 cathode와 게이트로 구성되는 cathode 판으로 구성되어 있다. 캐소드 판에는 행전극(row electrode)와 열전극(column electrode)이 있으며 이들을 통하여 FEA (Field Emission Array)들이 행렬 구동되어 게이트에 전압이 걸리는 시간 동안 전자가 방출되어 anode 전압에 의하여 가속된다. 이것들이 진공 갭을 지나 anode에 코팅된 형광체와 충돌하여 화면을 표시하게 된다. 한 화소(pixel)에 R(Red), G(Green), B(Blue) 형광체를 사용함으로써 컬러 디스플레이도 가능하게 된다.

그림에 FED의 단면 구조도를 나타내었다.

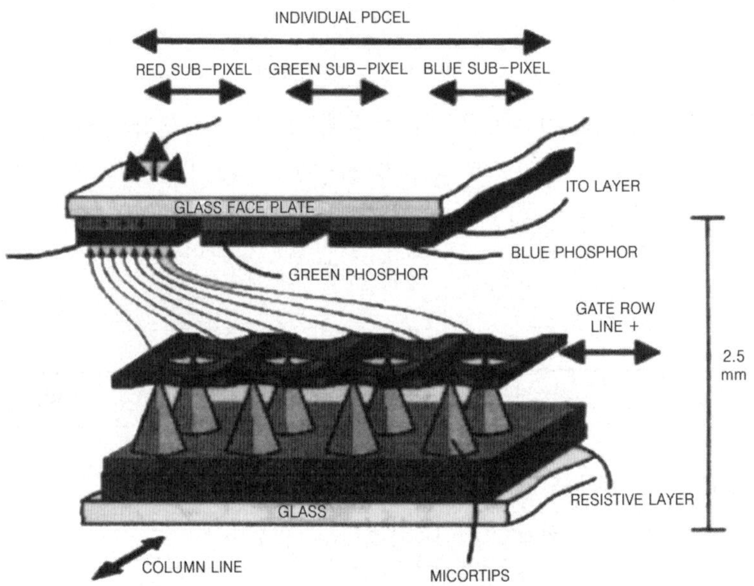

【그림 5-10】 FED의 단면 구조도

아래 그림에 FED 내부의 전자 방출 모식도를 나타내었다. 진계 방출 cathode 제작은 박막 기술에 의하여 0.3~0.5um 두께의 금속 박막과 1um 두께의 절연체를 형성하는데서 풀발한다. 전계 방출 팁에서의 전장의 세기는 행전극이나 열전극의 전압을 조절함으로써 얻을 수 있으며 이것은 에미터의 표면을 터널링하여 방출되는 전자의 수를 조절하게 된다. 방출된 전자는 에너지 손실 없이 형광체에 부딪혀 밝은 빛을 내게 된다.

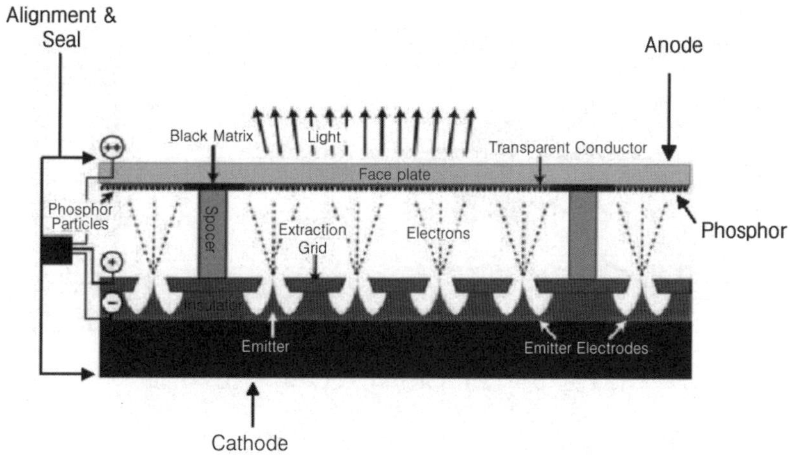

【그림 5-11】 FED 내부의 전자 방출 모식도

• **전계 방출의 원리**

고체표면에 강한 외부전계를 인가하면, 일함수 장벽(Potential Barrier)가 낮게 되기 때문에 고체표면에 Trap된 전자는 Tunnel현상(전자는 보통상태에서는 전위장벽을 넘을 수 없다. 그러나 전자는 특정조건 하에 어떤 확률로서 전위 장벽을 뚫고 나갈 수 있다. 이 현상을 Tunnel현상이라 한다.)에 의해 진공 중에 방출된다.

이 현상이 전계방출(Field Emission)이다. 이 현상에는 아주 큰 전계(인가전압)가 필요하게 되므로, 고체전자 방출부분의 면적을 적게 하여 전계를 집중시킬 필요가 있다.

그 때문에 전계방출을 위한 방출 전자원의 형상은 끝이 뾰족한 미세 원추상의 것이 이용되고 있다.

5.3.3 특징

CRT와 FED를 비교하여 그림에 나타내었다.

그림에서 알 수 있는 것처럼, CRT는 전자총에서 발생된 전자빔을 편향시켜 화면 전체를 주사해야 하는 반면, FED는 개별 화소에 수많은 전자총이 존재하기 때문에 전자빔의 편향이 필요하지 않은 구조를 하고 있다.

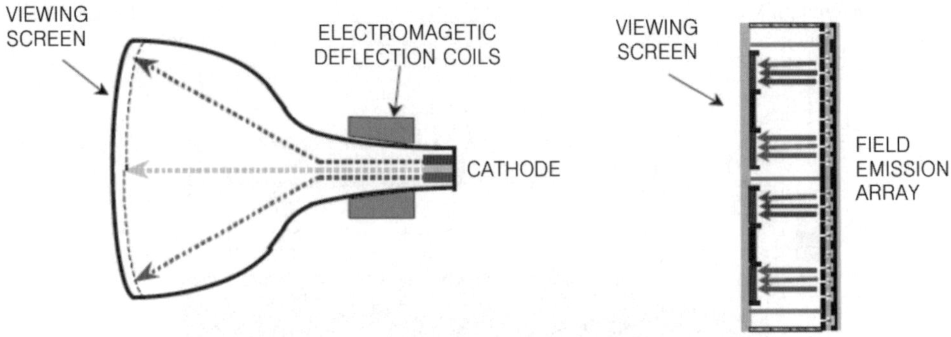

【그림 5-12】 CRT와 FED의 구조 비교

FED의 주요 특징을 살펴보면 다음과 같다.

① 보조 광원이 필요없음
② 시야각의 제한이 없음
③ 동영상 구현에 적합
④ 평판 디스플레이
⑤ 신뢰성이 비교적 우수
⑥ 구동이 복잡하고 가격이 비쌈
⑦ 고전압 구동
⑧ 제조가 복잡하고 어려움
⑨ 신뢰성이 결여

[표 5-6]에 CRT와 FED의 주요 특징을 비교하여 나타내었다.
CRT와 비교해서 두께나 소비전력이 상대적으로 적은 것을 알 수 있다.

【표 5-6】 CRT와 FED의 주요 특징 비교

		CRT	FED
두께	29인치 38인치	330 ㎜ 420 ㎜	50 ㎜ 50 ㎜
소비전력	29인치 38인치	180 와트 230 와트	90 와트 90 와트
전자총		1개가 수십만 픽셀을 주사	1개의 픽셀에 수백개의 전자총 보유
가동전압		15,000~30,000 V	3000~10,000 V
소 자		히터를 가열한 열음극소자	냉음극소자

5-4 형광표시관(VFD)

5.4.1 역사

형광표시관(VFD : Vacuum Fluorescent Display)은 양극(Anode), 음극(Cathode)과 Grid 전극으로 형성된 3극 진공관을 응용한 표시소자로서 일반적으로 VFD(Vacuum Fluorescent Display)라고 부르고 있다.

1965년 일본에서 발명되어 제품화되었으며, 10에서 100V 정도의 저전압으로 녹색의 밝은 발광형 표시소자로서 시장에 등장하였다. 최초는 1행의 숫자표시의 둥근형 단관이었으나, 순차 둥근형 다형관, 평형 다형관으로 발전을 계속해오고 있다. 그 용도는 탁상 계산기의 숫자 표시용으로 시작하였으나, 표시의 다양성과 다양한 색 재현 기법의 개발로 차량시계, 계기류, Car Audio 등의 표시로서도 사용되고 있다.

5.4.2 구조 및 동작원리

VFD는 표시측의 front glass와 base 기판 (접속단자나 회로배선이 인쇄되어 있는 glass 기판)으로 진공 tube(용기)가 형성되어 있다. (진공관은 tube상의 glass관으로 되어있다.)

그 진공용기 내에 음극(Filament), grid전극 및 양극(형광표시체)의 기본 3전극이 봉입되어 있다.

VFD의 음극은 열전자가 만들어지기 쉬운 재료로 되어 있고, filament라고 부르고 있다. Filament 에 전류를 흘려 가열하면 열전자가 발생된다. 여기서 열전자란, 진공중에서 금속을 가열하면 발생, 방출되는 전자를 말한다.

발생한 전자는 VFD에서 설정된 전압, 즉, 음극의 (-)전압에서 양극((+)전압)으로 향해 날아간다. 도중에 grid전극에 의해 제어(확산, 선택)되어, 양극으로 향해 한층 더 가속되어 날아간다. 양극에 도달한 전자는 양극전극상에 형성되어 있는 표시 패턴이 그려진 형광체와 충돌해 발광이 일어난다.

그림에 VFD의 기본 구조 및 단면도를 나타내었다.

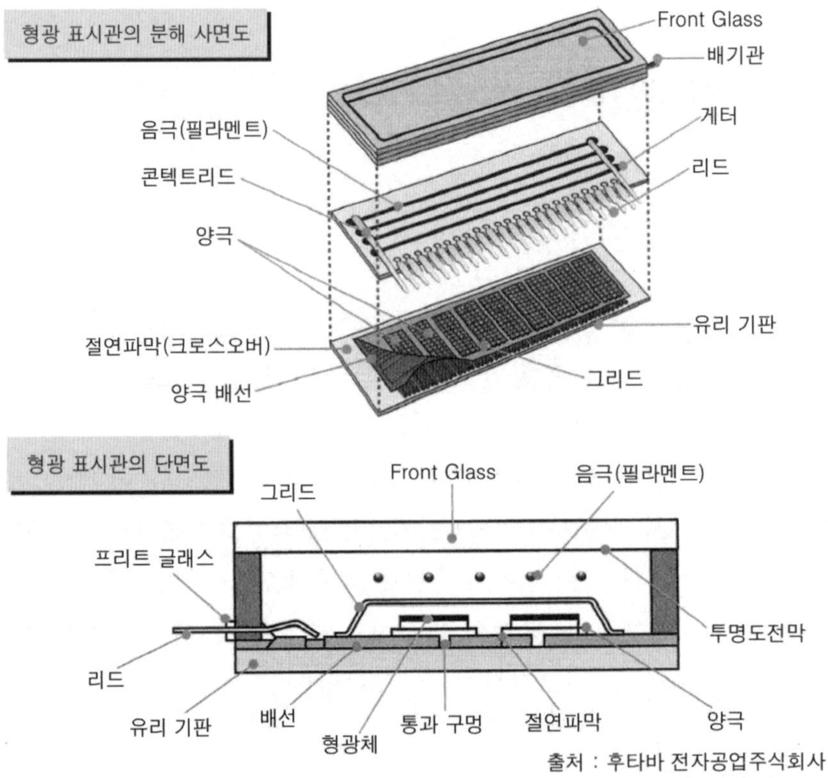

【그림 5-13】 VFD의 기본구조 및 단면도

5.4.3 특징

형광표시관은 열전자를 받아들인 형광체 자신이 발광하는 자발광 소자이므로 시야각이 넓고 선명한 표시가 얻어지는 등, 보기 좋은(시인성 視認性) 패널로서 잘 알려져 있다.

최초로 개발된 것이 표준색인 녹색이다. 현재에는 적~청까지 아홉색 정도의 색조가 상품화되어 있다. 형광표시관용의 형광체, 특히 녹색은 광범위한 발광파장 특성을 가지고 있으므로 color filter와 조합시킨 다양한 컬러화도 가능하다.

예를 들면, 녹색의 형광체에 Pink의 Filter를 붙여 흰색으로 변환시킬 수도 있다.

또, 형광체의 형상을 인쇄 등에 의해 자유롭게 만들 수 있으므로 임의 문자, 패턴이 가능하다.

제6장 디스플레이 공정기술

6장에서는 디스플레이 소자를 제조하기 위한 공정 기술에 대해서 간략히 설명하도록 한다. 디스플레이 공정 기술보다는 반도체 공정 기술이 더 고급 기술을 사용하는 경우가 대부분이기 때문에 반도체 공정 기술을 중심으로 설명하도록 하겠다.

반도체 공정 기술은 다양한 단위 공정 기술을 포함하고 있으나, 디스플레이에서의 활용도가 극히 떨어지는 내용에 대해서는 생략하도록 하겠다. 먼저 패턴 제조기술에 대해서 설명한다.

6-1 포토리소그라피(Photolithography)

6.1.1 포트리소그라피란

포토리소그라피는 우리말로 사진석판술 혹은 사진식각공정이라고도 불린다. 그 어원을 잘 살펴보면 그 의미를 좀 더 쉽게 이해할 수 있다. photo(빛)+litho(돌)+graphy(그리다, 새기다), 즉 돌에다가 빛을 이용하여 무엇인가를 그리거나 새기는 것을 의미한다. 반도체 공정에서 다양한 패턴을 실리콘(돌)에 새기기 위해서 사용하는 공정이 포토리소그라피이다.

말 그대로 포토리소그라피는 빛을 이용한 리소그라피이고, 그 광원을 빛이 아닌 전자빔을 사용하는 경우를 전자빔(e-beam) 리소그라피라고 부른다.

전자소자의 미세화는 포토리소그라피 기술에서 결정된다고 할 수 있다. 아래에 포토리소그라피의 기본적인 공정 순서에 대해서 그림으로 나타내었다.

① 필름증착

소자를 제조하기 위해서는 먼저 필요한 막을 증착하게 된다. 이때 막을 증착하는 기법은 다양하며, 이에 대한 기술은 박막증착기술에서 설명하도록 하겠다. 일단 막이 증착된 후에는 증착된 막이 존재해할 영역을 제외한 나머지부분에 증착된 막을 제거할 필요가 있다. 이는 막을 특정 부위에만 증착을 할 수 없기 때문이며, 특정 영역에만 막을 남기기 위해서 포토 리소크라피 공정 기술을 활용하게 된다. 증착공정은 리소그라피 공정에는 포함되지 않는다.

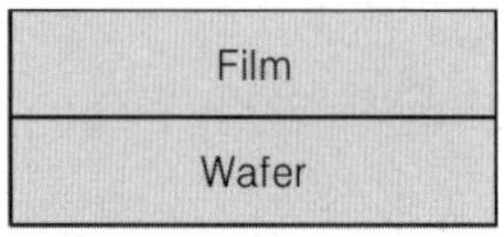

② PR(Photo Resist) 도포

PR 도포 공정은 위의 그림에 있는 막이 증착된 기판에 PR 막을 형성하는 공정이다. 여기서 PR이라는 것은 Photo Resist(감광액)의 약자로, 빛에 반응하는 물질이다. 요즈음에는 거의 사라졌지만, 사진기에서 사용되던 필름에 있는 빛과 반응하는 막이라고 생각하면 된다. 이들의 구성은 일반적으로 빛에 반응하는 물질인 PAC(Photo Active Compound), 유기용매(Solvent) 및 빛에 반응하지 않는 수지(resin)로 구성된다.

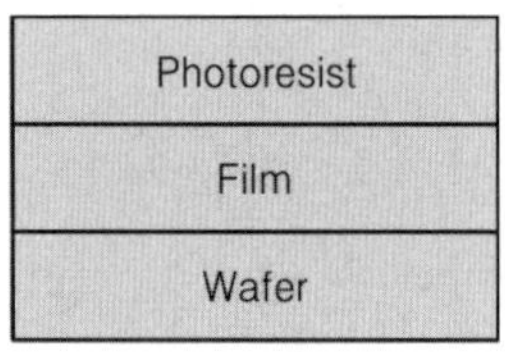

도포 방법은 기판을 회전이 되는 chuck 위에 올려놓고 기판을 회전(dynamic dispense) 혹은 정지된 상태(static dispense)에서 감광액을 떨어뜨린 후, 회전 chuck을 고속으로 회전시켜 균일한 두께로 감광액을 도포한다.

PR의 도포 단계를 좀더 구체적으로 살펴보면 감광액을 떨어뜨리는(dispense) 단계와 떨어뜨린 감광액을 일정시간 동안 고르게 펴주는 단계(spread cycle), 및 원하는 두께의 감광액막을 얻기 위한 회전 chuck을 가속시켜 기판이 고속으로 회전이 되도록 하는 단계로 크게 나눌 수 있다.

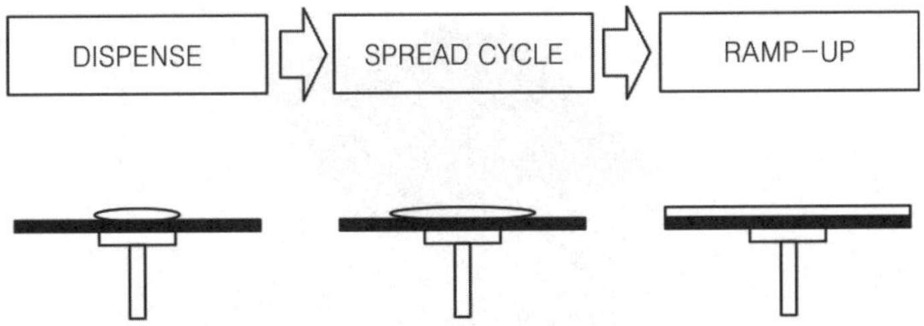

【그림 6-1】 PR의 도포 단계

PR을 도포하기 위한 세부적인 회전 chuck의 회전수 조절 및 반도체에서만 사용되고 있는 edge bead remove를 포함한 도포 시간별 기능 및 역할에 대해서 나타내었다. 여기서 edge bead remove란 반도체의 경우 실리콘 기판이 둥근 형태를 하고 있는데, 회전에 의한 막 도포후에 그 두께를 관찰해보면 실리콘 기판의 가장 외각에 구슬모양으로 둥글게 다른 부분보다 두껍게 PR 막이 형성되게 되는데, 이를 제거하는 과정을 이르는 말이다.

dynamic dispense 법을 이용한 PR 도포를 위한 세부 과정을 설명하면, 일정 시간동안 회전 chuck을 가속한 후, t_1 동안 감광액을 떨어뜨린 후, r_2의 기울기로 가속시켜서 t_2 시간 동안 ω_2의 속도로 회전시켜 감광막내의 유기용매를 날려보내고 감광막의 두께를 유지토록 한다. ω_3로 속도를 낮춘후 t_3 동안 기판의 끝에 있는 구슬 모양의 감광막을 제거하기 위해 용매(thinner)를 떨어뜨리고, 이 용매가 증발되도록 t_4 시간 동안 회전 시켜서 r_5의 기울기로 회전속도를 낮추어 회전 chuck을 정지시킨다. 이들에 대한 가속 기울기나 시간 및 회전 속도등은 필요에 따라서 적절히 조절하여 사용한다.

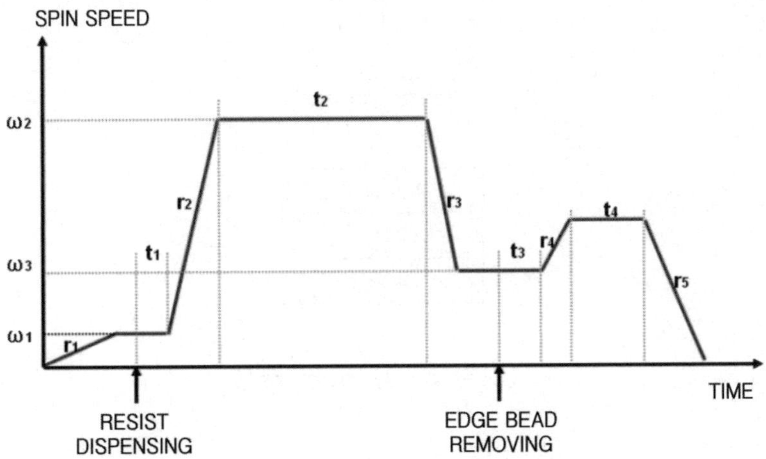

【그림 6-2】 PR 도포를 위한 세부 과정

【그림 6-3】 스핀코터(Spin coater)

③ 노광(Expose)

노광은 감광막에 빛을 조사하여 감광막이 현상액에 의해서 현상이 되도록, 즉 패턴이 형성되도록 하기 위한 과정이다.

노광을 하기 위해서는 원하는 형상을 위해 제조(설계)된 마스크를 기판과 정렬(align) 하여야 하며, 노광을 위해서는 다양하게 구성된 노광장치가 활용될 수 있다.

노광 방식은 크게 접촉프린팅(contact printing), 근접프린팅(proximity printing) 및 프로젝션프린팅(projection printing) 법으로 나눌 수 있다.

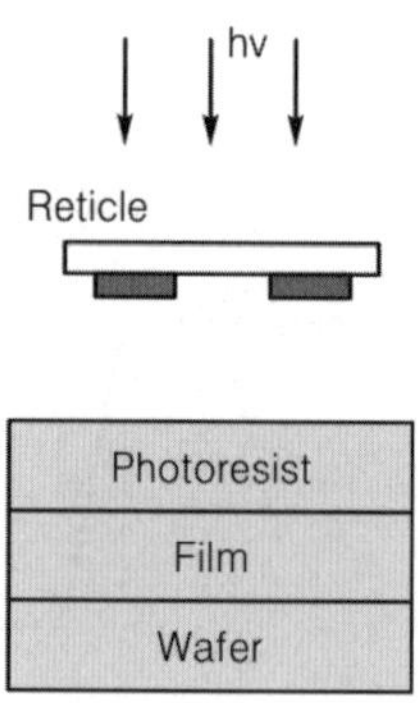

【그림 6-4】 노광 공정

• contact prining

접촉 프린팅 법은 아직도 학교 연구실이나 패턴의 폭이 큰 소자의 제조에는 활용이 일부 되고 있는 방법으로, 마스크와 PR이 직접적으로 접촉을 한 상태에서 노광하는 방식이기 때문에, PR이 마스크에 붙게 되어 마스크에 손상을 줌으로써 불량을 초래할 가능성이 많아 현재 생산라인에서는 사용이 되지 않는 방식이다.

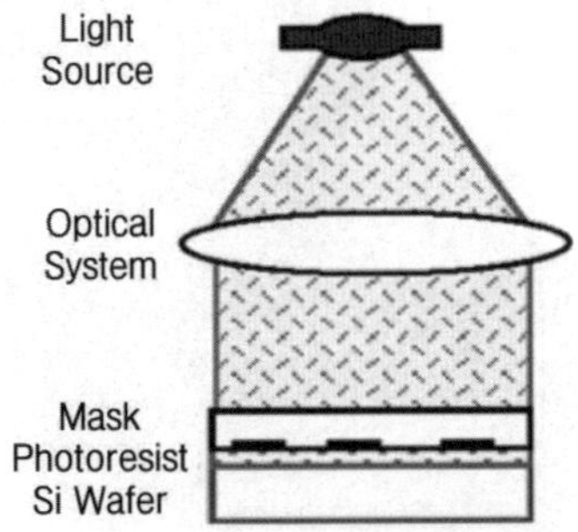

Contact Printing

• proximity printing

근접 프린팅법은 PR과 마스크가 직접적으로 붙지는 않아서 접촉 프린팅에서 나타나는 문제점은 없으나 근접장효과(proximity effect)에 의한 패턴 형성시 해상도를 저하시키는 문제가 있어서 이 방법 역시 사용이 되지 않는다.

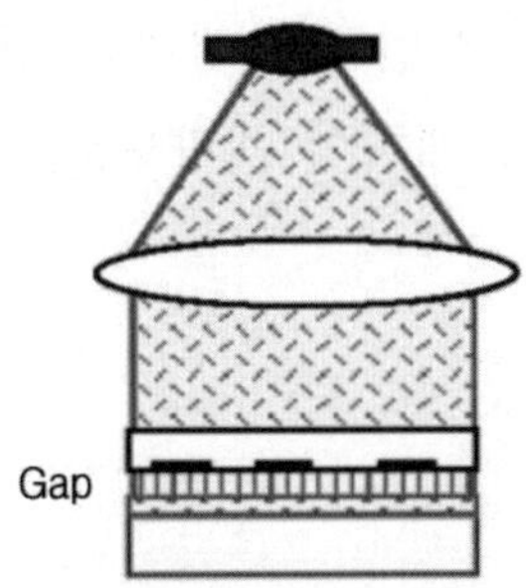

Proximity Printing

contact printing법이나 proximity printing법은 1 : 1 노광 방식으로 이런 방식을 이용하는 노광장치를 사용하기 위해서는 마스크 설계시 제작되어야 할 패턴의 크기와 동일한 크기로 제작이 되어야 한다. 하지만, 마지막으로 소개할 프로젝션프린팅(projection printing)

법은 마스크에 제작된 패턴의 크기가 기판에 형성될 패턴의 크기보다는 상대적으로 많이 크게 제작된다. 어떤 노광장치를 사용하느냐에 따라서 그 배율이 결정될 수 있다. 일반적으로 stepper를 사용하는 경우는 5 : 1 즉, 마스크에 있는 패턴이 기판에 형성되어야할 패턴보다 5배 크게 설계 · 제조되어야 한다.

【그림 6-5】 마스크 얼라이너(mask aligner)

- projection printing

프로젝션 프린팅법은 위의 두가지 방식의 문제점을 개선하여 나온 방식으로 광원에서 나온 빛을 필터를 이용하여 원하는 파장대의 빛만을 먼저 통과시키고, 집속 렌즈를 이용하여 빛을 집속시켜 기판에 마스크의 패턴을 노광하는 방식이다.

아래에 나와 있는 그림은 i-line 스테퍼의 개략도로, 일부 전문용어에 대해서 간략히 설명하겠다.

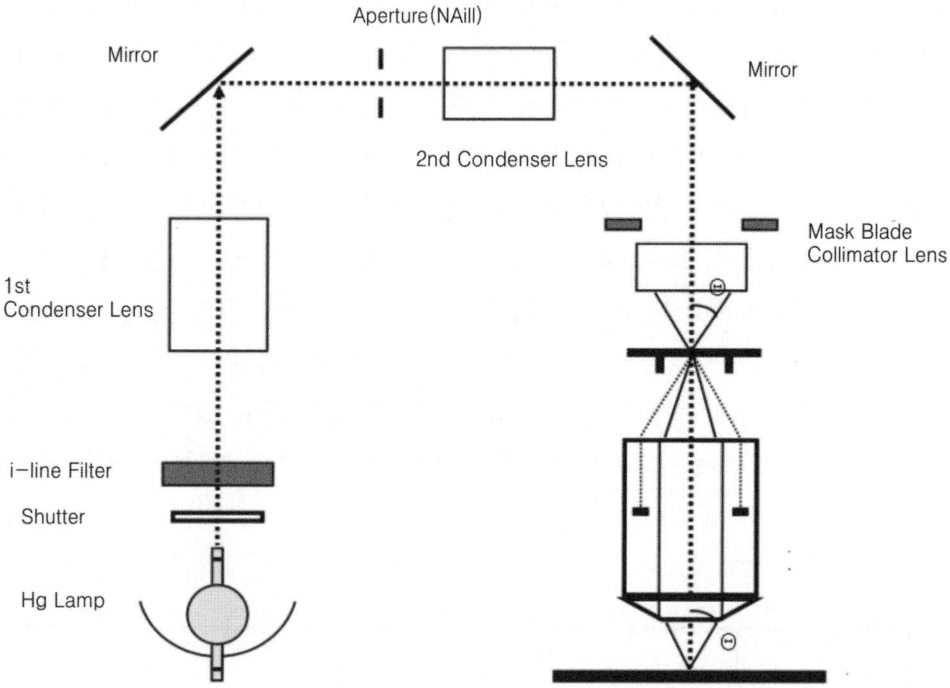

【그림 6-6】 스테퍼의 개략도

- condenser lens : 광원으로부터 나온 빛을 집광시키는 역할을 하는 렌즈
- collimator lens : 빛을 평면파 혹은 평행광으로 만들어주는 역할을 하는 렌즈
- reduction lens : reticle(마스크)의 패턴을 얼마의 비율로 축소시키는 역할을 하는 렌즈

• 광원의 파장에 따른 분류

광원의 파장이 짧으면 짧을수록 미세한 패턴을 형성할 수 있으며, 현재 반도체 공정의 최고 미세화를 위해서 사용되는 광원은 ArF이다.

- g-line : 436nm
- I-line : 365nm
- KrF : 248nm
- ArF : 193nm

광원에 의한 미세화에 대한 한계를 극복하기 위해서 추가적으로 사용될 수 있는 방식이 PSM(Phase Shift Mask) 기법이 있다. 이는 마스크를 특수하게 제조하여 광원의 해상도 한계를 극복하는 방식이다. 마스크의 특정 패턴에 위상을 180도 천이 시키는 물질을 형성하여 노광부와 비노광부의 경계면에 빛의 세기를 명확히 구분하여 해상도를 향상시킨다.

최근 30nm 선폭의 공정의 경우에는 ArF의 한계 해상도를 넘어서기 위해서 이중 노광의 방식을 사용하기도 하였다. 또한, 리소그라피 공정에서 금기시되던 물을 흘려서 노광하는 방식(Emulsion ArF scanner)도 이용이 되고 있다. 공기에서의 빛의 굴절률보다는 물에서의 굴절률이 높아서 더 높은 해상도를 구현할 수 있기 때문이다.

미세화 패턴을 형성하기 위한 다양한 방식이 계속적으로 연구 개발되고 있으며, 추가적인 미세화를 위한 새로운 광원 및 노광기의 개발이 이루어지고 있다. 아래에 광원에 따른 재현 선폭의 한계를 나타내었다.

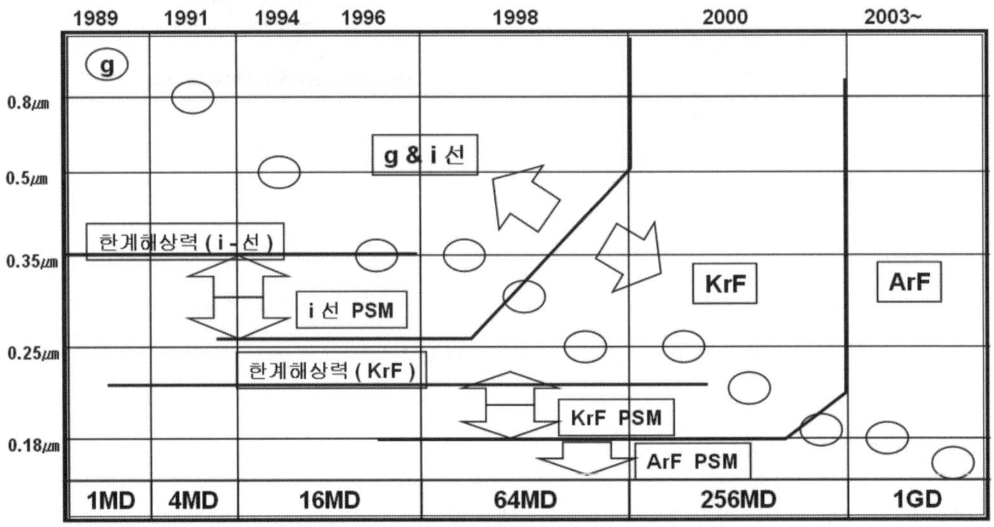

【그림 6-7】 광원에 따른 재현 선폭의 한계

- stepper와 scanner

stepper는 step & repeat 방식을 이용하여 패턴을 기판에 형상화시키며 기판이 위치해 있는 스테이지가 움직인다. 일반적으로 배율은 5 : 1이다. 즉 마스크이 패턴 크기가 실제 구현되어야할 패턴보다 5배 크다. image field의 경우 field size는 22×22mm이며, lens의 전체를 사용하기 때문에 수차가 크다는 단점이 있다.

- 수차(Aberration) : 렌즈를 통해 상을 맺을때 한점에서 나온 빛이 광학계를 통한 다음 한점에 모이지 않아서 영상이 빛깔이 있어 보이거나 일그러지는 현상, 즉 상의 뒤틀림.

scanner의 경우는 step & scan 방식을 이용하여 패턴을 기판에 형상화 시키며 기판과 레티클(마스크)가 움직인다. 일반적으로 배율은 4 : 1이다. image field의 경우 field size는 26×33mm이며, lens의 중심부만을 사용하므로 수차를 최소화할 수 있다는 장점이 있다.

【그림 6-8】 i-line stepper

④ 현상(Develop)

현상은 현상액을 이용하여 노광된 감광막을 제거하는 공정이다. 그 방식으로는 현상액에 담구어서 현상을 하는 방법과 스프레이로 뿌려서 현상하는 방법이 있다.

감광막의 종류에 따라서 노광된 영역이 현상될 수도 있고 노광되지 않은 영역이 현상될 수도 있다.

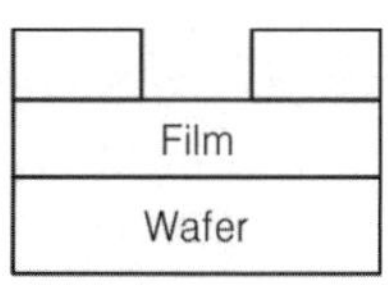

PR 현상

현상액은 일반적으로 2.38% TMAH가 함유된 것을 사용하며, 일정시간 동안 기판을 넣어두면 PR의 종류에 따라서 특정부위가 현상된다.

• positive PR의 현상

Posive PR(음성 PR)은 노광에 의해 붕해, 분자쇄 절단 등의 반응에 의해서 노광부의 PR이 용해성이 증가하는 종류로 노광 및 현상에 의한 패턴 형성 과정을 아래에 나타내었다.

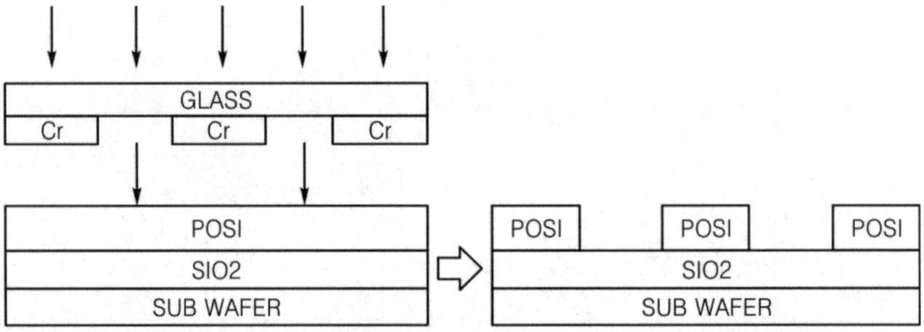

Positive PR의 현상과정

• negative PR의 현상

negative PR(음성 PR)은 노광에 의한 가교, 광 이동량 등의 반응에 의해 노광부의 PR이 용해성이 떨어지는 종류로 노광 및 현상에 의한 패턴 형성 과정을 아래에 나타내었다.

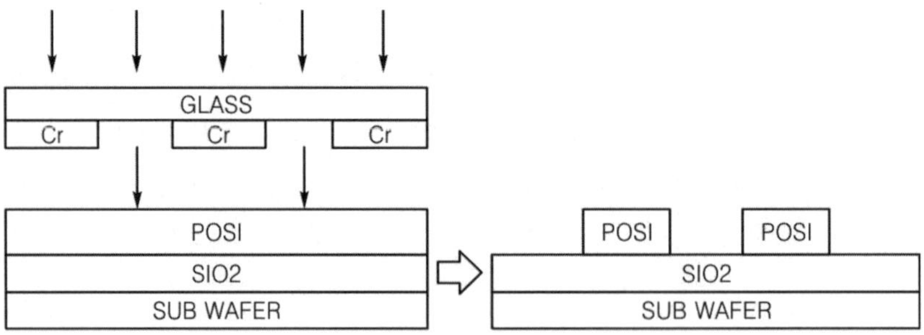

Negative PR의 현상과정

⑤ 식각

식각공정은 현상되고 남은 PR을 보호물질로하여 그 아래에 노출되어 있는 증착된 막을 제거하는 공정으로, 식각용액에 담구어서 식각하는 습식법과 플라즈마 가스를 이용한 건식법이 있다. 이에 대해서는 박막증착과 마찬가지로 별도로 설명하도록 하겠다.

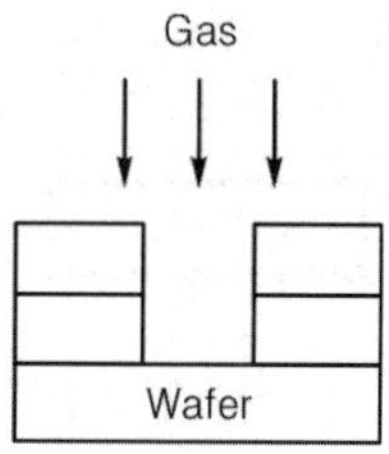

⑥ 감광막 제거(PR strip) & 세정(Cleaning)

식각이 완료되면 PR을 제거하고 세정하게 된다. 그러면 아래의 그림처럼 증착된 막이 일부가 제거된 패턴을 형성할 수 있게 된다.

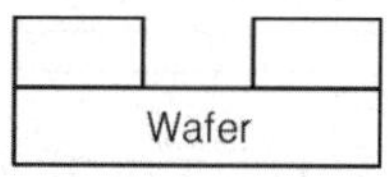

앞에서 설명된 다양한 과정을 수없이 반복하여 반도체 소자를 제조하게 된다. 256MD를 제조하기 위해서는 박막증착 약 80회, 포토리소그라피공정 30회, 식각공정 약 50여회, 세정공정 약 60여회가 실시된다. TFT-LCD에서 TFT를 제조하기 위해서는 노광공정이 일반적으로 5번 반복적으로 사용된다.

- 포토리소그라피 상세 공정 순서

  앞에서 설명한 공정 과정 포토리소그라피의 가장 기본적인 공정 과정을 설명한 것으로 생산라인에서 사용되는 포토리소그라피와는 차이점이 많다. 이제부터는 좀 더 상세한 리소그파리 공정에 대해서 설명하도록 하겠다.

  아래 그림에 상세한 포토리소그라피 과정에 대해서 나타내었으며, 그 과정에 필요한 내용을 간략히 설명하도록 하겠다.

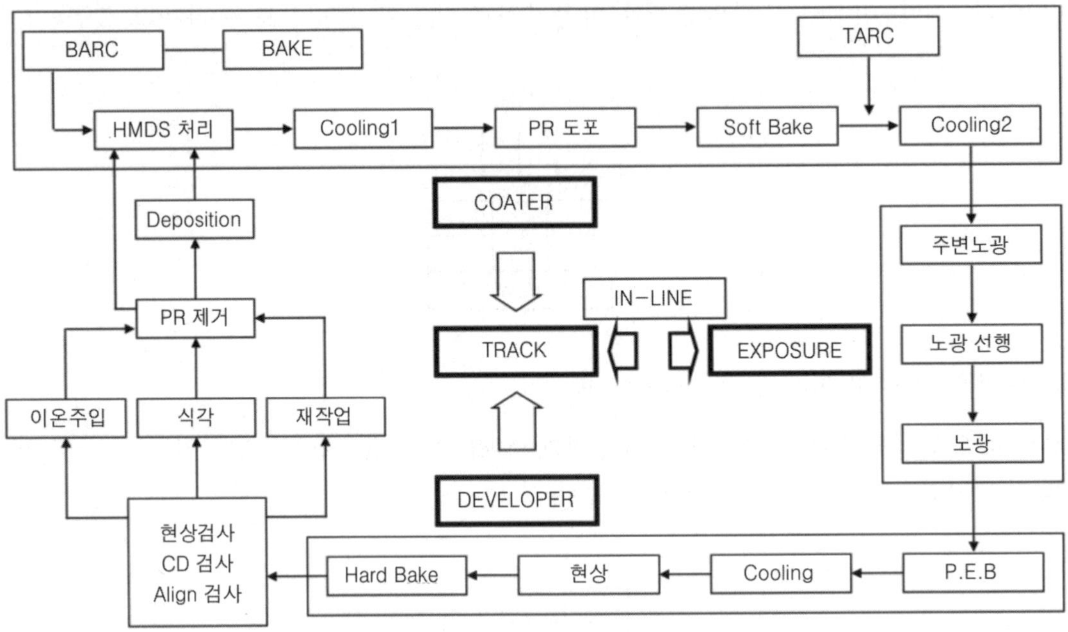

【그림 6-9】 사진공정의 세부 흐름도

막이 증착된 이후, 앞에서의 설명에서는 PR을 바로 코팅하였으나 그림에서는 많은 추가적인 단계가 있음을 알 수 있다. PR 코팅전에 bake를 실시하여 표면에 수분을 제거하고, BARC(Bottom Anit-Reflective Coating)를 실시하여 반사를 방지하고, HMDS(Hexa Methylene DiSilazane)을 코팅하여 기판 표면을 소수성으로 만들어 준후, 기판을 냉각시키고 PR을 도포한다.

PR이 유기용매를 함유하고 있어서, 즉 기름 성분을 함유하고 있어서 기판 표면이 친수성이 되어 수분을 흡착하고 있다면, 기름과 물이 섞일 수 없는 것처럼 PR이 정상적으로 코팅이 될 수 없게 된다. 그래서 이를 방지하기 위해서, 즉 기판을 소수성으로 만들어서 수분이 흡착되는 것을 방지하기 위해서 HMDS 처리를 하는 것이며, 이 HMDS 처리가 약 130도 정도의 고온에서 진행이 되기 때문에 일정시간 냉각을 시킨 후에 PR을 코팅하게 된다.

- 친수성(hydrophilic) : 물과 친한 성질을 가진것, 즉 물을 잘 흡착한다. 대표적인 것이 실리콘 산화막이다. 실리콘 산화막은 물을 표면에 잘 흡착하여 둔다. 비 오는 날 유리에 물이 추적추적 잘 발리는 것을 생각하면 되겠다.

• 소수성(hydrophobic) : 물을 싫어하는 성질을 말하며, 물을 표면에 흡착하지 않는다. 대표적인 물질로는 실리콘이 있으며, 실리콘 기판에 물을 뿌리면 물이 데구르르 굴러 떨어진다. 실리콘에서 산화막을 습식으로 식각할 경우 식각이 완료된 것을 물이 굴러 떨어지는 것을 보고 판단할 수 있다.

PR 코팅 후에는 용매를 제거하기 위해서 soft bake를 실시한다. 이는 약 90도에서 110도 정도에서 주로 실시가 되며, 그 온도나 유지 시간은 실험자나 생산자의 주어진 환경에 따라서 다르게 조절 될 수 있다.

soft bake가 완료되고 나면, TARC(Top Anti-Reflective Coating)를 실시하여 위쪽에서의 빛의 반사를 발생하지 않도록 하고, 냉각시킨 후 edge bead를 제거하기 위한 주변 노광과 정상적인 패턴 형성을 위한 노광을 실시하게 된다.

그 후, PEB(Post Exposure Bake)를 실시하여 정상파(standing wave)에 의한 표면의 외곡현상을 제거한다. 이현상은 PAC의 농도의 차이에 의한 것으로, 그 현상된 모양이 파형 형태를 띄게 되므로, 열을 가해서 PAC의 농도를 확산시켜 PR 현상후의 모양을 정상화 하기 위한 것이다.

아래 그림에 PEB 과정 없이 현상한 경우의 사진과 PEB를 실시한 경우의 사진을 나타내었다.

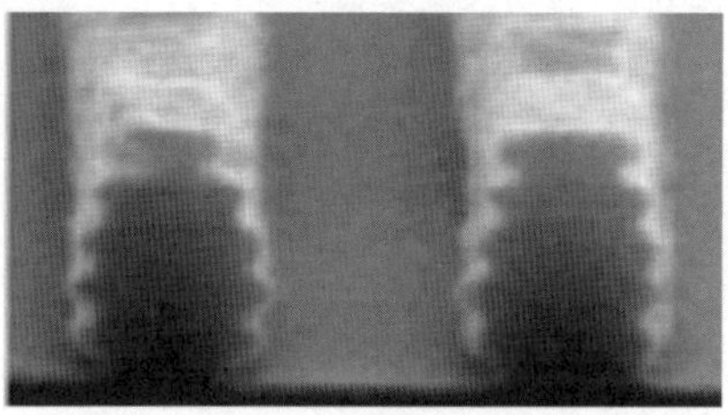
PEB 없이 현상한 경우

PEB 처리후 현상한 경우

【그림 6-10】 PEB 처리에 따른 결과비교

PEB 과정도 고온에서 실시되기 때문에 냉각을 시킨 후, 현상액에 담구어서 현상을 실시한다. 현상이 완료되면 hard bake를 실시하여 패턴 형성된 PR을 imide화 시키게 된다. 온도는 보통 120도 정도이며 앞에서 설명한 다른 예처럼 대부분의 상세 공정 조건은 그 작업자의 주어진 환경에 위해서 세부적인 사항이 결정될 수 있다.

현상 및 hard bake가 완료되면 CD(critical Dimension)와 기타 상태를 확인하고 증착되어 있는 막을 식각공정으로 제거하게 된다. 최종적으로 PR을 제거하여 모든 포토리소그라피 공정을 마무리하게 된다.

PR 코팅에서부터 시작하여 노광과 현상에 이르는 전 과정을 동시에 수행해주는 장치를 Track이라고 한다. 위의 세부공정도에서 중앙에 있는 coater, developer, soft & hard bake chamber, cooling chamber, HMDS coating chamber와 노광기와 연결된 in-line을 포함한다.

아래에 PR track의 구조도를 나타내었다.

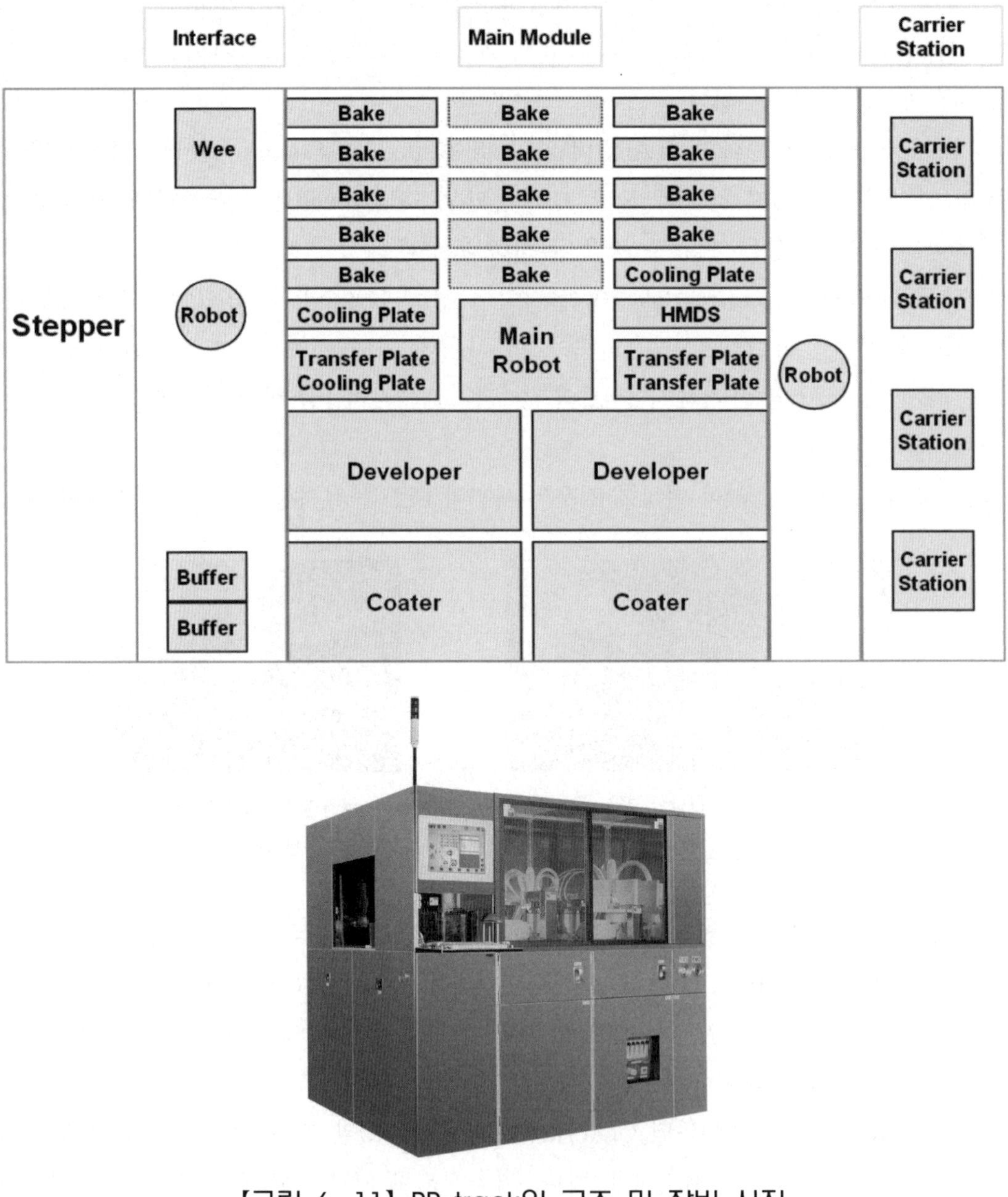

【그림 6-11】 PR track의 구조 및 장비 사진

6-2 증착(Deposition)

6.1.1 증착이란

증착이란 기판에 어떤 재료를 특정한 두께로 붙여서 성장시키는 것을 말한다. 일반적으로 증착법은 크게 PVD(Physical Vapor Deposition)와 CVD(chemical Vapor Deposition)으로 구분된다. PVD는 말 그대로 물리적기상증착이고, CVD는 화학적기상증착을 의미한다. 즉, PVD는 화학적 반응을 배제한 방법으로 막을 증착하는 기법으로 대표적인 방법은 증발법(evaporation)과 스퍼터링(sputtering)법이 있다. 디스플레이 산업에서는 스퍼터링을 이용하여 TFT의 gate 금속인 Cr과 투명전극 ITO를 증착한다. CVD는 가스를 반응 챔버에 주입하여 임의의 에너지를 공급하여 반응 가스를 분해시켜 기판에 원하는 막을 증착시키는 방법으로 디스플레이에서는 PECVD 방법이 가장 많이 사용된다. 많은 CVD 방법이 있지만, 대부분 반응 가스를 분해시키기 위해서 고온을 필요로 하기 때문에 디스플레이에서는 사용하기가 어렵다. 그 이유는 디스플레이에서 사용되는 기판은 유리이기 때문이다. PECVD는 플라즈마를 이용하여 반응가스를 분해시키므로 다른 CVD처럼 고온의 에너지를 필요로 하지 않는다. TFT의 질화막과 실리콘 증착에 사용된다.

박막의 형성 메카니즘을 아래에 나타내었다.

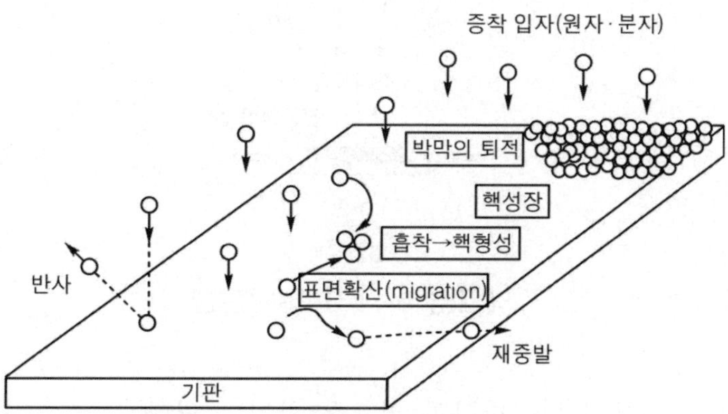

【그림 6-12】 박막형성 메카니즘

이제부터 다양한 PVD와 CVD 기법에 대해서 간략히 살펴보도록 하겠다.

① PVD

PVD 기술은 증착하고자하는 박막과 동일한 재료를 진공중에서 증발 혹은 스퍼터링 시켜 기판위에 증착시기는 기술이다. 가장 많이 사용되는 증착기법으로는 열에 의해서 증착하고자 하는 물질을 증발시켜 증착하는 방식인 thermal evaporation법, 증발시키는 에너지원이 전자빔을 사용하는 방식인 e-beam evaporation 및 sputtering법으로 나눌 수 있다. 이들 하나하나에 대해서 간략히 설명하도록 하겠다.

• thermal evaporation(열증발법)

열증발법은 증착시키고자 하는 물질을 보트에 올려두고 보트를 가열함으로써 증착물질을 증발시켜 기판에 증착하는 방식이다. 열발법은 기본적으로 단원소 물질을 증착하고자 할때 주로 사용된다. 특수한 경우에 이 장치의 내부에 이온빔 장치를 부착하여 화합물을 증착시키기도 한다. 예를 들어서 설명하면, Sn을 증발시키면서 이온빔으로 산소를 조사하면 기판 표면에서 Sn과 산소가 만나서 SnO_2의 막을 증착시킬 수 있다. 이 방법의 단점은 증착물질의 끓는점이 보트의 녹는점보다 높은 경우에는 사용이 불가능하다는 단점이 있다.

아래에 열증발법의 증착방식 및 그 장비 모형 그림을 나타내었다.

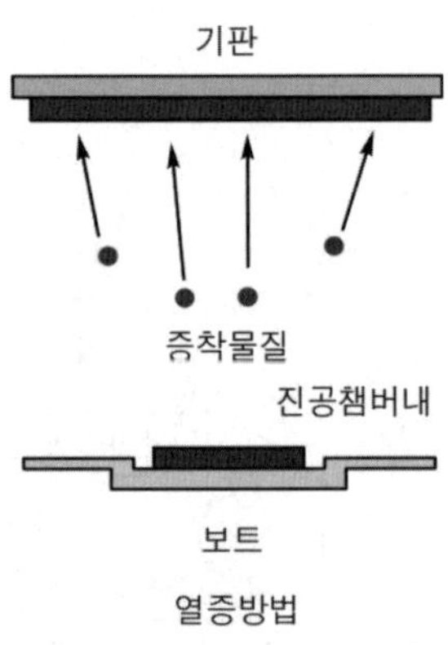

【그림 6-13】 열증발법

박막 증착 장비는 기본적으로 다양한 펌프를 가지고 있다. 이는 우수한 성질의 박막을 얻기 위함과 동시에 반응 챔버 내부에 일반 기체가 있으면 증발되어 기판으로 도달하여야 할 증착 물질이 기체와 충돌하여 기판 표면에 도달하지 못하기 때문이다. 아래 그림에서 알 수 있듯이 기본적으로 저진공을 위한 rotary pump와 고진공을 위한 diffusion pump(혹은 turbo molecular pump, cryo pump, ion pump)로 구성이 될 수 있다.

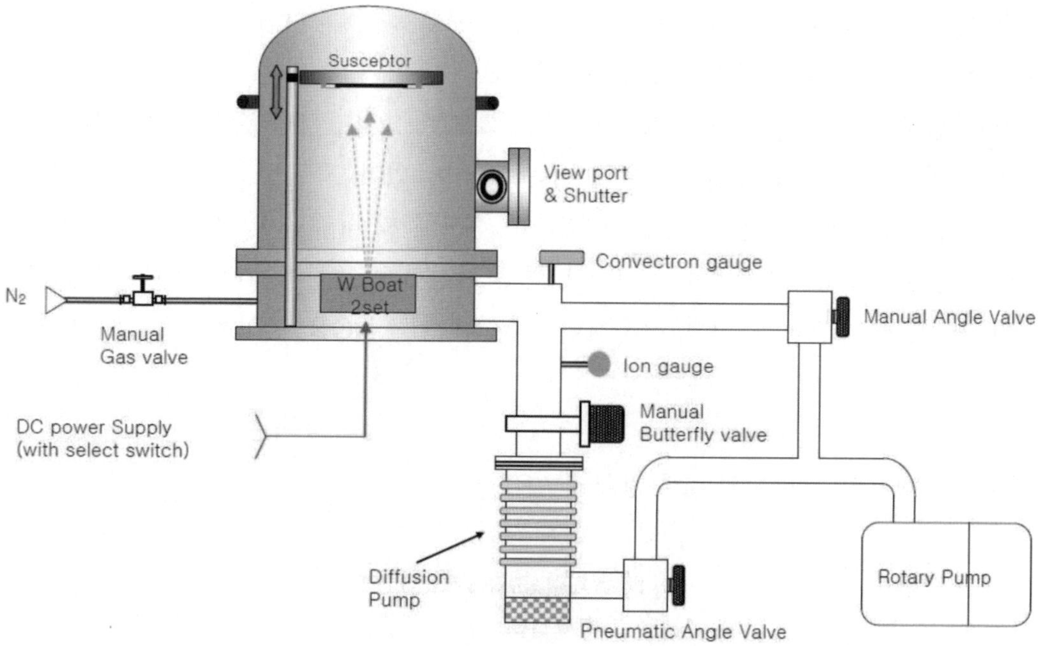

【그림 6-14】 열 증착기의 구조도

열증착에 사용되는 다양한 증착 재료와 보트의 재질에 대해서 아래 표로 나타내었다.

재료	밀도	융점	필라멘트	바스켓	보트	도가니	재료	밀도	융점	필라멘트	도가니	보트	도가니
Ag	10.50	961	W	W	Ta,Mo	Al_2O_3	LiF	2.64	870			Ta	Al_2O_3,BeO
Al	2.70	660	W	W	W		MgF_2	3.0	1248	W	W	W,Mo,Ta	Al_2O_3
Al_2O_3	3.99	2020	W	W	W	W	Mn	7.44	1244	W	W	W,Mo,Ta	Al_2O_3,BeO
As	5.72	814			W	Al_2O_3,C	NaF	2.79	988			W,Mo,Ta	BeO
Au	19.63	1062	W	W	W,Mo	Al_2O_3	Ni	8.90	1453	W	W	W	Al_2O_3,BeO
B	2.34	2300			C	C	NiCr	8.5	1350	W	W	W	Al_2O_3,BeO
Ba	3.50	725	W	W	W,Mo,Ta		NiFe		1395		W	W	Al_2O_3
Be	1.85	1284	W	W	W,Mo,Ta	BeO, C	Pb	11.35	328	W	W	W,Mo,Ta	Al_2O_3
Bi	9.80	271	W	W	W,Mo,Ta	Al_2O_3	PbSe		1065		W	W,Mo	Al_2O_3
Ca	1.54	842	W	W	W		PbSe		1463			Pt	Al_2O_3
CaF_2	3.18	1360	W	W	W,Mo,Ta		Pd	12.02	1552	W	W	W	Al_2O_3,BeO
Cd	8.65	321		W	W,Mo,Ta		Pt	21.45	1769	W		W	C
CdS	4.82	1750		W	Mo		Sb	6.69	1380			Mo,Ta	Al_2O_3
CeO_2	7.30	1950			W		Se	4.81	217	W	W	W,Mo,Ta	Al_2O_3
Co	8.90	1495		W	W	Al_2O_3,BeO	SiO	2.24	1702	W		Mo,Ta	
Cr	7.20	1890	W	W	W		SiO_2	2.2	1710			Ta	Al_2O_3
Cu	8.96	1038	W	W	W,Mo	Al_2O_3	Sn	7.3	232	W	W	Mo,Ta	Al_2O_3
Fe	7.87	1535	W	W	W	Al_2O_3,BeO	SnO_2	7.0	1127	W	W	W	Al_2O_3
GaAs	5.32	1238			W,Ta	C	Ta_2O_3	8.74	1800	W	W	Ta	
GaP	4.10	1540		W	W,Ta		Te	6.24	450		W	W,Ta	Al_2O_3
Ge	5.32	937			W	Al_2O_3	Ti	4.54	1675	W		W,Ta	C
In	7.31	157		W	W,Mo,Ta	Al_2O_3	Zn	7.13	907		W	W,Ta	Al_2O_3
InS		943			W		ZnSe	5.42	1526	W	W	W,Mo,Ta	
In_2O_3	7.18	850			W,Pt	Al_2O_3	Zr	6.53	1852			W	

- e-beam evaporation(전자빔증발법)

전자빔 증발법은 열증발법과 거의 동일한 방식으로 물질을 증착시킨다. 다만 차이점이 있다면 보트의 가열에 의한 열 전달이 아니라 집속된 전자빔을 이용하여 증착물질을 가열하고 증발시킨다는 점이다. 이 경우는 끓는점이 높더라도 전자빔을 이용하여 증발시킬 수 있다는 장점이 있으나, 전자빔과 물질이 녹으면서 발생되는 X-선에 의한 기판부나 기판 내부에 구성되는 있는 회로부에 치명적인 손상을 초래할 수 있고, 막의 피복성(step coverage)이 나쁘다는 단점이 있다.
Pt, Cr, Mo 등의 끓는점이 매우 높은 금속 증착에 많이 활용이 되며, 단원소 물질이외에도 반응성 가스 분위기에서 ITO 투명 도전성막을 증착하는 경우에도 활용되고 있다. 또한, AC형 플라즈마 디스플레이의 보호막인 MgO를 형성하는데에도 활용이 되고 있다.

아래에 전자빔 증발법의 증착방식을 나타내었다.

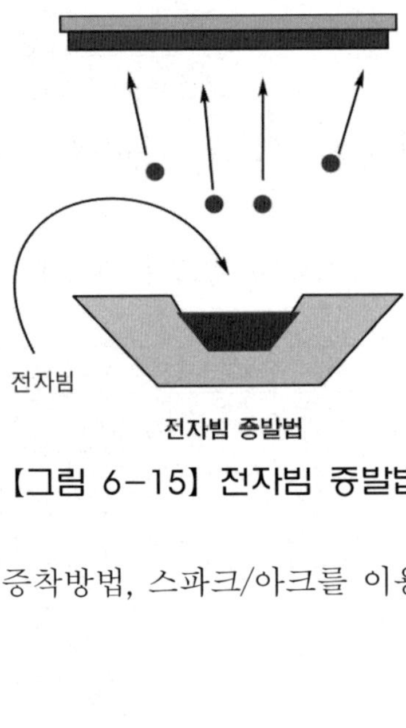

【그림 6-15】 전자빔 증발법

이외에도 펄스드 레이저 증착방법, 스파크/아크를 이용한 증착, 클러스터빔 증착방법 등 다양한 방법이 있다.

- sputtering(스퍼터링법)

스퍼터링법은 높은 에너지의 입자를 타겟(증착하고자 하는 물질)에 조사하였을 때, 타겟의 구성원자가 타겟 표면에서 방출되는 현상을 이용하여 타겟의 물질을 증착한다. 에너지가 수백 eV ~ 수십 keV인 이온이 타겟에 입사되면 입사이온과 타겟 원자의 핵 충돌로 야기되는 캐스케이드 현상에 의해서 타겟 표면에서 방출되는 방향의 운동량 성분을 가진 타겟 원자가 나타나 타겟에서 탈출하여 기판에 증착된다.
이를 위하여 필요한 것이 플라즈마(Plasma)이다. 플라즈마를 물질의 제 4상이라고도 부르며, 양전기를 띈 입자(양이온)와 전기적 중성입자의 라디칼(전리하지 않는 원자나 분자) 및 음전기를 띈 전자가 거의 같은 밀도로 존재하는 기체 상태를 말하며, 전기적으로는 거의 중성을 유지하여 분포해 있는 입자의 집단을 의미한다.

아래의 그림에는 플라즈마에 대한 표현은 없지만, 플라즈마 발생에 의해서 타겟으로 입사되는 Ar ion이 발생되며, 이 아르곤 이온이 타겟과 출돌하여 타겟 내부의 원자와 케스케이드 충돌을 함으로써 타겟으로부터 외부로 타겟 원자가 방출되게 된다. 이 원자가 기판으로 전달되어 막이 증착되게 된다.

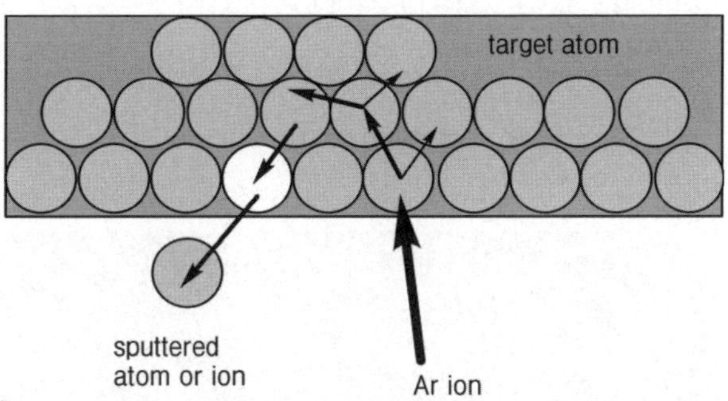

【그림 6-16】 입사된 이온에 의한 타겟에서의 캐스케이드 출돌 및 타겟원자 방출

금속막의 증착은 기본적은 DC power를 공급하여 증착을 하며 이를 DC sputtering이라고 한다. 하지만 유전물질을 증착하여야 하는 경우네는 DC power만을 이용하여서는 막을 스퍼터링에 의해서 증착할 수 없다. 그 이유는 유전물질의 경우는 전하축적이 일어나서 타겟과 충돌하려는 아르곤 이온을 밀어내기 때문이다. 이때는 RF(13.56MHz) sputtering을 이용하여 막을 증착하게 된다.

또한, 반응성 스퍼터링 방식(Reactive sputtering)을 이용하여 원소의 조성이 다양한 막을 증착시킬 수도 있다.

예를 들면, 타겟의 물질이 Si라고 한다면 실리콘을 스퍼터링하면서 챔버내부에 산소를 일정량 불어넣어 주어 반응을 시킴으로서 SiO_2의 막을 증착할 수 있다. 산소의 량등을 어떻게 조절하느냐에 따라서 실리콘에 대한 산소의 량을 임의로 조정할 수 있으므로, 기존에 없던 새로운 막을 증착할 수 있는 기술로 다양한 분야에서 많이 활용이 되고 있는 기술이다.
아래에 RF magnetron sputter의 구성도 및 실제 장비 사진을 나타내었다.

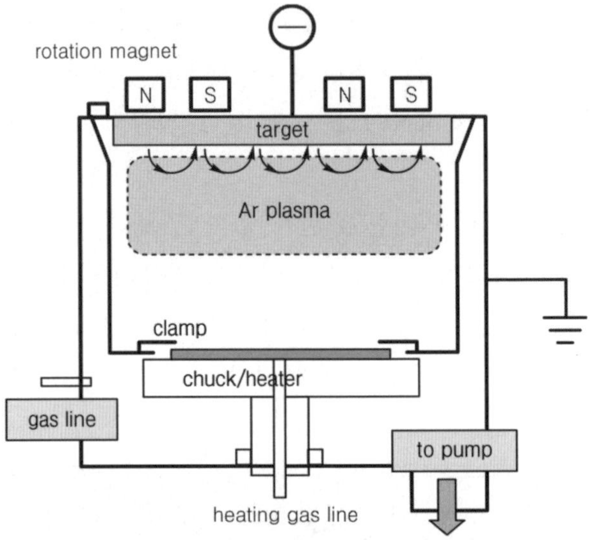

RF magnetron sputter 구성도

【그림 6-17】 sputter

아래에는 다챔버로 구성되어 있는 ENDURA5500 장치를 나타내었다.

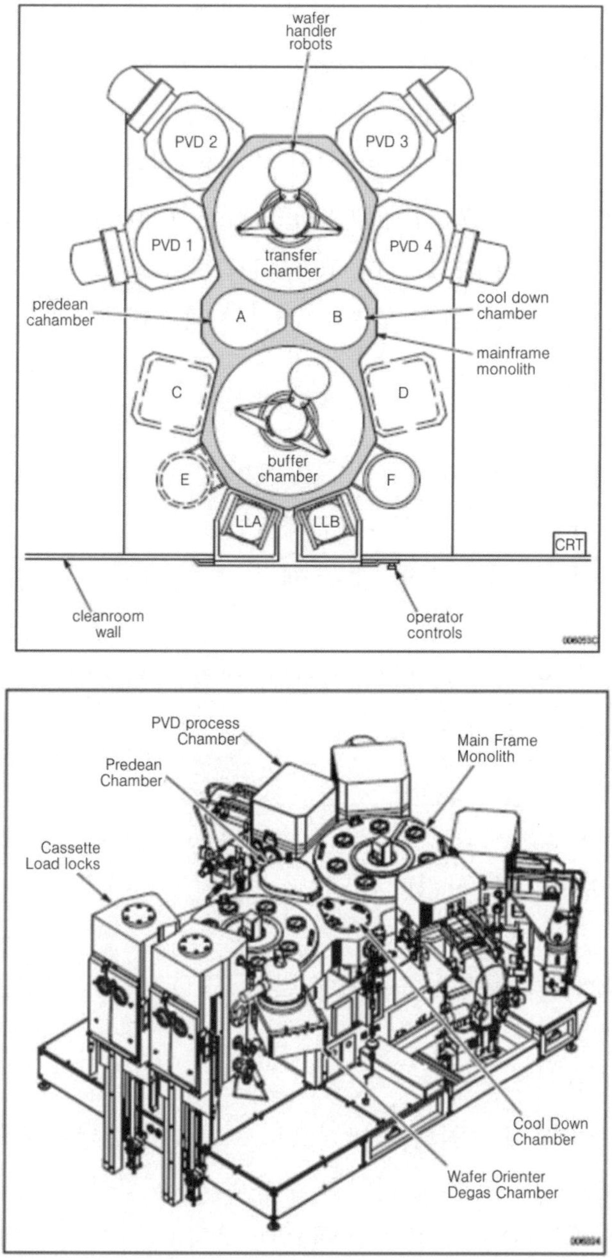

【그림 6-18】 ENDURA 5500

② CVD

CVD 기술은 형성하고자 하는 박막 재료를 구성하는 원소를 포함하는 가스를 기판위에 공급해 기상 또는 기판 표면에서의 열분해, 광분해, 산화환원반응, 치환 등의 화학

반응에 의해서 박막을 기판 표면에 형성하는 방법이다. 즉 기본적으로는 PVD 기술과 다르게 화학반응을 증착의 기본 원리로 하고 있다. 또한, PVD 기술에 활용되는 Plasma를 이용한 CVD도 있다.

앞에서도 설명이 되었지만, 디스플레이의 경우는 기판으로 유리판을 사용하기 때문에 plasma를 이용한 CVD, 즉 PECVD(plasma Enhanced Chemical Vapor Deposition)를 가장 많이 활용하고 있다. PECVD는 원료가스를 플라즈마를 이용하여 분해, 증착하게 되므로 많은 열을 필요하지 않기 때문이다.

CVD는

- 원료가스의 유량을 제어하여 막 두께 제어
- 원료 선택을 다양화하여 조성 제어 화학반응
- 기판 형태와 관계없이 균일한 재료 제작
- 양산성이 뛰어남
- 저온에서 고순도와 결함이 없는 결정질, 비정질 막 형성
- 광범위한 화학양론적 조성 조절
- 신물질 합성 가능

등의 다양한 특징을 가지고 있다.

이제부터는 원료 가스를 분해하는 분해원에 따른 CVD 방법 몇가지를 설명하도록 하겠다.

- thermal CVD(열 CVD)

원료가스를 열로서 분해 증착하는 방식으로 고온에서의 막생성으로 치밀하고 고순도, 양질의 막을 증착할 수 있으며, 다양한 종류의 막을 형성할 수 있고, 다성분 합금 박막의 증착 또한 가능하며, 고진공을 필요로 하지 않아서 장치가 간단하고 양산성이 우수하다는 장점이 있다.

열 CVD의 경우도 APCVD(Atmospheric Pressure CVD : 상압 CVD)와 LPCVD (Low Pressure CVD : 감압 CVD)로 구분할 수 있으며, 상압 CVD의 경우는 기판을 가스의 흐름에 대해서 수직으로 배열하면 가스의 반응 속도에 비해 가스의 수송속도가 작기 때문에 기판면 안으로 균일한 막 두께를 얻기가 어려운 단점이 있는 반면에,

감압 CVD는 진공장비로 구성이 되어야함으로 장치 구성이 복잡하지만, 막 두께 분포의 균일성과 step coverage가 좋고, 상압 CVD 보다는 저온 공정이라는 장점이 있다. 하지만 감압 CVD 역시 기판을 유리로 하는 디스플레이 소자 제조에는 활용이 불가능하다.

아래에 LPCVD의 장치 구조도와 장비 사진을 나타내었다.

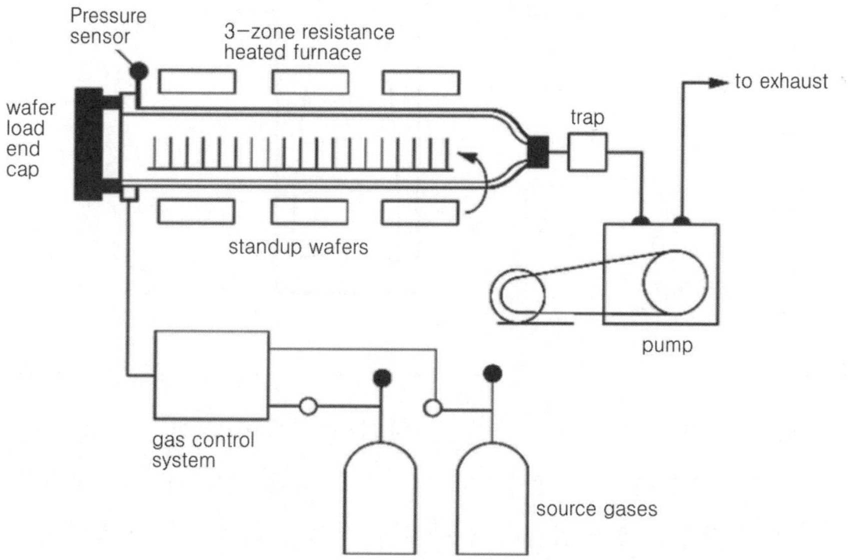

【그림 6-19】 LPCVD 장비 구조도

【그림 6-20】 LPCVD

• step coverage(단차피복율) : 그림에서 알 수 있듯이 기판에 있는 표면 형태에 따라서 측면과 윗면에 증착된 막의 두께비 등으로 표현되며, 단차피복성이 좋아야된다.

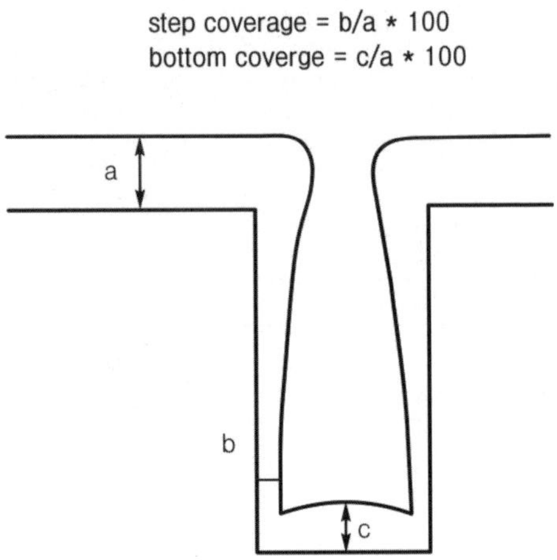

• PECVD

열 CVD와는 달리 직류, 고주파, 마이크로파 전력등에 의한 원료가스를 방전시켜, 플라즈마 상태로 변환하여 화학적으로 활성인 이온과 라디칼을 생성하고 원료가스 플라즈마속에서 생성된 활성입자가 기판 표면에서의 화학반응을 촉진하여 박막을 형성하는 기술로, 열 CVD에 비해서 낮은 온도에서 치밀한 박막 형성이 가능하다는 장점을 가지고 있다.

PECVD도 플라즈마 발생과 관련해서 다양한 방식이 존재하며, 플라즈마가 생성과 증착이 한곳에서 동시에 일어나는 direct PECVD와 기판과의 떨어진 곳에서 플라즈마가 생성전달되는 remote PECVD 등으로 나눌 수 있으며, 다양한 플라즈마 소스가 개발되어 사용되고 있다.

• PVD와 CVD의 박막 형성 공정의 비교

앞에서 설명된 증착 기법이외에도 MOCVD나 plating 등의 다양한 공정 방식과 그 세부에 어떤 소스를 사용하느냐에 따른 다양한 장비 및 증착 메카니즘이 개발되어 사용되고 있다.

	PVD	CVD
정의	물리적인 힘에 의해 대상 물질을 기판에 증착하는 방법	반응기체의 화학적 반응에 의해 기판에 증착하는 방법
종류	evaporation, sputtering	PECVD, thermal CVD LPCVD, SACVD, APCVD
장점	메카니즘이 단순 안전한 공정 높은 증착율 증착물질의 구성비 조절이 용이 접착성이 좋음	좋은 단차피복성
단점	단차피복성이 나쁨	장비가 복잡
사용공정	Ti, TiN, Co, W	Wsix, W, TiN, Ti, SiO2, SiN, 등

아래에 수직형태의 감압 CVD(Vertical type LPCVD)의 장비 사진을 나타내었다.

【그림 6-21】 LPCVD(Vertical type) 장치

6-3 식각(Etch)

6.3.1 식각이란?

식각이란 앞에서 설명된 리소그라피 공정 이후 PR이 제거된 영역의 물질을 선택적으로 제거하는 공정으로, 용액에 담구어서 식각하는 습식식각법(wet etch)과 플라즈마 가스에 의한 반응에 의해서 식각 하는 건식식각(dry etch)이 있다.

이제부터, 습식식각과 건식식각에 대해서 간략히 살펴보도록 하겠다.

① 습식식각(wet etch)

습식 식각은 식각하고자 하는 물질을 화학용액으로 구성된 식각액(etchant)에 담구어 식각하는 방식으로 그 메커니즘을 간략히 설명하면, 식각액 내의 반응제가 확산에 의해 식각하고자 하는 물질의 표면까지 이동하여 표면에서 화학반응이 일어나 식각이 진행되고 반응제와 식각물질의 화학반응에 의해서 생성된 반응 생성물이 다시 확산에 의해 반응 표면으로부터 제거되는 순서로 진행이 된다.

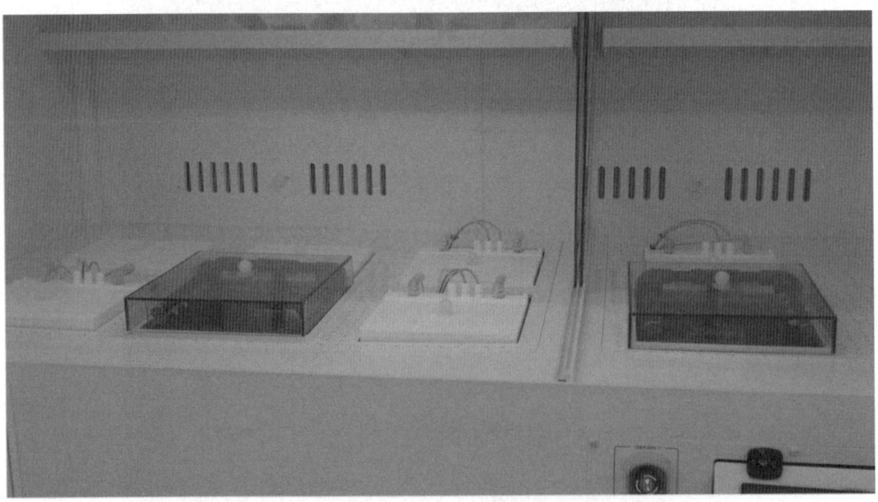

【그림 6-20】 wet station

습식 식각의 경우는 식각액의 조성비 및 온도 등의 주변 환경에 따라서 그 식각률이 확연히 차이가 날 수 있으며, 식각하고자 하는 물질만을 식각하는 선택비가 탁월한 식각액을 대부분 손쉽게 구할 수 있다.

습식 식각은 일반적으로 wet station에서 이루어진다. wet station은 세정과 식각을 위한 bath로 구성이 되어 있다. wet station 사진을 아래에 나타내었다.

식각할려는 대상 물질에 따른 식각액을 아래 표에 나타내었다. 또한, 식각물질에 대한 전용 식각액이 제조되어 판매되고 있어서 직접적으로 섞어서 사용할 필요는 없다. 또한 다양한 물질에 대한 습식 식각액을 소개하고 있는 외국의 사이트(www.ace.byu.edu/cleanroom/wet_etch.html)를 소개한다.

식각물질에 대한 식각액

식각물질	식각액	온도
SiO_2	$7NH_4F$: 1HF	상온
Si_3N_3	H_3PO_4	155
poly silicon doped undoped	 $200HNO_3$: $80CH_3COOH$:1HF $20HNO_3$: $20CH_3COOH$:1HF	 상온 상온
Au	4gKI : $1gI_2$:$40mlH_2O$	상온
Pt	$1HNO_3$: 7HCl : $8H_2O$	85
Al	$85H_3PO_4$: $5HNO_3$: $5CH_3COOH$: $5H_2O$	40
Si	KOH, TMAH	80 이상

습식 식각의 가장 큰 단점은 등방성(isotropic) 식각을 한다는 것이다. 아래 그림에서처럼 수직방향으로의 식각비와 측면으로의 식각비가 거의 유사하다. 이런 경우를 등방성 식각이라고 부르며, 습식식각의 경우는 대부분 등방성 식각을 한다. 이 때문에 반도체 공정의 경우에는 선폭을 미세하게 제어를 해야함으로 사용할 수 있는 식각 방식이다. 단, 포토 작업 없이 상부층에 있는 막 전체를 제거해야하는 경우에는 습식 식각을 사용한다. 그 이유는 건식 식각은 선택성이 떨어져서 다른 막들도 식각을 하기 때문이다.

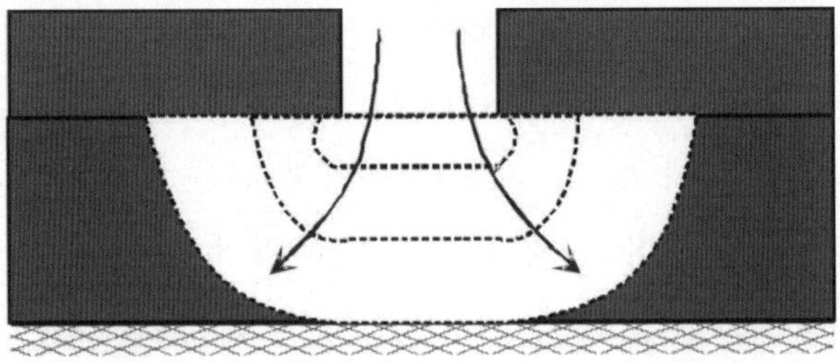

【그림 6-23】 습식 식각에 의한 등방성

- 습식 식각에 의한 이방성(anisotropic) 식각예

  습식 식각은 대부분은 등방성 식각을 하지만, MEMS(Micro Electro Mechanical System) 구조물을 제작하는 경우 실리콘을 벌크 식각하는 경우가 많이 있다. 이경우는, TMAH나 KOH를 이용하여 식각을 행하게 되는데 이경우는 이방성 식각이 이루어진다. 그 이유는 실리콘의 결정 방향 때문이다.

  아래에 이방성 식각이 이루어진 사진을 나타내었다.

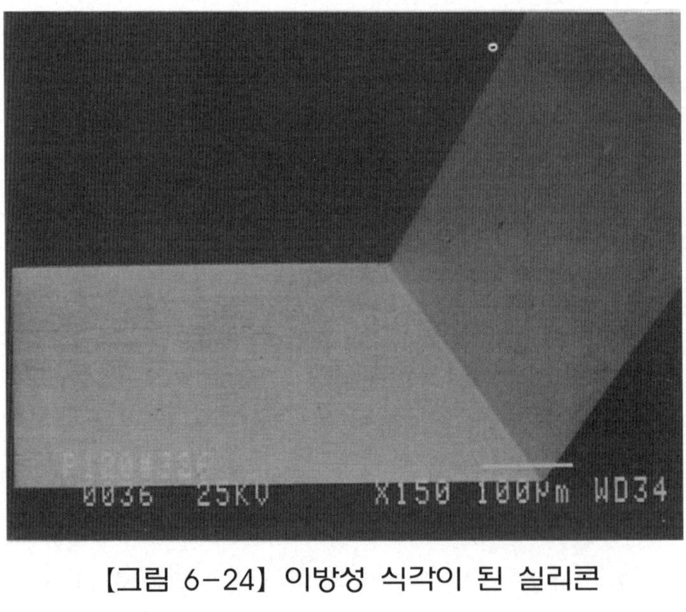

【그림 6-24】 이방성 식각이 된 실리콘

① 건식식각(dry etch)

건식 식각은 습식 식각과는 달리 플라즈마를 이용하여 식각을 한다. 앞에서 간략히

설명하였지만, 플라즈마는 양전기를 띈 입자(양이온), 전기적 중성입자의 라디탈 및 음전기를 띈 전자가 거의 같은 밀도로 존재하는 기체 상태를 말한다.

건식 식각의 가장 기본적인 장치의 구조를 나타내었다. 마주보고 있는 두 개의 평행 판형 전극에 고주파전원을 인가하여 플라즈마 상태에서 반응성 가스를 활성화시켜 식각하고자 하는 물질과 화학적 반응을 일으켜 휘발성 물질로 만들어 식각하는 동시에 고 에너지의 이온으로 물리적으로 식각하고자 하는 표면의 원자를 제거하는 것을 기본적인 원리로 하고 있다.

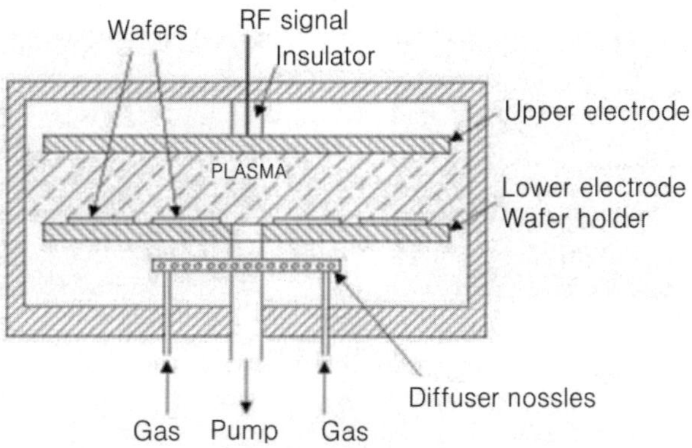

【그림 6-25】 건식 식각 장치의 기본적인 구조

아래의 건식 식각의 메카니즘을 간략히 나타내었다.

플라즈마 방전에 의해서 식각에 참여하는 식각가스를 발생시키고, 이것이 식각하고자 하는 물질의 표면으로 확산되어 흡착이 이루어진다. 흡착에 의해서 상호 반응 후, 표면에서 탈착하여, 그 반응 부산물이 외부로 방출되게 된다.

건식 식각은 습식 식각과 달리 이방성 식각을 하는 장점이 있어서, 리소그라피 공정에서 구현된 패턴의 크기를 그대로 유지할 수 있기 때문에 식각 공정은 건식 식각으로 이루어진다. 하지만, 플라즈마를 이용하기 때문에 진공을 필요로 하여, 습식에 비해 장비가 고가이고, 선택성이 나쁘다는 단점이 있다.

하지만, 디스플레이의 경우 금속막의 식각, 즉 Cr 과 ITO는 습식 식각을 통하여 식각을 실시한다.

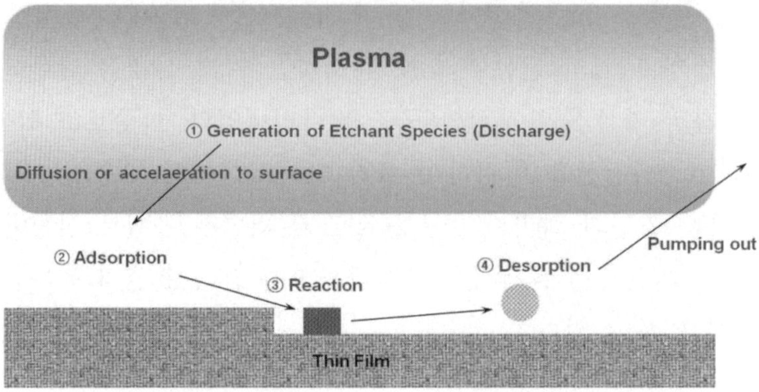

건식 식각의 반응 메카니즘

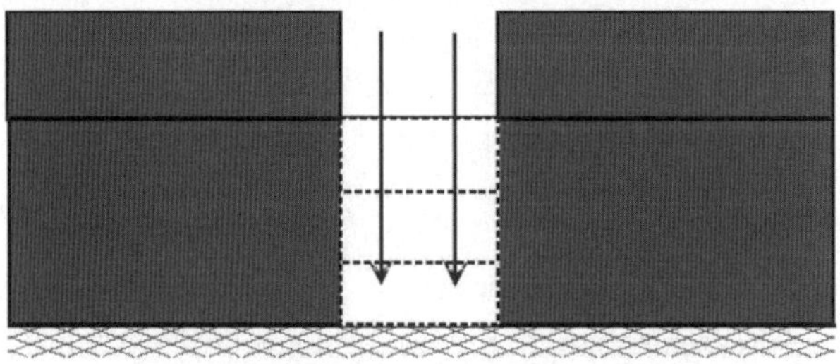

이방식 식각 모형

【그림 6-26】 건식 식각 장치

이제부터는 식각 공정과 관련된 몇가지 특별한 효과와 용어에 대해서 간략히 설명하도록 하겠다.

- 식각률(etch rate : Å/min)

식각률은 단위 시간당 식각되는 깊이를 의미하며, 습식 식각의 경우는 식각액의 조성 및 온도 등에 의해서 변화가 발생 할 수 있으며, 건식 식각의 경우는 플라즈마의 발생 파워 및 이온 가속 에너지를 결정짓는 바이어스 크기, 반응 가스의 유량, 압력, 전극의 온도 및 패턴의 사이즈 등에 따라서 변화 될 수 있다.

- 식각의 균일도(uniformity)

식각의 균일도라는 것은 기판 전체에 대해서 식각이 이루어질 때, 모든 영역에서 고르게 식각이 되는 정도를 의미하며, 기판 하나에 대한 균일도도 중요하지만 다른 기판과의 균일도 역시 중요하다. 기판이 하나 하나 식각이 이루어질때, 연속성있고 재현성 있는 식각이 이루어져야 한다는 것이다. 기판내나 기판간의 균일도가 문제가 된다는 양산성이 떨어지게 되며, 불량을 발생시킬 확률이 높아진다.

- 선택비(selectivity)

식각하고자하는 물질과 보호막 물질간의 식각률의 차이이며, 식각에서 가장 중요한 요소라고 할 수 있다. 리소그라피 공정을 통해서 패턴된 PR을 마스크 물질로 하여 노출된 영역의 물질을 제거할 때, 제거되어야 할 물질만 식각이 이루어지면 최고의 선택비를 얻었다고 할 수 있다. 하지만, 앞에서 설명한 것처럼, 습식 식각은 식각액을 잘 선택하면 완벽에 가까운 선택비 구현이 가능하지만, 건식 식각은 반응가스 및 이온이 대부분의 물질과 반응을 하여 식각을 하기 때문에 선택비가 상대적으로 낮게 된다. 건식 식각 공정의 가장 큰 단점이다.

- 이방성과 등방성

이방성은 식각시의 언더컷(undercut)의 정도를 나타내며, 언더컷이 있으면 등방성 식각이고, 언더컷이 없으면 이방성 식각이다.

- macro-loading effect

식각되는 면적이 공급되는 식각제에 비해서 과다하게 넓은 경우에 발생될 수 있으며, 식각제가 원활하게 공급되지 않아서 식각이 이루어져야 할 곳의 면적이 넓은 곳이 좁은 곳에 비해서 식각이 느리게 진행되는 현상을 의미한다.

- micro-loading effect

  macro-loading effect와는 반대 현상으로, 아주 미세한 패턴이 있는 부분은 반응 생성 물질의 배출이 원활하게 이루어지지 않아서 넓은 패턴 영역보다 식각이 느리게 진행되는 경우를 의미한다.

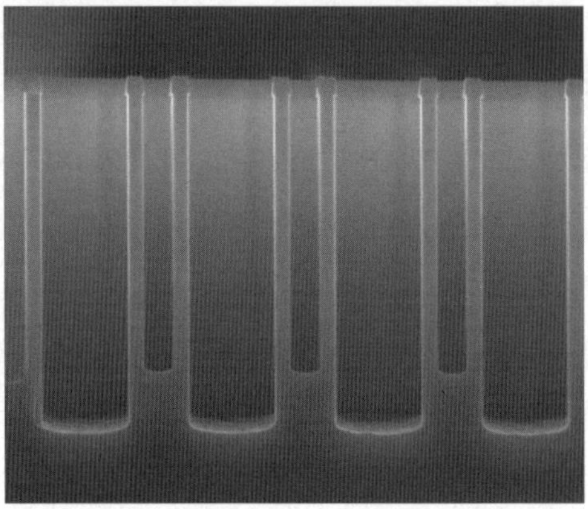

【그림 6-27】 micro-loading effect

제7장 디스플레이 공정 실습 장비

7-1 수평식 가열로(horizontal furnace system)

본 system은 열처리용 설비로 furnace system이라 한다.

system에 사용되는 가스는 N_2, O_2로 유량을 유량조절기(flow meter)로 조절이 가능하며 습식 산화(wet oxidation)용으로 bubbler를 사용하여 vapor상태의 H_2O을 직접 주입할 수 있다.

7.1.1 장비 구성

본 장비는 아래 그림과 같은 furnace system으로서 process에 사용되는 heater와 process에 필요한 모든 장치를 조작할 때 사용되는 control panel로 되어있어 user가 manual control하여 장비를 작동시킨다.

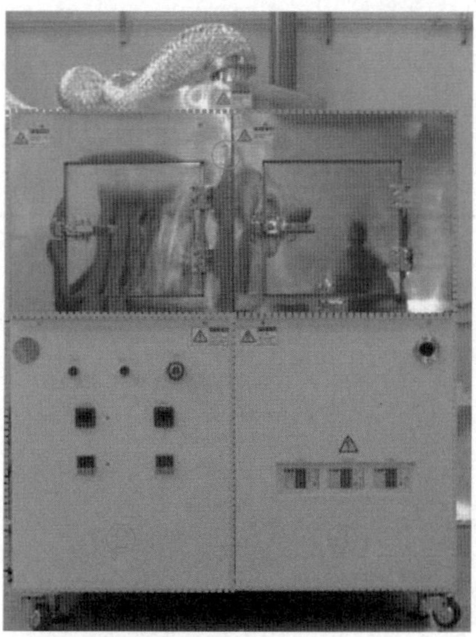

① reactor module
② system control module
③ power distribution module
④ gas module

위의 그림과 같이 장비는 크게 system control module, heater module, power distribution module, gas module로 나누어 지며 system control module 및 power distribution module에서는 system 동작을 위한 controller 가 배치 되어 있다. 또한 실제 공정을 위한 reactor module에는 q'tz tube 및 각종 gas line이 연결 되어 있다. 그리고 gas module 에서는 공정에 사용하는 N_2 gas 및 wet oxidation 용 bubbler 및 gas line들의 개략적인 schematic이 준비되어 있다.

7.1.2 시스템 작동

(1) 전원 ON/OFF

· system power ON 전에 해야 할 사항 ·

압축공기(compressed air)

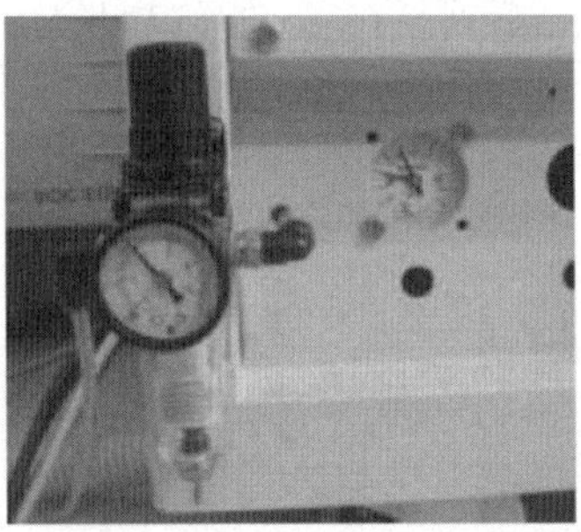

모든 gas valve는 공압에 의해서 동작된다. 따라서, compressed air가 공급되지 않으면 valve들이 동작할 수 없고 그로 인해 process는 진행을 할 수 없다. frame 뒤에 부착되어 있는 air regulator의 gauge가 현재 들어오는 공압의 압력을 analog로 보여 주는데, 여기서 지시 값이 5~7Kg/cm^{2}가 되도록 조절한다.
공압이 공급되지 않거나, 압력이 정상치 보다 낮을 경우 tower lamp의 적색등이 점등된다. 이때 공압을 정상 압력으로 공급해 주면 자동 해제된다.

"main"은 system의 control power를 공급하는 용도로 사용을 하며 heater power의 경우 각 tube에 해당하는 heater에 power를 공급하는 용도로 사용을 한다. power를 공급하는 방법은 아래의 그림과 같이 차단기를 위로 올리면 된다.

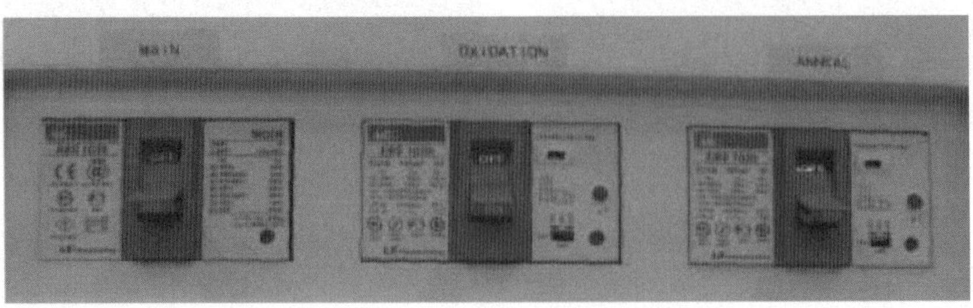

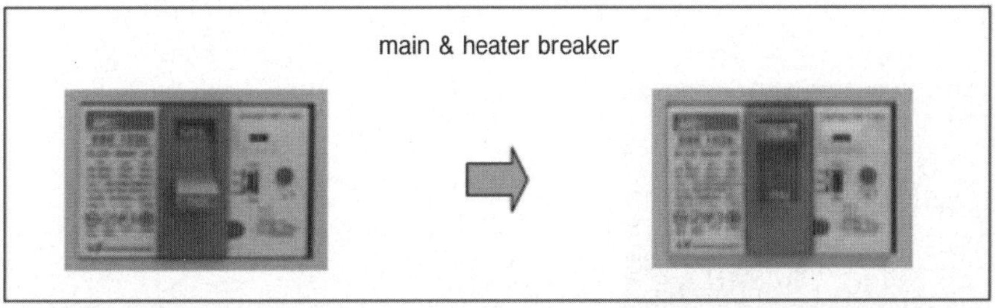

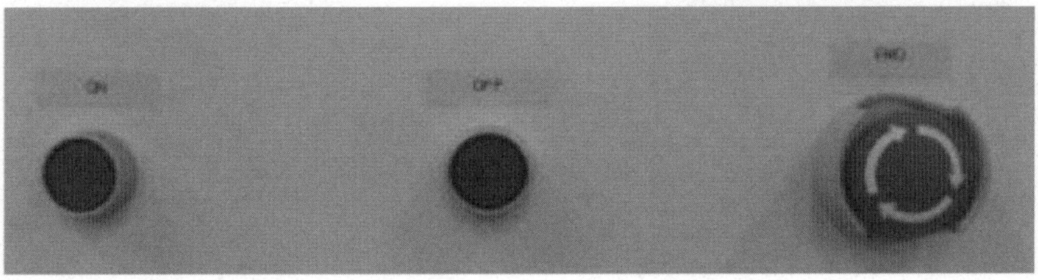

main power 차단기를 ON 한 후 system power를 ON 하게 되면 system에 전원이 공급된다. system power를 ON 하는 방법은 위의 그림에서 녹색 button을 누르면 되며 main power 차단기를 ON하게 되면 초기에 빨간 button에 불이 들어온다.

> **system에 전원이 공급된 경우 감전의 우려가 있으므로 frame cover는 항상 닫는다.**

system 전원을 OFF 하기 위해서는 먼저 모든 S/W를 OFF하고 control panel의 OFF S/W를 누른다. 또한 장시간 사용을 하지 않을 경우는 frame 내부 main 차단기와 system으로 공급되는 main 전원도 내려 주는 것이 좋다.

(2) 제어판넬

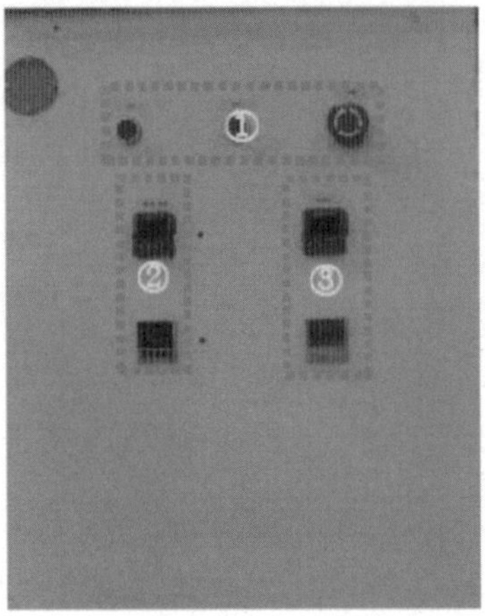

① system ON/OFF panel
② oxidation heater temp. controller
③ anneal heater temp controller

① oxidation process 용 tube의 temp.를 control 할 수 있는 곳으로써, 상부의 controller는 control 용이고, 아래쪽의 controller는 over temp. 용이다.

② anneal process 용 tube의 temp.를 control 할 수 있는 곳으로써, 상부의 controller는 control 용이고, 아래쪽의 controller는 over temp. 용이다.

(3) 온도 제어기

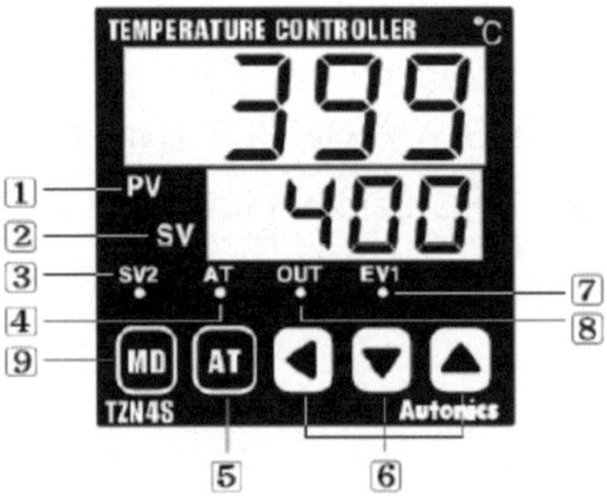

1 PV : 측정값 표시부(적색)
2 SV : 설정값 표시부(녹색)
3 SV2 : SV2 동작 표시 램프
4 AT : 오토튜닝 표시 램프
5 AT Key : 오토튜닝 실행 키
6 ◀, ▼, ▲ : 설정값 조작 키
7 EV1 : EVENT1 출력 표시 램프
8 OUT : 출력동작 표시 램프
9 MD Key : 모드키

- 온도 설정 방법 :
  - ◀를 눌러 설정하기 원하는 자리로 이동한다.
    (자리를 이동하면 해당 digit이 깜빡인다.)
  - 설정하기 원하는 자리에 오면 ▼, ▲ 키를 조작하여 숫자를 설정한다.

- 1번과 2번을 반복하여 원하는 값이 설정되면 MD 키를 눌러 마친다.
- 설정을 마치면 controller는 바로 동작을 시작한다.

7.1.3 공정 흐름도

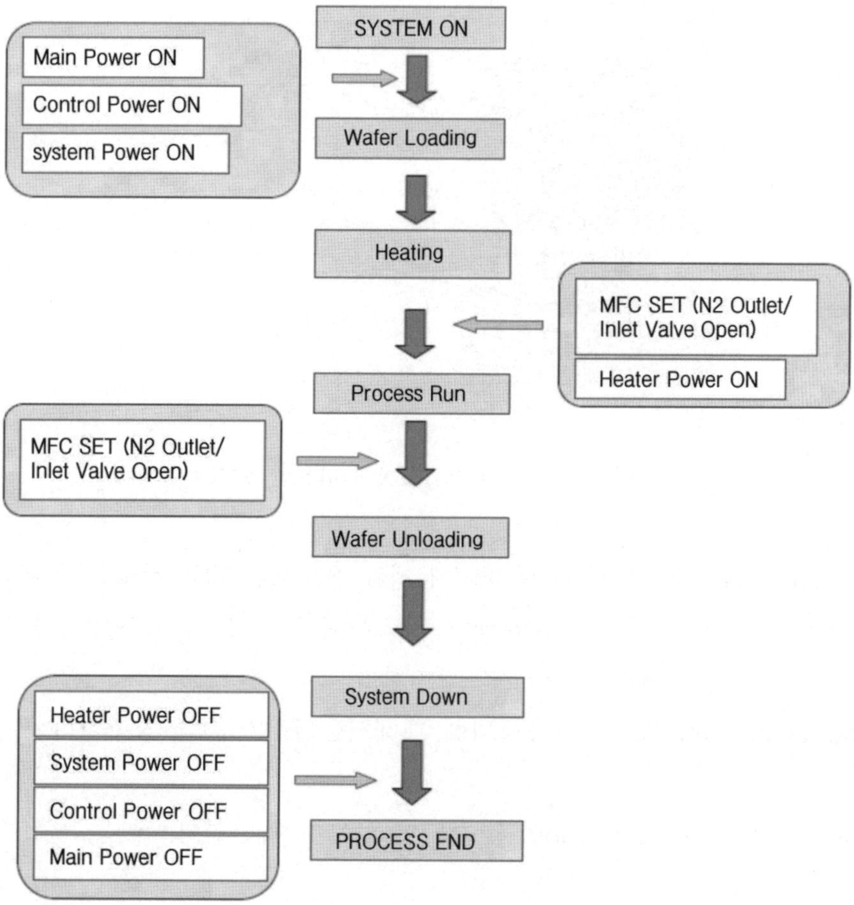

7.1.4 공정 프로세스

1) 예열(heater stand-by)

process에 필요한 열원을 만들기 위해 heater를 동작시키는 과정이다.

(1) power distribution의 system main power 차단기를 ON 한다.

(2) control power 차단기를 ON 한다.

(3) system power의 power on switch를 ON 한다.

(4) temp controller setting.

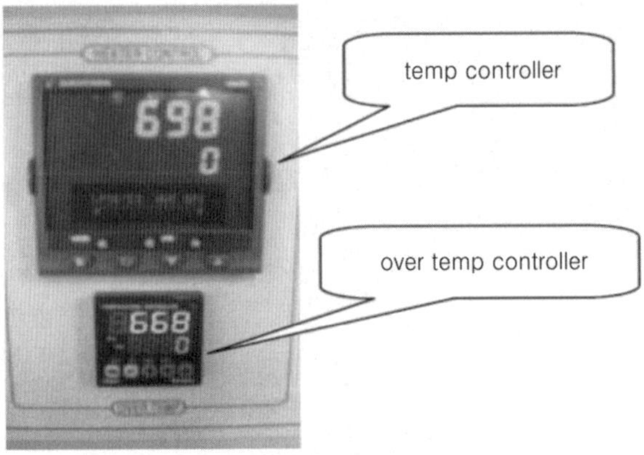

▶ process를 하고자 하는 온도로 temp controller를 setting한다.

(5) over temp용 controller를 process 하고자 하는 온도보다 10℃ 정도 높게 setting 한다.

▶ over temp용 controller는 heater의 온도가 원하는 온도 이상으로 올라갔을 경우 전원을 차단하여 over heating을 방지한다.

▶ over temp controller의 사용방법에 대해서는 7.1.2 (3)을 참조한다

(6) access door를 열어 tube cap이 장착되어 있는지 확인한다.

(7) access door를 닫는다.

(8) heater power 차단기를 ON 한다.

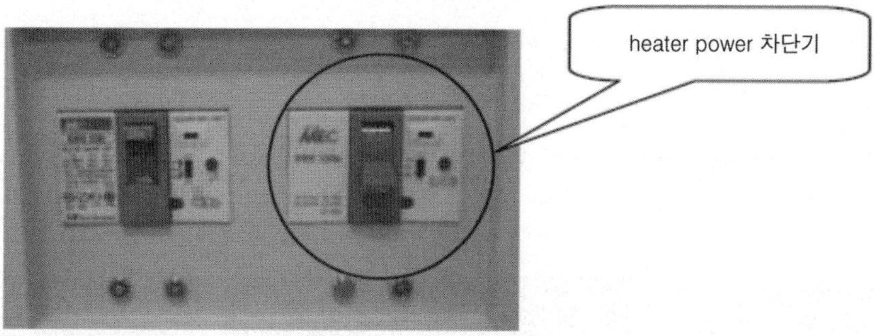

▶ 차단기는 장비의 측면 하단에 위치해 있다.

(9) temp controller의 run 버튼을 누른다.

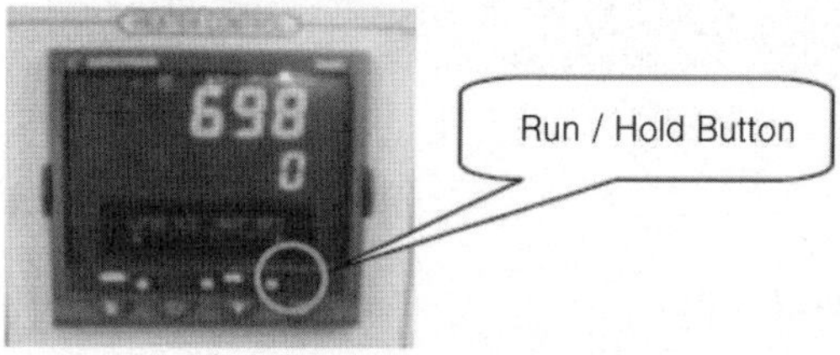

온도는 한번에 올리지 말고 천천히 올리도록 한다.
온도가 많이 높아지면 access door 전면이 뜨거워 지므로 주의 한다.

2) bubbler의 사용(wet oxidation)

bubbler는 물을 가열하여 수증기를 만들어 내는 역할을 하며, oxidation process에 사용된다.

(1) bubble에 전원이 인가되었는지 확인한다.
(2) bubble용 temp. controller의 온도를 setting 한다. (bubbler의 온도 조절용 volume은 max 상태로 둔다)
(3) control panel의 bubbler toggle switch를 ON 한다.

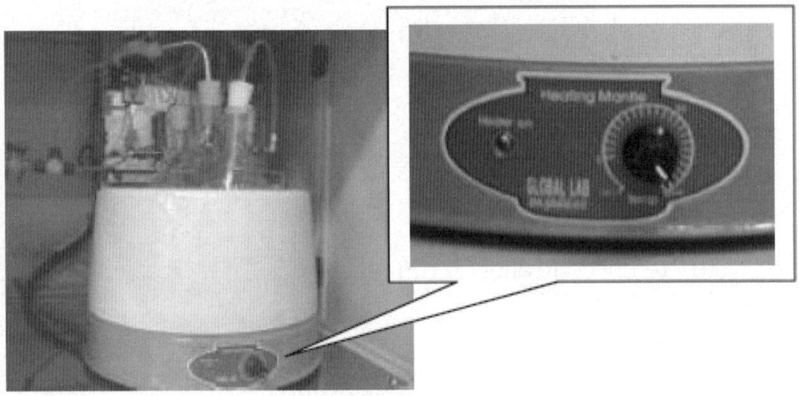

3) wafer loading / unloading

process를 실행하기 위해서는 process chamber에 wafer(시편)을 장착해야 하는데, 그 방법은 다음과 같다.

- wafer loading

(1) quartz boat에 wafer를 놓는다.
(2) access door open & tube cap 제거
　A. access door를 열고 tube cap을 제거한다. 제거한 tube cap은 안전한 곳에 놓아둔다.
　B. 이 과정에서는 화상의 우려가 있으므로 특수장갑을 착용 후 작업을 하도록 한다.
(3) boat를 tube에 넣는다.
　A. boat 운반용 fork를 사용하여 boat를 tube의 앞 단에 놓는다.

(4) push-pull rod를 사용하여 boat를 process를 진행하고자 하는 위치까지 집어넣는다.
   A. push-pull rod는 각 tube의 아래쪽에 가장자리에 있는 hole에 들어 있다.
   B. 사용을 한 후에는 제자리에 넣어둔다.
(5) tube cap을 장착하고 access door를 닫는다.

• Wafer Unloading

(1) access door를 열고 tube cap을 제거한다.
(2) push-pull rod를 이용하여 cassette를 tube 끝까지 천천히 꺼낸다.
(3) boat용 fork를 이용하여 cassette를 tube 밖으로 꺼낸 후 안전한 곳에 놓는다.
(4) tube cap을 다시 장착 후 access door를 닫는다.

4) 가스 유입 (gas flow)

process chamber 내부로 process에 사용되는 수증기를 flow 시켜 process를 진행한다.

(1) 시작하기

- control panel에 있는 MFC readout volume을 돌려 원하는 값을 설정한다.
- MFC에 연결되어 있는 valve를 open시키고 MFC flow switch를 ON하면 flow량이 출력된다.

  참고 : setting후 run 하였을 시, 초기에 flow값이 약간 흔들리는 현상이 있을 수 있음.

(2) 종료하기

- MFC flow switch를 OFF하여 flow 상태를 해제 시킨 후 valve를 닫는다.
- MFC readout volume을 돌려 값을 0으로 setting 한다.

5) system shut-down

process를 다 진행한 후에는 장비를 shut-down한다.

(1) control panel 전면 각종 valve Switch들을 OFF 한다.
(2) heater 차단기를 OFF 한다.
(3) 각종 temp controller의 SET 값을 0으로 설정한다.
(4) control panel의 system OFF switch를 눌러 system power을 OFF 한다.
(5) control 차단기를 OFF 한다.
(6) 장시간 system을 사용하지 않을 때에는 frame 내부의 main 전원 차단기를 내려 둔다.

7.1.5 장비 이상시 조치사항

(1) interlock feature

system을 사용하면서, 잘못된 operation에 의해 생길 수 있는 문제점을 미연에 방지 하기 위해서, 본 system은 기본적인 interlock 기능을 가지고 있다.

① over heating 방지

SCR이나 temp controller에 문제가 발생하여 heater가 control 되지 않고 계속 power가 공급되어 원하는 온도보다 올라 갈 경우 over temp. controller에서 event 출력을 내보내게 되고, 이 출력을 받으면 자동으로 heater 차단기를 trip 시켜 power를 원천적으로 차단한다.

② bubbler inlet/outlet valve

bubbler의 outlet valve가 close 되어 있는 상태에서 inlet valve를 open시키면 flask 내에 압력 상승으로 인하여 flask가 깨질 수 있다. outlet valve를 먼저 open 시켜야

inlet valve를 open 할 수 있다.

③ bubbler bypass valve

bubbler의 bypass valve가 open 되어 있는 상태에서 inlet/outlet valve는 open 시킬 수 없으며, inlet/outlet valve가 open 되어 있는 상태에서 bypass valve를 open 시킬 수 없다.

(2) trouble-shooting guide

이상현상	조치방법
MFC에 의한 유량 조절이 안될 때	1. 가스 입력단 regulator 의 압력을 체크하여 가스 공급 상태를 확인한다. 2. 장비 frame 뒤에 장착되어 있는 air regulator 의 압력이 적정한지 확인한다.(5~6kgf/cm^2) 3. sol. 밸브의 동작 상태를 확인한다. 4. MFC controller 의 cable 연결 상태를 확인한다. 5. gas valve open 상태를 확인한다.
pneumatic 밸브가 동작하지 않을 때	1. 밸브 동작을 위한 Air 공급이 양호한지 확인한다.(적정 공압 은 5~6kgf/cm^2) 2. Switching Mode Power Supply(SMPS)의 출력 전압이 DC 24V 인지 확인한다. 3. sol. valve의 동작 상태를 확인한다. 4. valve의 tube 가 빠져있지 않은지 확인한다. 5. valve 스위치의 케이블 연결 상태를 확인한다.
main heating이 되지 않을 때	1. heater용 차단기가 ON 되어 있는지 확인한다. 2. temp controller의 run button 이 ON 되어 있는지 확인한다. 3. temp controller의 설정 온도가 올 바른지 확인한다. 4. over temp 용 controller 의 설정 온도가 올 바른지 확인한다.
bubbler heater가 heating이 되지 않을 때	1. temp controller 의 설정 온도가 올 바른지 확인한다. 2. switch 의 케이블 연결 상태를 확인한다.
oxidation이 되지 않을 때	1. MFC에 의한 gas flow가 정상인지 확인한다. 2. main heater가 설정 온도로 heating 이 되는지 확인한다. 3. bubbler heater가 설정 온도로 heating 이 되는지 확인한다. 4. bubbler의 inlet/outlet valve 가 open 되어 있는지 확인한다. 5. bubbler의 DI water가 oxidation 하기에 충분한 양이 있는지 확인한다.

7-2 열 증착장비(thermal evaporator)

본 장비는 tungsten-boat에 담긴 source를 DC power supply로 Source를 melting 시키고, melting 된 분자들이 상승하여 상부의 wafer에 deposition되는 장비로서, 모든 제어는 manual로 이루어 지며 process chamber와 control module이 일체형으로 제작되었으며, gas는 process chamber vent를 위한 N_2 gas만을 사용한다.

7.2.1 장비구성

본 thermal evaporator system은 사진과 같이 크게 process module과 control module로 구성되어 있다.

(1) process chamber module

본 장비의 process를 진행하는 곳으로서 power feed through module, vacuum port, process시 chamber 내부를 확인 할 수 있는 view port 등으로 구성되어 있다.

(2) control module

본 장비의 전체적인 운용을 하는 곳으로서 ON/OFF/EMO switch, gauge controller, DC power supply로 구성되어 있다.

control module은 장비의 구동 및 제어를 하기 위한 곳이며, system 구동을 위하여 반드시 숙지하고 있어야 하는 부분이다.

아래에 control module의 구성 및 사용 방법을 알아보도록 한다.

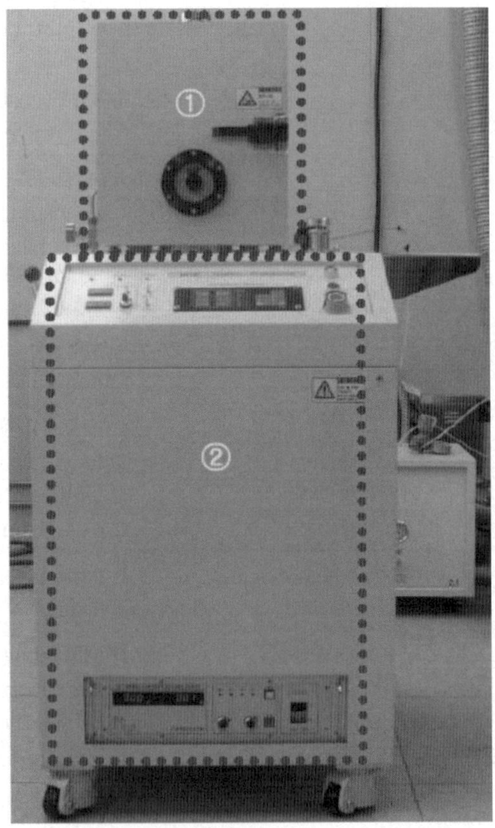

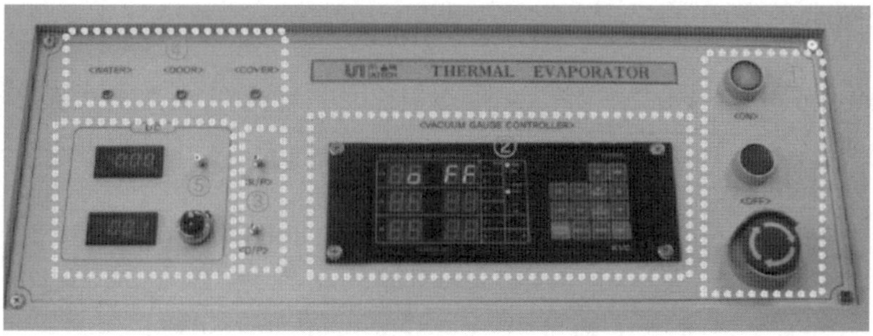

<컨트롤 판넬>

① system ON/OFF/EMO switch

② vacuum gauge controller

③ rotary pump ON/OFF S/W & diffusion pump ON/OFF S/W

④ utility LED, inter lock LED

⑤ DC power supply control panel

① system ON/OFF/EMO switch

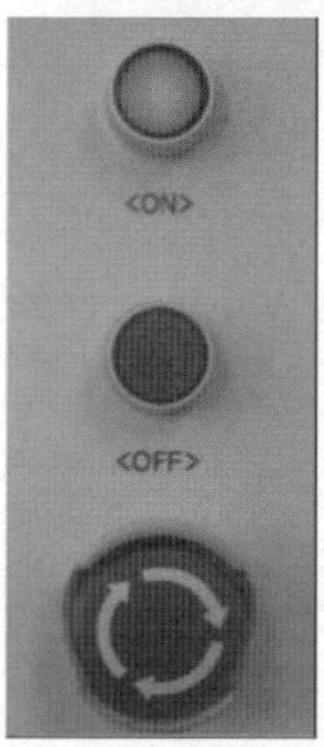

system을 ON/OFF 할 수 있는 switch이며 녹색 button이 ON, 적색 button이 OFF, EMO라고 적혀져 있는 button이 EMO switch이다.

ON/OFF/EMO switch는 system main 차단기 및 회로 보호기가 ON 되어 있어야 동작을 하며 system main 차단기를 올리면 적색에 불이 점등 되며 ON switch를 누르면 system에 power를 공급 할 수 있다. EMO switch는 누르면 EMO가 해제되지 않으므로 EMO switch의 화살표 방향으로 switch를 돌려 EMO를 해제 할 수 있다.

② vacuum gauge controller

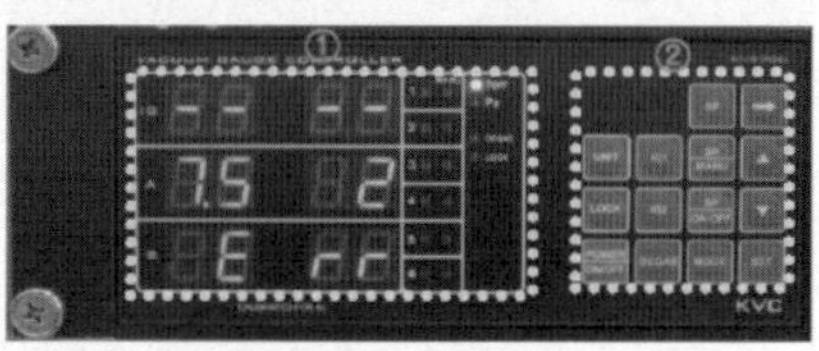

① vacuum display panel

② keypad

1) vacuum display panel

현재의 vacuum을 표시하는 창으로서, 상단으로부터 I/G, C/G1, C/G2를 나타내며, 현 system에서는 C/G2는 지원하지 않는다.

2) keypad

gauge controller를 조정하기 위한 button들로 구성되어 있다.

	vacuum의 단위를 torr/pa로 상호 변경을 위하여 사용된다.
	keypad를 lock/unlock위해 사용되며, 3초간 눌러야 작동한다.
	gauge controller의 전원을 ON/OFF 시키기 위해 사용되며, 초기 ON의 경우 keypad lock상태이므로 unlock 시켜 주어야 한다.
	I/G를 ON/OFF시키기 위한 버튼이며, 3초간 눌러야 작동된다. (현 System에서는 I/G1만 적용된다.)
	I/G 내부에 잔류 gas로 인하여 vacuum value가 부정확 할 때 사용 하며, 3초간 눌러줘야 작동되며 작동 중 일 때 display panel에 빨간 LED가 점등된다.
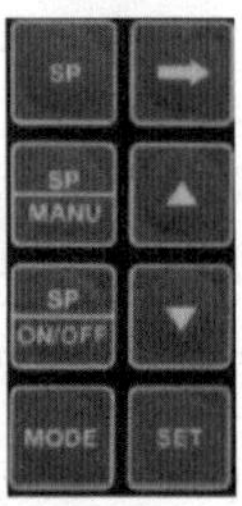	setting 변경 및 설정 값 변경을 위한 menu이며, 본 system에서는 사용을 하지 않는다.

3) rotary pump ON/OFF S/W & diffusion pump ON/OFF S/W

rotary pump와 diffusion pump는 toggle switch를 사용하여 ON/OFF 할 수 있으며 ON이 되면 toggle switch의 LED의 점등으로서 동작을 확인 할 수 있다. toggle switch를 ON 하는 방법은 switch를 위로 올리면 된다.

4) utility LED, inter lock LED

utility 연결 상태와 inter lock의 상태도 system control panel에서 확인할 수 있으며 동

작 표시 LED로서 동작을 확인을 할 수 있다.

water의 공급 유/무, chamber door open/close 유/무, farm cover open/close 유/무를 확인 할 수 있다.

* 각 toggle switch는 system 및 사용자의 안전을 위해 inter lock이 잡혀져 있으므로 S/W를 ON 하여도 동작하지 않으면 inter lock list를 참조하여 사용을 하도록 한다.

5) DC power supply control panel

① ampere & voltage meter
➡ boat에 공급되는 ampere & voltage를 display 한다.

② DC power ON/OFF S/W
➡ DC power ON S/W이며 switch가 ON이 돼야지만 DC power가 인가된다.

③ remote ampere volume
➡ remote시 boat에 인가되는 전류를 조정하는 volume이며 volume을 돌려 값을 조정할 수 있다.

ampere & voltage meter의 display accuracy는 F.S의 ±0.2%이며 본 system에서는 전류의 경우 2~3A, 전압의 경우 0.01V의 오차가 발생을 할 수 있으니 참조하여 사용을 하도록 한다.
DC power ON S/W는 system 및 사용자의 안전을 위해 inter lock이 잡혀져 있으므로 S/W를 ON 하여도 동작하지 않으면 inter lock list를 참조하여 사용을 하도록 한다.

7.2.2 시스템 작동

*** system power ON전에 해야 할 사항 ***

main power, 냉각수(cooling water), vent용 N_2 gas의 flow를 확인해야 한다.

☞ cooling water

diffusion pump에는 cooling water가 공급되도록 되어 있다. control panel 전면부의 utility LED(water)가 점등되어 있지 않다면, system에 무리가 갈수 있으므로, 이 점에 유의하도록 한다. (diffusion pump는 cooling water가 공급되지 않으면 "ON " 되지 않도록 inter lock이 잡혀져 있으므로 diffusion pump switch를 ON 하여도 동작하지 않으면 cooling water의 공급 상태를 확인 하도록 한다.)

(1) 전원 ON/OFF

- system power ON

  system에 전원 공급을 위해서는 실험실 내의 main 전원을 인가하고, 앞서 설명한 sys power의 ON S/W를 켜기 전 system 뒤편에 있는 차단기(main 차단기)를 ON하고 control panel에 있는 sys power 부분의 switch도 ON을 한다. 이때 다른 part들의 전원이 켜지는 것을 볼 수 있다. 이것으로 system을 구동하기 위한 전원은 모두 공급된다.

> **system power가 ON이 된 경우 system에 전원이 공급됨으로 주의를 하지 않으면 감전의 우려가 있다.**

- system power OFF

  system 전원을 off 하기 위해서는 먼저 모든 S/W를 off하고 system power off S/W를 누른다. 장시간 사용을 하지 않을 경우는 main 차단기와 system으로 공급되는 main 전원도 내려 주는 것이 좋다.

> **system을 OFF 할 경우에도 process chamber의 내부는 진공상태를 유지해 준다.(만약 대기압 상태에서 장시간 방치시에는 process chamber 내부 오염의 주범이 된다.)**

(2) pump stand-by & pumping

- rotary pump stand-by

  chamber를 진공상태로 만들어 주기 위해서는 진공 pump가 필요하고, 이 pump와의 isolation을 위한 valve가 필요하다. 여기서는 제목과 같이 process chamber 상태를 진공으로 만들기 위한 최초의 단계로서 rotary pump를 가동시키는 단계이다.

  i) Rotary Pump(R/P) : ON

  control panel의 rotary pump(R/P) 토글 스위치를 올린다.(LED 점등) rotary pump에 power가 공급되고 pump가 동작하여 배기 라인이 진공 상태가 된다. 약 30초정도 rotary pump의 워밍업 시간을 갖고 난 뒤 다음 단계로 간다.
(온도에 따라 워밍업 시간은 달라질 수 있으며 초기에 약간의 소음이 있을 수도 있다.)

> ⚠ **rotary pump를 구동하기 전 모든 valve는 all close 상태인지 확인하여야 합니다.**

- low vacuum pumping
  stand-by 된 R/P를 이용하여 process chamber를 대기압 상태에서 진공 상태로 전환하는 과정을 low vacuum pumping 이라고 할 수 있다. 여기서는 low vacuum pumping을 위한 절차를 설명하기로 한다.

  i) manual roughing valve (R/V) : OPEN
  manual roughing valve를 시계 반대 방향으로 돌려 open 시킨다. valve가 open 되면서 chamber 내부의 압력이 760torr 이하로 내려가기 시작한다. KVC900 gauge controller의 display 창(A)을 통하여 현재의 진공도를 확인할 수 있다.

> ⚠ **manual valve 를 열기 시작할 때에는 조금씩 천천히 돌려서 연다. 갑자기 빨리 돌려서 열게 되면 rotary pump 에 무리를 준다.**

> ⚠ **high vacuum pumping을 수행하기 위해서는 반드시 low vacuum pumping을 먼저 수행하여야 합니다.**

- high vacuum pumping
  R/P에 의한 low vacuum pumping이 완료된 후에 고 진공용 pump인 diffusion pump를 이용하여 chamber 내부의 압력을 고 진공 대역으로 낮추기 위한 과정을 high vacuum pumping 이라고 할 수 있다. 여기서는 low vacuum pumping에 이은 high vacuum pumping을 위한 절차를 설명한다.

i) manual roughing valve (R/V) : CLOSE

➡ manual roughing valve를 시계 방향으로 돌려 close 시킨다.

ii) manual foreline valve (F/V) : OPEN

➡ manual foreline valve를 시계 반대 방향으로 돌려 open 시킨다.

iii) diffusion pump switch (D/P) : ON

➡ control panel의 D/P switch를 위로 올려 diffusion pump를 ON 시킨다. (LED 점등)

➡ 30분 동안 diffusion pump를 warm-up시킨다.

➡ warm-Up 시간이 끝난 후 KVC900 gauge controller의 display 창(A)을 통하여 현재의 진공도가 수십 mTorr이면 다음 단계로 진행한다.

iv) manual butterfly valve (B/V) : OPEN

➡ system 좌측의 butterfly valve 손잡이를 위로 올려 valve를 open 시킨다.

➡ butterfly valve가 open 되면서 chamber 내부의 압력이 내려가기 시작한다.

➡ KVC900 gauge controller의 IG1 버튼을 눌러서 ion gauge를 켠 다음 display 창(IG)을 확인하여 원하는 진공도에 도달을 하게 되면 high vacuum pumping이 완료된다.

(3) process chamber venting

앞에서 pump를 켜고, pump를 이용하여 process chamber를 진공 상태로 만드는 방법을 설명하였다. 여기서는 앞 절에서 설명한대로 process chamber가 진공 상태라면, 진공 상태에서 대기압 상태로 전환을 하는 방법에 대해서 설명하기로 한다.

- high vacuum pumping 중일 때

i) manual butterfly valve (B/V) : CLOSE

➡ system 좌측의 butterfly valve 손잡이를 내려 valve를 close 시킨다.

➡ butterfly valve가 close 되면서 chamber와 diffusion pump가 차단된다.

ii) diffusion pump switch (D/P) : OFF

➡ control panel의 D/P switch를 아래로 내려 diffusion pump를 OFF 시킨다. (LED 소등)

➡ 30분 동안 diffusion pump를 cooling시킨다.

iii) manual foreline valve (F/V) : OFF

➡ manual foreline valve를 시계 방향으로 돌려 close 시킨다.

iv) manual N_2 vent valve : OPEN

➡ system 좌측의 N_2 vent valve를 시계 반대 방향으로 돌려 open 시킨다.

➡ N_2 gas가 chamber 내부로 유입되면서 chamber 내부의 압력이 상승한다.

v) manual N_2 vent valve : CLOSE

➡ KVC900 gauge controller의 display 창(A)을 확인하여 압력 값이 760Torr(7.6 E+2Torr) 이상이 되면 N_2 vent valve를 시계 방향으로 돌려 close 시킨다. process chamber venting이 완료된다.

- low vacuum pumping 중일 때

i) manual roughing valve (R/V) : CLOSE

➡ manual roughing valve를 시계 방향으로 돌려 close 시킨다.

ii) manual foreline valve (F/V) : OFF

➡ manual foreline valve를 시계 방향으로 돌려 close 시킨다.

iii) manual N_2 vent valve : OPEN

➡ System 좌측의 N_2 Vent Valve를 시계 반대 방향으로 돌려 Open 시킨다.

➡ N_2 gas가 Chamber 내부로 유입되면서 Chamber 내부의 압력이 상승한다.

> ⚠ **vent시 door lock을 당겨놔서 chamber 내부의 가압으로 인한 system damage를 방지 하도록 한다.**

(4) wafer loading/unloading

process를 실행하기 위해서는 process chamber 내부에 glass(시편)을 장착해야 하는데 그 방법은 아래와 같은 flow로 이루어진다.

아래 flow에 대해서는 앞 절에 설명이 이루어진 venting과 pumping 과정은 생략하고 loading 및 unloading 과정에 대해서만 설명하기로 한다.

< wafer loading/unloading flow >

process chamber venting

process chamber를 진공 상태에서 대기압 상태로 전환한다.

- source 및 sample loading / unloading

  i) process chamber door : open

  ➡ door lock을 당겨서 door를 연다.

  ii) wafer loading

  ➡ 공정에 사용할 wafer를 dome형 jig 위에 올려놓는다.

  iii) source charge

  ➡ 공정에 사용할 source 물질을 boat위에 올려 놓는다.

  iv) process chamber door : close

  ➡ door를 닫은 다음 door lock을 밀어서 잠근다.

process chamber pumping

process chamber를 대기압 상태에서 진공 상태로 전환한다.

7.2.3 공정 흐름도

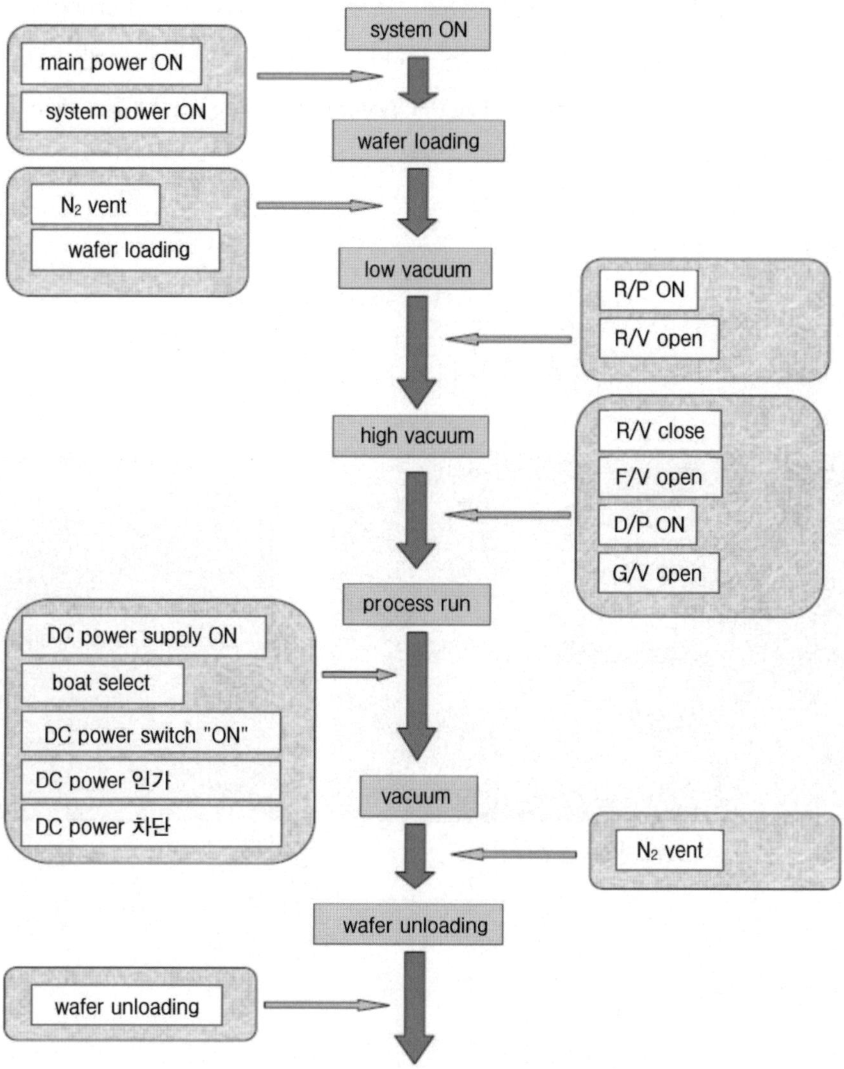

7.2.4 공정 프로세스

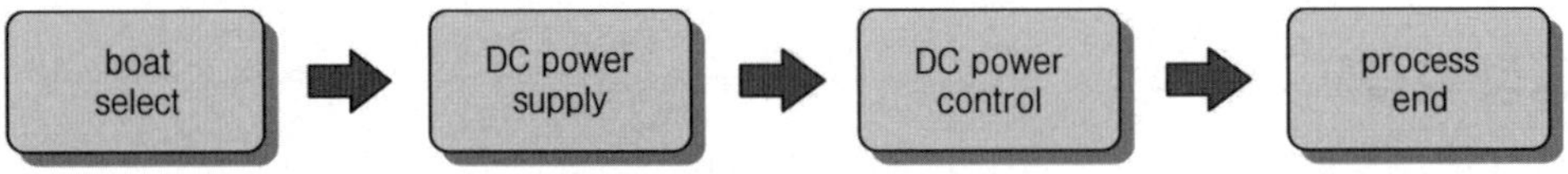

process를 진행하고자 하는 wafer(시편)를 장착한 뒤 process chamber를 진공 상태(high vacuum)로 만들게 되면 process를 진행하기 위한 준비 단계가 완료된다.

process를 실행하기 위해서 tungsten-boat에 power를 인가하고 DC power control을 하면서 process를 진행하면 된다.

(1) boat select

공정에 사용할 boat를 선택한다.

boat는 chamber 정면에서 보았을 때 boat 1, 2 순이다.

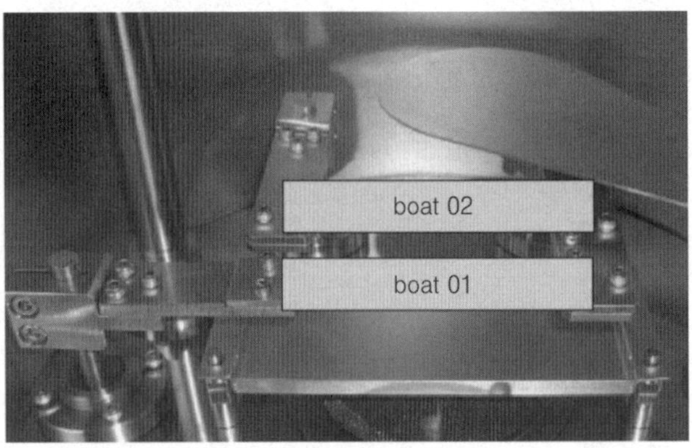

<BOAT 사진 및 BOAT 순서>

<CAM 스위치>

(i) CAM switch select

➡ system 우측 면에 있는 CAM 스위치를 사용하고자 하는 boat 방향으로 돌려서 선택한다.

(2) DC power supply

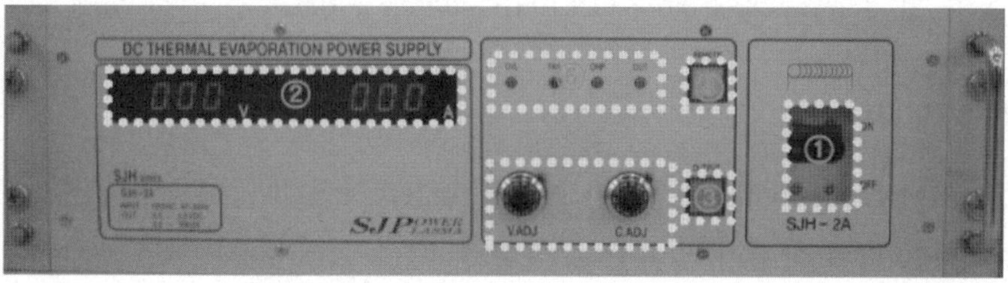

1) ON/OFF switch

DC power supply의 전원을 ON/OFF하기 위한 switch이다

2) display panel

현재 boat에 인가되고 있는 voltage/ampere의 값을 표시해 주는 창이다

3) output button

setting한 voltage/ampere를 최종적으로 출력으로 내보기 위한 버튼으로 이 버튼을 누르면 LED 표시 창에 output 부분에 녹색 LED가 점등된다.
remote button이 눌러져 있으면 실행이 되지 않는다

4) remote button

remote control을 하기 위한 버튼으로 누르면 remote로 전환된다.
(remote control 방법은 12page를 참조하시오)

5) voltage/ampere ten-turn volume

voltage/ampere를 가감시키기 위한 곳으로 voltage는 일반적으로 max로 고정하고 ampere로 control 하기 때문에 공정 시 ampere만 조절하면 된다.

6) LED 표시등

- OUT : output S/W ON 시 illuminating
- OHP : 내부 heat sink가 과열 (70℃이상) 되었을 시 LED가 ON되며 출력은 차단되고 온도가 내려가면 LED가 OFF되며 출력은 공급된다.

- FAIL : 연속 arc 발생시나 short 시 illuminating fail led on 시 출력은 차단 되며 reset 시키고자 할 경우 우측에 있는 ON/OFF switch를 OFF 후 잠시 뒤에 ON 한다.

(3) DC power control

DC power supply를 control하여 source를 wafer(시편)에 증 착 시킨다. 아래에서는 thermal boat를 control 하기에 필요한 항목들에 대해 설명하기로 한다.

i) DC power switch : ON

➡ control panel의 DC power switch를 위로 올려 ON 시킨다. (LED 점등)

ii) DC power supply 전원 인가

➡ DC power supply 우측 하단에 있는 차단기를 올려 전원을 인가한다.

➡ power output 버튼(녹색)을 ON 시킨다. (OUT LED 점등)

iii) DC power : ON

➡ DC power supply의 voltage control knob(v.adj)는 max. 값으로 설정해 두고, current control knob(c.adj)를 이용하여 DC power를 제어한다. DC power 증가 시 일정 시간 동안 유지하면서 서서히 증가시키도록 한다.

iv) boat shutter : open

➡ boat가 달궈지고 chamber 내부의 압력이 조금씩 증가하는 현상이 발견되어 evaporation 공정을 진행하고자 하면 boat shutter를 시계 방향으로 돌려 shutter를 open 시킨다.

➡ shutter를 open 한 상태에서 ion gauge의 진공도를 확인하면서 DC power를 서서히 증가시키도록 한다.

(4) process end

process가 끝나게 되면 boat shutter를 반 시계 방향으로 돌려 shutter를 close 시킨 뒤 DC power의 공급을 차단 하면 evaporation 공정이 끝나게 되고 공정 종료된다.

7.2.5 system shut-down

process를 완료하고 process chamber를 진공 상태로 만든 상태에서 system을 shut-down 하는 절차에 대해 설명하기로 한다.

process chamber를 venting 한 상태에서 system을 shut-down 해도 되지만, system shut-down을 실행하기 전에 process chamber를 진공 상태로 만들어 두어야 chamber 내부의 오염을 줄일 수 있으므로 pumping(low vacuum pumping 혹은 high vacuum pumping)을 실행한 뒤에 system shut-down을 실행하기를 권장한다.

system shut-down 시 아래의 과정을 참조하되 이미 수행 완료된 항목에 대해서는 user가 확인한 후 다음 단계로 넘어가면서 진행하도록 한다.

- process chamber isolation
  - i) manual butterfly valve (B/V) : close
    - ➡ system 좌측의 butterfly valve 손잡이를 아래로 내려 valve를 close 시킨다.
    - ➡ butterfly valve가 close 되면서 chamber와 diffusion pump가 isolation 된다.
  - ii) diffusion pump switch (D/P) : OFF
    - ➡ control panel의 D/P switch를 아래로 내려 diffusion pump를 OFF 시킨다. (LED 소등)
    - ➡ 30분 동안 diffusion pump를 cooling 시킨다.
  - iii) manual foreline valve (F/V) : OFF
    - ➡ manual foreline valve를 시계 방향으로 돌려 close 시킨다.
  - iv) rotary pump(R/P) : OFF
    - ➡ control panel의 R/P 토글 스위치를 내려 R/P의 전원을 차단 시킨다.(LED 소등)
- system power OFF
  - i) controller power : OFF
    - ➡ control panel에 부착된 각 controller을 OFF 시킨다.

ii) system power : OFF

➡ control panel 상단에 위치한 system power부의 OFF 스위치를 누른다.

➡ system에 유입되는 모든 전원을 차단하고자 하는 경우 system 뒤편에 위치해 있는 main 전원 차단기를 내린다.

7.2.6 장비 이상시 조치사항

(1) interlock / alarm feature

system을 사용하면서, 잘못된 operation에 의해 생길 수 있는 문제점을 미연에 방지 하기 위해서 본 system은 기본적인 interlock 기능을 가지고 있다.

아래의 표에서 보면 action이 실행되기 위해서는 선행 조건이 실행되어 있어야 하며 interlock 조건에 있는 항목이 실행되지 않아야만 한다.

※ 각 S/W가 동작이 되지 않는다고 하여 고장이라고 판단하기 전에 inter lock list를 먼저 확인 하여 실행하고자 하는 조건을 만족하는지 검토를 하도록 한다.

【interlock list】

action	선행 조건	inter Lock
diffusion ON	cooling water supply	diffusion ON 되지 않음
thermal power local ON	door close frame cover close (left, right, back, back cover) DC power switch ON	thermal power 공급되지 않음
thermal power remote ON	door close frame cover close(left, right, back cover) DC power switch ON	thermal power 공급되지 않음
DC power switch ON	door close frame cover close(left, right, back cover)	thermal power 공급되지 않음
R/P power ON	trip 해제	rotary pump가 ON 되지 않음
water flow sensor	설정 유량의 water 공급	diffusion pump가 ON 되지 않음

(2) trouble-shooting Ggide

이상현상	조치방법
water flow sensor가 동작되지 않을 때	1. system에 연결된 water valve가 열려져 있는지 확인한다. 2. water의 공급 압력이 낮아지지 않았는지 확인한다. 3. flow sensor의 압력 조절 나사를 (+)로 돌리면서 점등이 되는지 확인하고, 점등이 된다면 water의 공급 압력이 낮아진 것이므로 water 공급 부에서 조치를 취할 수 있도록 한다.
convectron gauge 및 ion gauge가 동작되지 않을 때	1. 전원 케이블의 연결 상태를 확인한다. 2. KVC900 gauge controller에 power가 인가되고 있는지 확인한다. 3. KVC900 gauge controller와 각 gauge 간의 케이블 연결상태를 확인한다.
ion gauge ON 시 압력 값이 많이 떨릴 때	1. KVC900 vacuum gauge controller의 degas 버튼을 눌러서 degassing을 약 30 초동안 실시한다. (압력이 $5.0E^{-6}$~$5.0E^{-5}$ 사이일 때 실시)
rotary pump의 소음이 심하거나 정상적으로 pumping이 되지 않을 때	1. rotary pump의 Oil 변색 유무를 확인한 후 변화의 정도가 심할 경우 oil을 교체해 준다. 2. rotary pump의 oil 잔량을 확인한 후 부족할 경우 보충해 준다.

7-3 박막 두께 측정 장비

nanospec/AFT 180 장비는 미국 nanometrics사의 반도체 wafer의 여러 종류의 film 두께를 측정하는 장비이다.

측정에 사용되어지는 파장은 390~800nm 대역으로 텅스텐 램프를 광원으로 사용하고 있다.

sample 표면에서 반사 및 굴절된 signal들은 micorscope를 통해서 spectro photometer head로 전달이 되고 computer에 의해 조절되는 grating mononchromator에 의해 파장대역별로 분석이 되어져 감지기인 PMT(Photo Multiplier Tube)로 전달이 된다.

PMT로 전달된 signal들은 증폭 및 digital 변화장치를 거쳐서 computer로 보내져 내장된 S/W algorithm을 통해 그 측정결과들을 계산하여 보여주게 된다.

측정된 결과는 외부프린터를 이용하여 문자로 프린트된다.

7.3.1 장비구성

nanospec/AFT의 장비구성은 크게 다음과 같이 분류된다.

nanospec/AFT 180 assembly

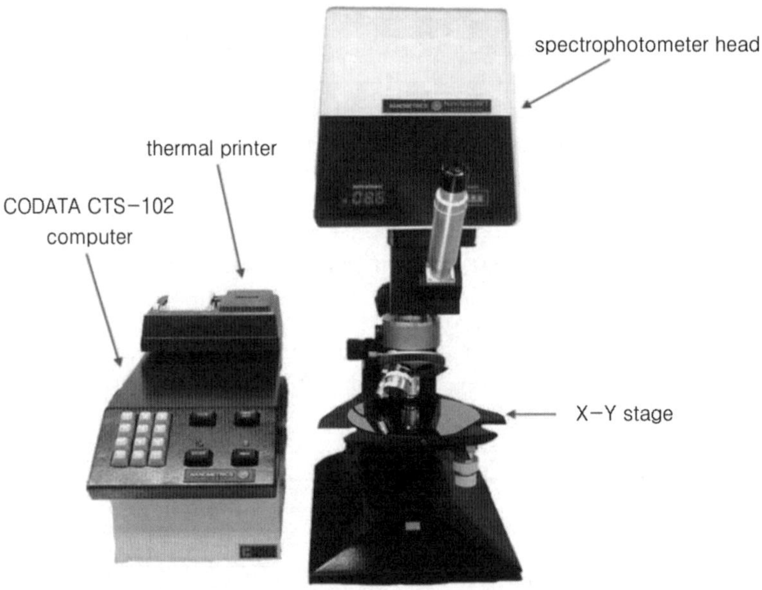

- micro computer (CTS-102).
  전체적인 시스템의 모든 운영을 조절하고 제어함.

- spectrophotometer head.
  sample에서 감지된 analog 신호를 computer가 분석이 가능하도록 digital 신호로 변환하는 부분임.
  wavelength dial 및 photo intensity display창이 부착되어 있다.

- microscope & objectives (5X, 10x, 40x).
  10X, 40X, 100X등 여러 종류의 objectives가 선택사항으로 준비되어 있어서, 다양한 배율에서의 측정이 가능하다.
  X-Y stage 크기는 용도에 따라서 각각 5, 6, 8-inch wafer 용으로 나누어 진다.

- user interface terminal.
  RS-232C 통신으로 computer와 연결되어 있는 CRT user interface terminal임.
  thermal printer (option).

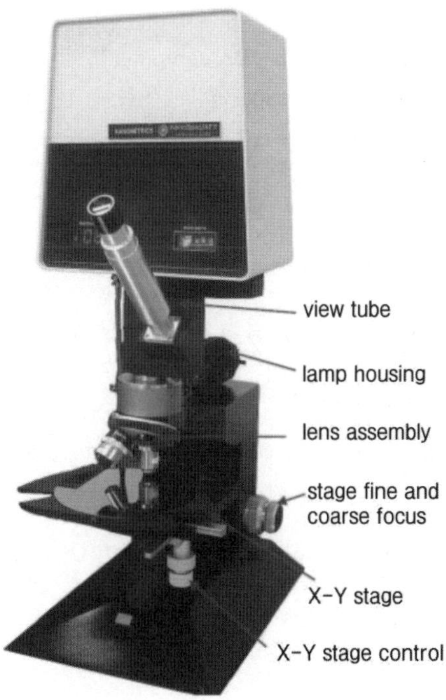

- microscope :
  sample의 정확한 두께를 측정하기 위하여 microscope를 이용하여 sample의 focusing을 한다

- view tube :
  10X 접안렌즈가 장착돼 있으며, 렌즈를 통하여 sample을 볼 수 있다.

- lamp housing :
  sample을 보기 위한 light source이다. 6V 15W olympus lamp를 사용한다.

- lens assembly :
  10x, 40x, 100x의 대물렌즈가 장착돼 있으면 렌즈에 따라서 sample 두께 측정 시 조금의 차이가 있다.

- X-Y stage :
  sample wafer를 올려 놓는 곳이다. X-Y

- stage Control :
  stage를 X-Y 축으로 움직일 수 있다..

- stage fine and coarse focus :
  stage를 상하높이로 조절하여 sample의 정확한 focusing을 한다. view tube로 확인해서 빛의 밝기가 강하면 stage를 내려서 focusing 하고 빛의 밝기가 어두우면 올려서 focusing을 한다.

CODATA CTS-102 computr는 nanospec/ AFT 180 장비의 모든 interface를 주관하고 있으며, micorscope에서 보내온 analog 신호를 분석하고 S/W algorithm을 통해 그 측정결과들을 계산하여 내보내 준다.
또한 각각의 명령을 수행한다.
특별히 key board를 두지 않으며, computer에 장착되어져 있는 12개의 숫자패드와 4개의 기능 key를 통해서 명령을 전달받는다.

thermal printer :
thermal printer는 CTS-102 computer에서 보내온 신호를 thermal paper를 이용하여 printer out 하는 장치이다.

7.3.2 장비 작동

CODATA CTS-102 computer의 뒤쪽에 작은 toggle 스위치가 2개 있다. 두 개중 작은것은 lamp 스위치이며, 큰것은 computer power ON/OFF 스위치이다.

main computer power ON/OFF 스위치는 하단에 위치하고, lamp 스위치는 상단에 위치한다.

main computer power를 ON 하게 되면 thermal printer를 통하여 아래와 같이 프린트된다.

```
    *    ***** *****
   * *   *       *
  ***** ***      *
  *   * *        *
  *   * *        *

   VERSION 2.0
   WITH SECS II

 SOFTWARE PART NO.
   8800-0427-B

COPYRIGHT (C) 1984
BY NANOMETRICS INC.
```

main computer power를 ON하고 lamp power를 ON 하여야 한다.

main computer power를 turn OFF 하기 전에는 반드시 lamp power를 먼저 OFF 하여야

lamp의 수명을 길게 할수 있다.

또한 sample의 두께를 재현성 있게 측정하기 위해서는 lamp power를 ON 한 후 30분 정도의 warm up 시간을 가져야 한다. (두께 측정의 안정성을 가지기 위해서는 항상 전원을 켜두는 것이 좋다.)

(1) 시스템 세팅

main computer power turn ON 후 computer에서 thermal printer로 신호를 보내어 아래와 같이 printer 한다.

```
ENABLE DATALINK?
N
DATALINK OFF.
IS WAVELENGTH 480?
Y
DATA BANK OPTION?
N
DATA BANK OPT OFF
REFR INDEX OPTION?
N
REFR INDEX OPT OFF
```

<ENABLE DATALINK?> keyboard의 "No" key를누른다.

<N>과 <DATALINK OFF.>라고 print 된다.

<IS WAVELENGTH 480?> spectrophotometer head의w avelength의 Dial이 480으로 되어있으면, "Yes "key를 누른다.

(만약 되어있지 않다면 "No" key를 누르고, 표시되고 있는 wavelength 값을 넣는다.)

<DATA BANK OPTION?> keyboard의 "No" key를 누른다.

<N>과 <DATA BANK OPT OFF>라고 print 된다.

<REFR INDEX OPTION?> Keyboard의 "No" key를 누른다.

<N>과 <REFR INDEX OPT OFF>라고 print 된다.

위와 같이 system function setting을 마치면 sample test를 위한 date를 입력하여야 한다.

(2) 쌤플 테스트 데이터 세팅

system function setting을 완료하면, sample test를 위한 data를 setting 하여야 한다. data setting은 아래의 절차로 한다.

```
 * NANOSPEC/AFT *

PRINT FILM MENU?
N
ENTER FILM TYPE
1
ENTER OBJ LENS
1=10X 2=40X 3=100X
1
1 OXIDE ON SI
 10X OBJECTIVE
```

<PRINT FILM MENU?> film menu를 알지 못한다면, "Yes"를 해서 print 해야 하지만, film menu를 알고 있다면 "No" key를 누르면 된다.

<ENTER FILM TYPE> sample film에 해당하는 숫자를 누른다. 예를 들면 oxide film을 측정하려면 "1"을 누르고 "Enter" key를 누르면 <1>이 print 된다. (Oxide On Silicon은 1 번이다.)

<ENTER OBJ LENS>

<1=10x 2=40x 3=100x> 대물렌즈를 선택하는 항목으로 1번 10배를 보는 것이 가장 일반적이다. "1"을 누른다.

<1>과 <1 OXIDE ON SI>라고 print 되고, <10x OBJECTIVE>라고 print 된다.

(3) 쌤플 측정

측정할 sample의 film과 lens의 setting이 완료되었다면, sample의 두께를 측정할 수 있다. 측정하기전에 reference data를 가져야 하기 때문에 bare wafer를 이용하여 computer가 reference data를 확보할 수 있도록 하여야 한다.

```
FOCUS ON REF WAFER
THEN PUSH MEASURE
ENTER SAMPLE #

PLS FOCUS SAMPLE
THEN PUSH MEASURE

SEQ.#      THICKNESS
  1         5175 A
  2         5183 A
  3         5177 A
```

<FOCUS ON REF WAFER>
<THEN PUSH MEASURE>이라고 printer 되면 stage 위에 bare wafer를 올려놓고 view tube의 접안렌즈를 통하여 focusing을 하여야 한다.

1. 대물렌즈가 10x에 있는지 확인한다.
2. lamp가 On 되어져 있는지 확인한다.
3. stage의 높낮이를 조절하여, focusing 한다.
   (focusing이 잘되면 photo intensity 값이 최대치가 된다.)

focusing이 완료되면, computer keyboard의 "MEAS" key를 누른다.
microspectrophotometer head의 wave length dial이 480에서 990까지 올라갔다가 다시 내려온다.
<ENTER SAMPLE *>라고 print 되면 "Enter" key를 누른다.
<PLS FOCUS SAMPLE>
<THEN PUSH MEASURE>라고 print되면 sample을 측정할 수 있다.

sample wafer를 stage 위에 올려놓고, view tube의 접안렌즈를 통해서 확인하면서 stage의 높낮이를 조절하여 focusing 한다.
focusing이 완료되면 "Meas" key를 누른다.
sample wafer의 두께가 표시된다.
(wafer의 측정 point를 변경하면 focusing을 다시 해주어야 한다.)

(4) 새로운 쌤플 측정

새로운 film의 측정을 원할 경우 computer의 power를 turn OFF 하여서 처음부터 다시 setting 하여도 되지만, 이럴 경우 computer의 data가 지워지거나, lamp의 수명이 단축될 수 있으므로 가급적 사용을 자제해야 한다.

새로운 film 측정을 하기위해서는 computer의 "Calib" key를 5초이상 눌러줘야 한다.

그러면 computer는 <PRINT FILM MENU?>라고 print 하게 된다.

새로운 film을 선택하고, computer가 reference data를 확보할 수 있도록 bare wafer를 이용하여 focusing하고, sample wafer의 두께를 측정하면 된다.

(5) 측정가능한 박막 종류

1. silicon dioxide on silicon : 400Å ~ 30,000Å
2. silicon nitride on silicon : 400Å ~ 10,000Å
3. negative resist on silicon : 500Å ~ 40,000Å
4. polysiliconon 300 ~ 1,200Å SiO_2 : 4,000Å ~ 10,000Å
5. negative resist on 500 ~ 15,000Å SiO_2 : 4,000Å ~ 30,000Å
6. silicon nitride on 300 ~ 3,500Å SiO_2 : 300 Å ~ 3,500Å
7. thin oxide on silicon : 100 Å ~ 500Å
8. thin nitride on silicon : 100 Å ~ 500Å
9. polyimide on silicon : 500 Å ~ 10,000Å
10. positive resist on silicon : 500 Å ~ 40,000Å
11. positive resist on 500 ~ 15,000Å SiO_2 : 4,000Å ~ 30,000Å

7-4 mask alignment system

7.4.1 장비 구성

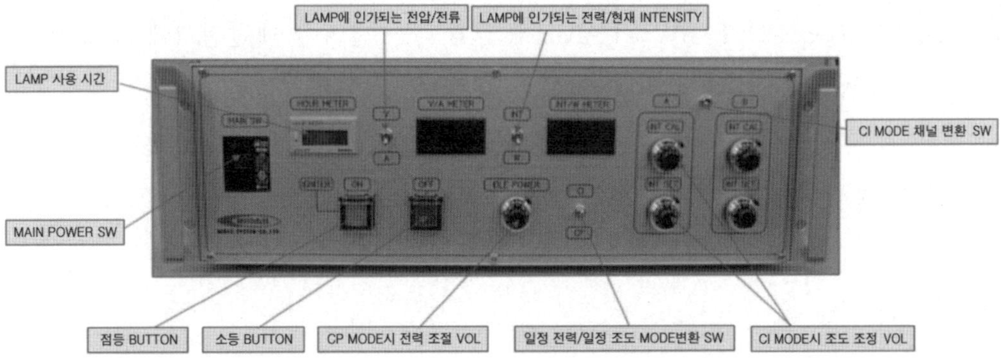

(1) POWER SW : set에 전원을 공급, 차단하는 SW로 과부하 및 누전 시 차단하여 회로를 보호 한다.

(2) LAMP ON/OFF SW : set에 전원이 공급된 상태에서 내부 inverter를 동작시켜 LAMP DC 전원을 공급하는 SW이며 외부의 interlock 접점이 닫힌 경우에만 동작한다.

(3) HOUR METER : LAMP 사용시간을 적산하는 timer로 LAMP 교체 시 RESET SW를 누르면 시간표시가 RESET (00) 되며 이후 실제 LAMP가 점등되어 사용한 시간을 표시하게 된다.

(4) VOLT/AMP METER : LAMP에 공급되는 전압, 전류를 표시하는 meter로 선택 SW에 의한 전압, 전류로 전환된다.

(5) WATT/INT METER : LAMP에 공급되는 전력 혹은 photo sensor에 입력되는 조도값을 표시하는 meter로 선택 SW에 의해 전력, 조도로 전환된다.

(6) METER 선택 SW : meter 표시를 선택하는 SW로 전압/전류, 전력/조도의 2개의 SW가 있다.

(7) CH A, B 선택 SW : CI MODE에 사용하는 CAL, SET KNOB을 2조 설치하여 이를 A,B로 선택하는 SW

(8) CI, CP 선택 SW : 제어 MODE를 선택하는 SW로 CP MODE 은 정전력 제어 CI MODE 는 정조도 제어로 동작한다.

(9) IDLE POWER KNOB : CP MODE에서 LAMP에 공급되는 전력을 설정함.

(10) CAL KNOB : CI MODE에서 set의 조도계와 표준조도계의 수치를 일치시키는 KNOB

(11) SET KNOB : CI MODE에서 유지할 조도 값을 설정하는 KNOB
(12) CONTROL CONNECTOR : 설치 항목 참조
(13) BUZZER & ON/OFF SW : LAMP에 공급되는 전력이 제한전력에 도달할 경우 동작하며 OFF 시는 buzzer가 작동되지 않는다.

7.4.2 장비 작동

(1) 점등 전 확인사항

1) LAMP 의 극성 (+, -) 가 정확하게 연결되었는지 확인한다.
2) 외부 신호의 접속을 확인한다. 특히 INTERLOCK 회로가 연결되지 않으면 LAMP START 회로가 동작되지 않으므로 주의하여 확인한다.

(2) 전원 투입 및 LAMP 점등

1) 'MAIN SW'를 'ON' 한다.
2) 'CP/CI' 전환 SW가 'CP'인지 확인한다.
3) 'V/A'변환 SW를 V로 놓고 'IGNITOR' 'ON' 버튼을 가볍게 한번 누른다.(여기서 길게 누르면 LAMP가 점등됨.)
4) LAMP에 인가되는 전압이 상승하다 멈출 때까지 기다린다.(약 100~115V)
5) 'V/A'변환 SW를 'A'에 놓고 'IGNITOR' 'ON' 버튼을 약 '3초'간 누른다.
6) 전류가 최고값(10A)까지 올라 갔다 떨어지는지를 확인한다.
(만약 수분이 지나도록 떨어지지 않을 경우 즉시 MAIN POWER 를 끄고 당사에 연락을 취한다)
7) 전류가 적정 치에서 변화하지 않고 안정화 될 때까지 수분~수십분 간 기다린다.
8) 'IDLE POWER'(CP MODE전용)을 설정한다.
9) 다시 안정화될 때 까지 기다린 후 안정화되면 사용한다.

(3) LAMP 소등 및 재점등

1) LAMP SW를 OFF 시킨다.
2) LAMP 가 충분히 cooling 된 후 LAMP SW를 투입하면 재점등 된다.

(4) CP / CI MODE

1) CP(CONSTANT POWER) MODE : 정전력 제어

이 경우는 LAMP의 전력을 일정하게 유지하는 MODE이므로 LAMP 전력을 일정하게 유지되나 안정화되지 않은 상태에서는 LAMP의 조도는 변할 수 있다. 전력 설정은 IDLE POWER KNOB로 하며 설정은 LAMP 의 전력에 맞춘다.

2) CI(CONSTANT POWER) MODE : 정조도 제어

이 경우는 외부에 설치된 photo sensor에 의해 조도 값을 feedback 받아 일정한 조도를 유지하는 MODE이다. 이때는 조도계는 안정되나 전력계는 변동될 수 있으며 LAMP 수명저하에 따라 떨어지는 조도차를 전력으로 보상하게 되므로 항상 전력값은 변동하게 된다.

CI MODE로 사용하기 위해서는 다음 순서에 따라 교정 후 사용해야 한다.

A. 3항에서와 같이 CP MODE로 LAMP를 점등한다.

B. shutter를 열고 노광할 위치에 표준 조도계를 놓는다. 이때 CH 선택 SW는 A에 W/INT METER 선택 SW는 INT 위치에 둔다. CH A의 CAL KNOB을 조정하여 표준조도계와 SET 의 조도계가 일치하도록 한다.

C. 교정이 끝나면 KNOB을 반드시 LOCK 시킨다.

D. CH A의 SET KNOB을 '0.0'이 되게 조정한다. 이후 CP / CI MODE SW를 CI 로 전환한다. 이때 LAMP 조도는 SET KNOB로 설정한 값으로 떨어진다.

E. SET KNOB을 조정하여 원하는 조도값이 나오게 조정한다. 다시 한번 표준조도계와 SET 의 조도계가 일치 하는지 확인하며 W/INT SEL SE를 전환하여 조도는 안정되고 전력값은 변동이 있는지 확인한다. 설정이 끝나면 KNOB을 LOCK 시킨다.

F. shutter를 닫으면 idle power로 설정한 전력값으로 전환되는지 확인한다.

- 노광(Exposure) 순서

1. 압축공기와 질소가 정상적으로 공급되는지 확인한다.
2. vacuum pump, 모니터, controller의 뒷 panel에 설치된 '전원 switch'를 켠다.
3. controller의 전면 panel에 설치된 'main switch'를 켠다.

4. UV lamp power supply의 'main switch' 를 켠다. <'EXPOSURE MODULE'의 냉각팬이 작동하는지 반드시 확인한다>
5. UV lamp power supply의 'IGNITOR' button을 'On'한다.
   ① V/A 스위치를 V에 놓고 IGNITOR를 한번 살짝 누른 후 100~115V의 전압이 인가되는지를 확인
   ② A에 놓고 2~3초간 누른다.(초기 약 10A에서 서서히 감소)
6. UV lamp power supply의 전력이 초기에 설정한 idle power상태가 될 때까지 기다린다(lamp가 안정적으로 동작되도록 최소 수분~수십분 간 기다림).
7. power supply의 'idle power'를 조절하여 공정에 필요한 LAMP 전력 및 intensity를 셋팅한다.(CP MODE)
8. controller의 'MOVING CONTROL SW'의 위치를 'wafer'에 놓는다.
9. mask holder의 '잠금장치'를 돌려서 풀고 mask holder를 열고 mask를 loading 한다.
10. controler(1)의 'mask vacuum switch'를 누른다.
11. wafer를 loading하고 controler의 'substrate vacuum switch'를 누른다.
12. mask holder를 닫고 lock장치를 돌려서 고정시킨다(※반드시 고정해야 한다).
13. 모니터로 contact 상황을 확인하면서 wafer stage의 Z축 'micrometer'를 이용하여 'stage'를 상승시켜서 'mask'와 'wafer'를 contact시킨다.
14. controller의 'exposure' 버튼을 누르면 셔터가 열리고 설정한 시간 만큼 노광을 한다.
15. 노광이 끝나면 다시 controller의 'MOVING CONTROL SW' 의 위치를 'wafer' 에 놓는다.
16. CONTACK MODE를 해제한다.
17. STAGE Z 축 이동용 MICROMETER를 돌려 STAGE를 하강시켜 'MASK'와 'WAFER'를 분리한다.
18. 'WEDGE ERROR'를 눌러 해제한 후 'SUBSTRATE VACUUM'도 해제한다.
19. WAFER VACUUM을 해제하고 MASK HOLDER의 LOCK장치를 풀고 MASK HOLDER를 열고 노광된 WAFER를 꺼낸다.

- power off 순서
  1. UV power supply의 'IGNITOR'의 'OFF' 버튼을 눌러 LAMP를 소등한다.
  2. 'MAIN SW' 들을 모두 OFF 시킨다.
  3. 수분~수십분 이 지나 LAMP가 냉각 된 후 UV power supply 및 'MAIN SW'를 OFF시킨다(바로 전원을 내리면 냉각팬이 OFF됨).
  4. 압축공기와 질소공급 밸브를 닫는다.

참고 : mask aligner를 연속적으로 이용 시에는 power를 off시키지 않는 것이 Lamp의 수명연장이나 안정적인 UV를 조사 시키는데 좋습니다. 그러나 장비 사용 간격이 2시간 이상, 하루 5번 이하일 경우 system의 power를 Off시키는 것이 경제적입니다.

디스플레이 개론

2009년 8월 31일 1판 1쇄 발 행
2012년 9월 5일 1판 3쇄 발 행

지은이 : 신 경 철 · 박 양 수 · 문 태 정
임 준 우 · 김 태 훈 · 허 영 헌

펴낸이 : 박 정 태

펴낸곳 : 광 문 각

413-756
경기도 파주시 문발동 파주출판문화도시 500-8
광문각빌딩 4층
등 록 : 1991. 5. 31 제12-484호
전화(代) : 031) 955-8787
팩 스 : 031) 955-3730
E-mail : kwangmk@unitel.co.kr
홈페이지 : www.kwangmoonkag.co.kr

• ISBN : 978-89-7093-634-5 93560

값 22,000원

한국과학기술출판협회회원